U0389162

“十一五”国家科技支撑计划项目
“城镇绿地生态构建和管控关键技术研究与示范”研究成果
（子课题编号：2008BAJ10B01-04）

我国城镇绿地发展及生态系统评价

——理论与实证

张利华　邹　波　黄宝荣◎著

科学出版社
北　京

内 容 简 介

本书以我国城镇化进程中的绿地生态评价为切入点，通过公众调查、专家咨询等研究方法，从绿地数量、绿地质量、绿地结构和绿地功能等方面构建了一套城镇绿地综合评价框架，并选取我国目前城镇园林绿地建设和管理成效较好的杭州市，对评价体系进行验证。

本书适合城市园林、景观规划与设计、城市生态、城市规划、城镇建设等相关领域政府管理人员、科研院所规划设计者和高校学生使用，也可作为科研院所专家开展城市生态保护、城市生态功能评价和研究，以及地方政府对生态园林城市、宜居城市、森林城市进行规划、设计、管理、评价和考核的重要参考。

图书在版编目(CIP)数据

我国城镇绿地发展及生态系统评价：理论与实证/张利华，邹波，黄宝荣著.—北京：科学出版社，2013.12

ISBN 978-7-03-038724-0

Ⅰ. ①我… Ⅱ. ①张… ②邹… ③黄… Ⅲ. ①城市绿地-生态系-评价-中国 Ⅳ. ①S731.2

中国版本图书馆CIP数据核字（2013）第229958号

责任编辑：侯俊琳 李 𠭥 刘巧巧 / 责任校对：宋玲玲

责任印制：赵德静 / 封面设计：铭轩堂设计

编辑部电话：010-64035853

E-mail：houjunlin@mail.sciencep.com

科学出版社 出版

北京东黄城根北街16号

邮政编码：100717

http://www.sciencep.com

文林印务有限公司 印刷

科学出版社发行 各地新华书店经销

*

2013年12月第 一 版 开本：720×1000 1/16

2013年12月第一次印刷 印张：16 1/2

字数：311 000

定价：78.00元

（如有印装质量问题，我社负责调换）

加速推进我国生态文明建设

生态文明，美丽中国，幸福家园，都离不开一个关键词——和谐。从进化史来看，人类社会经历了原始文明、农业文明、工业文明等文明形态，每一种文明形态都为人类进步添加了丰富的营养，同时也有相对不足的遗憾。例如，原始文明的特质是“淳朴”，但具有盲目性；农业文明的特质是“勤勉”，但具有依赖性；工业文明的特质是“进取”，但具有掠夺性。传承各文明形态的优质精华并克服其不利的方面，以自律、自控、自觉的理性觉醒去实现人与自然的和谐、人与人的和谐、人与社会的和谐，从而达到可持续发展的理想目标，离不开生态文明的倡导和建设，其具有伟大的历史价值和迫切的现实要求。

生态文明建设的内涵十分丰富。从中国的现实出发，当前的生态文明建设可以用“三安、两信、五大空间”来概括。所谓三安，即食品与药品安全、环境与生态安全、人身与出行安全；所谓两信，即全面提升社会诚信、大力推进政府公信；所谓五大空间，即集约高效的经济空间、山清水秀的生态空间、舒心安宁的生活空间、公平正义的社会空间和乐观从容的心理空间。最终，实现全国人民体面劳动、安适起居与尊严生活。实现生态文明建设的起点和抓手，就是要具备足够的发展空间、充足的物质基础、坚实的社会支撑、美好的生活环境、健康的心理诉求，以此去引导、激发和深化精神层面和心理层面的正能量。

十八大报告指出：给自然留下更多修复空间，给农业留下更多农田，给子孙后代留下天蓝、地绿、水净的美好家园，这其实就是生态文明的具象化。工业文明200多年的发展历史告诉我们，面对人口资源环境的压力，面对发展的瓶颈，我们必须主动选择更智慧、更科学的发展道路，尤其是在人与自然的关系上，既反对靠天吃饭的无为，也要摒弃人定胜天的错误思想，更加强调尊重自然、顺应自然、保护自然，最终达到人与自然的和谐，寻求人与自然协同进化的交集最大化。

中国已向世界做出庄严承诺：到2020年森林面积比2005年增加4000万公顷，森林蓄积量比2005年增加13亿立方米。我们知道，每增加1立方米的森林蓄积量，就相当固定1.83吨二氧化碳、释放出1.62吨氧气。可见作为生态建设的重要内容之一，森林和绿地对净化空气、减缓温室效应有着重要的作用。中国在未来10年当中将增加13亿立方米的碳汇蓄积量，意味着平均每人增加了1立方米碳水化合物的固碳能力，相当于每年减少了24亿吨的二氧化碳排放，这对全球的贡献是不言而喻的，也是中国生态文明建设突出成就的具体体现。同时，我们也知道，1亩人工草地的生产力相当于10～20亩天然草地，如果大力推广人工草地，实施舍饲圈养，大约可以使我国90%以上的天然草地完全退牧，不出10年，中国60亿亩草原的生态功能便可基本恢复，这又是一件了不起的生态工程。加上我国660多座城市和几万个城镇的绿地建设和湿地建设，中国的生态质量在未来一定能获得巨大的改善。我国是一个海洋大国，有广阔的海洋国土、绵长的海岸线，仅面积超过1平方公里的沿海岛屿就有6500多个。2012年，我国明显加快发展海洋经济，更加关注保护和建设海洋生态环境，这对加强生态文明建设具有十分重大的战略意义。2012年出台的《可再生能源发展“十二五”规划》，具体列出八大重点工程：大型水电基地建设、大型风电基地建设、海上风电建设、太阳能电站基地建设、生物质替代燃料、绿色能源示范县建设、新能源示范城市建设、新能源微电网示范建设。目前，我国已有15个省（区、市）开展了生态省（区、市）建设，13个省（区、市）颁布了生态省（区、市）建设规划纲要，1000多个县（区、市）开展了生态县（区、市）建设。

推进生态文明建设，从百姓的需求来看，迫切需要清新的空气、清洁的水、安全的食品、舒适的人居环境等公共生态产品和有效生态服务。张利华研究员等编纂的《我国城镇绿地发展及生态系统评价——理论与实证》一书，针对中国城镇绿地发展的历史和现状，运用经济学原理、生态学原理、可持续发展原理，对绿地的生态价值、经济价值和社会价值，进行了深入的探讨；并且在中国首次对城镇绿地的评价理论和评价方法进行了系统的阐释，构建了有理论深度、实证案例、经验总结的可操作体系。我读过该书的原稿后，对他们的选题、内涵、体系和结论所揭示的方向深表赞同，同时也为他们的辛劳和付出表示钦佩。我希望读到此书的读者也能获得与我一样的感受。

牛文元

2012年12月26日

前　言

随着我国城镇化的快速发展和城镇人口的急剧增长，城镇各类建筑设施越来越密集，人们已深刻认识到城镇化的快速发展给城镇有限的生态空间带来的严峻挑战，有限的生态环境已成为城镇化进程中改善人居环境质量的潜在制约因素。城镇绿地是建立在城镇规划用地及空间布局上的生态系统，具有重要的生态效益、经济社会效益、景观美化效益，对城镇发展具有不可替代的功能。城镇绿地生态系统评价研究，既能客观证明绿地在改善城镇人居环境方面的作用，又能检验城镇绿地质量的优劣，也是改进城镇绿化的有效手段。

随着社会的进步，绿地调节和改善环境生态的功能逐渐引起人们重视，对城镇绿地建设与管理的研究也突破了学科的束缚。对城镇绿地的各项功能开展评价、对城镇绿地与城镇环境影响关系的研究，以及公众对城镇绿地认知态度，已经成为城镇可持续发展的热门话题之一。城镇绿地是城镇生态系统的重要组成部分，城镇绿地系统的健康与否、规划和建设的合理度，以及城镇居民对城镇绿地建设的观点直接影响着城镇绿地功能的发挥，而建立合理、规范的城镇绿地生态评价体系是维护城镇生态系统的核心，对改善绿地环境及解决城镇规划中其他问题有重要作用。因此，需要建立一个全面、综合的城镇绿地评价框架。

本书以我国城镇化进程和城镇生态环境问题为切入点，结合学术研究、行业部门工作及现有绿地相关政策，对我国城镇绿地建设、分布、特征和问题进行梳理和分析，在借鉴前人研究成果的基础上，通过公众调查、专家咨询，从绿地数量、绿地质量、绿地结构和绿地功能等方面筛选指标构成一套城镇绿地综合评价框架，并配合软件系统，将评价框架操作化、简便化，以我国目前城镇园林绿地建设和管理成效较好的杭州市为代表，对所建立的评价体系进行验证。本书旨在为开展城镇绿地生态综合评价提供启发性的思路和探讨平台，为开展城镇绿地规划、建设和管理提供参考。

目　录

图目录

表目录

第一章 我国城镇绿地发展历史与现状

第一节　城镇化与城镇绿地发展

一、城镇化发展

（一）城镇化快速发展

我国的城镇化进程漫长而曲折，经历了新中国成立后五年的快速发展，随后20年的停滞和倒退，改革开放到20世纪末的逐渐恢复和发展，21世纪以来的快速增长和全面发展等四个阶段（图1-1）。新中国成立初期，重视工业化、轻视城镇化和农业化发展的政策导向，极大地限制了城镇发展和农村人口向城镇迁移。从新中国成立初期到改革开放前的28年当中，我国的工业化水平提高了27个百分点，但同期城镇化水平仅提高了7个百分点。

随着改革开放，我国的城镇化开始进入快速发展时期。改革开放初期，返城人口激增，城镇化提速。1978～1985年，城镇化率提高了5.79个百分点；1984年的经济体制改革开启了城镇化发展的新时代，大量的城镇就业机会吸引了农村剩余劳动力进城，1985～2000年，城镇人口所占比重又提高了12.51个百分点；进入21世纪，国家改革户籍制度，完善社会保障体系，城镇化进程进一步加快，城镇化率每年提高1个百分点以上[①]。2000～2005年，我国城镇化率

① 根据《中国统计年鉴》（1986～2001年）整理。

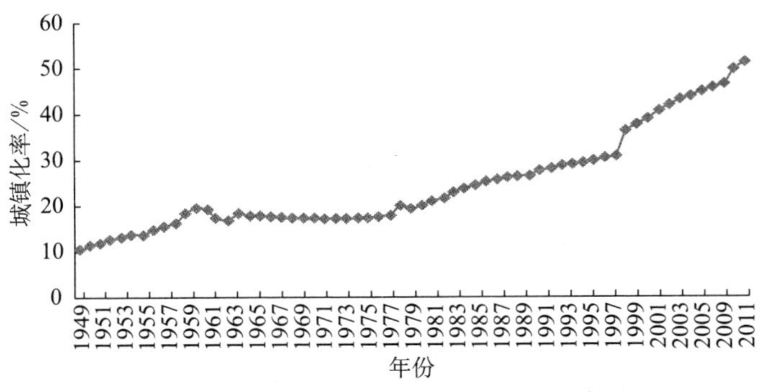

图 1-1　1949～2011 年中国城镇化发展水平

从 36.22%上升到 42.99%，"十五"期间，城镇化率提高了 5.33 个百分点，"十一五"期间，城镇与乡村人口变动趋势明显，人口从乡村向城镇转移或集中速度明显加快，我国城镇化进程呈现继续加快的势头，城镇化率从 2006 年的 43.9%上升到 2010 年的 49.7%[①]。

2008 年是人类历史进程中极为重要的一年，世界城市人口有史以来第一次超过了农村人口，这一突破标志着人类已经进入城市型社会。而在 2008 年，我国城镇人口达到 60 667 万人，城镇化率为 45.68%，在改革开放 30 年的时间里，我国城镇化水平由 1978 年的 17.92%提高到 2008 年的 45.68%，提高了 27.76 个百分点（王宝民等，2010）。按这样的速度发展，在未来 20 年里，我国的城镇化率将提高到 70%以上，城镇人口还会净增 3 亿人。2011 年，中国城镇人口达到 6.91 亿人，城镇化率首次突破 50%关口，达到了 51.27%，城镇常住人口超过了农村常住人口（中国社会科学院城市发展与环境研究所，2012）。根据诺瑟姆曲线，目前我国城镇化正处于人口向城镇迅速聚集的中期，即加速发展阶段。

（二）城市数量空前增加

随着城镇化率不断提升，各类规模城市数量不断增加，尤其是 1980 年以来，各类规模城市的数量空前增长。我国各类城市数量从新中国成立之初的 132 个增加到 1980 年的 223 个，到 1990 年又增加到 467 个，到 1998 年达到 660 个，截至 2009 年，我国各类城市数量达到 654 个（图 1-2）。

截至 2008 年年底，我国已拥有设市城市 655 个，其中市区总人口达到 100 万人以上的特大城市（包括超大城市）122 个，50 万～100 万人的大城市 118

① 根据《中国统计年鉴》（2001～2011 年）整理。

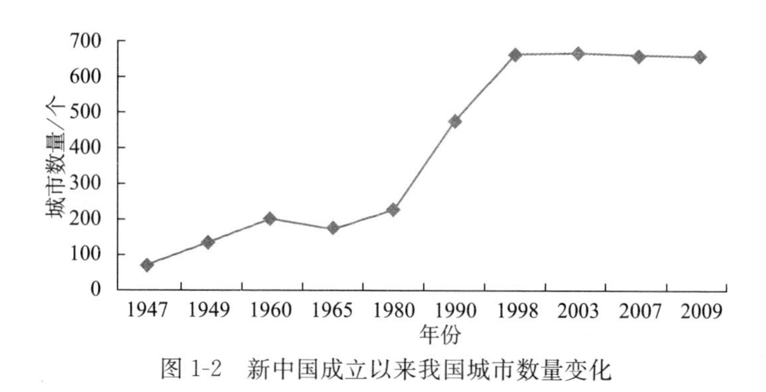

图 1-2　新中国成立以来我国城市数量变化

个，20 万～50 万人的中等城市 151 个，20 万人以下的小城市 264 个，还有 1.92 万个城镇。基本形成了珠三角、长三角、京津冀（环渤海）等三个大都市连绵区和沿海城镇发展带等城镇空间体系和分布格局。

（三）城镇化与城市化区别

由于人们对城市和城镇概念的混淆，所以出现了“城市化”和“城镇化”两种说法，而在英文中这二者都用“urbanization”表示。在日本和中国台湾又将其称为“都市化”，实际上城镇化与城市化二者无明显区别，只有广义和狭义之分。人口学、地理学、经济学对城镇化、城市化都有自己的定义，通常情况下城镇化与城市化都是一个过程，具有聚集和扩散两种效应。城镇化是大量农民脱离农业，离开农村，向城镇聚集，城镇人口增多，城镇数量增多和城镇用地规模扩大的过程；是现代生活方式、文化和价值观向农村扩散的过程；是经济结构的一种转化，即农业活动部分地向非农业活动转化的过程。城市化是指与大中城市有关的规划、建设、管理等进一步优化的过程，一般指一个空间区域发展成地级市规模或达到地级市经济水平，它意味着建成区规模的扩大和功能的完善。

为消除人们认识上的混淆，我国城市与区域规划学界和地理学界于 1982 年在南京召开的“中国城镇化道路问题学术讨论会”上，明确指出，城市化与城镇化为同义语，并建议以“城市化”替代“城镇化”。但学术界和各级部门一直都在同时使用这两种称谓。后来一些学者发现我国工业化与城市化发展并不协调，而“城镇化”的称谓便于体现我国城镇人口、经济和社会发展总体趋势，有助于实现城乡统筹，消除城乡二元化格局。2001 年公布的《中华人民共和国国民经济和社会发展第十个五年计划纲要》中首次提出，“要不失时机地实施城镇化战略”，为了与国家公布的正式文件相一致，建议都采用“城镇化”这一称谓。而把“城市化”理解为主要发展现有大中城市和把“城镇化”理解为重点发展小城镇，都是对“城市化”或“城镇化”本意的扭曲。

目前，我国的人口流动迁移或从分散到聚集，实际上都是离城镇较远的农村人口向县（县级市）的城关镇、郊区镇聚集，或者向大城市周边小城镇聚集的过程。而城市的扩张也是通过向周边农村征地，将村落拆迁，将城市设施延伸到郊区，扩大建成区面积来实现。农村人口不管是被动还是自愿放弃农业和农村生产生活，入住到城镇地域，都是先在大城市周边小城镇发展然后再转移到大城市中心区的。发展小城镇、走城镇化道路是带动农村经济和社会发展的大战略；是国家经济发展、富民强国、缩小城乡差别的重大举措；是改善生态环境、实现人与自然协调发展的必经之路。因此，采用“城镇化”这一称谓更符合我国国情和发展方向，“城镇绿地”则是本书的主要提法。

二、城镇化过程中的生态环境问题

中国人口正以世界上前所未有的规模和速度向城镇集中，这意味着，在让数以亿计的人口享受到现代城市文明成果的同时，也必然面临着世界上前所未有的生态难题。中国在史无前例的城镇化进程中，务必统筹考虑城镇建设与人口增长、环境保护、资源开发与产业发展等多维度的关系。资料显示，在我国目前660多个中等以上城市中，总体生态化程度不理想的城市已经超过了600个，更加令人担忧是，有许多城镇已经处于不健康或亚健康状态（吴江晨等，2011）。

目前，国内一些处于不健康或亚健康状态的城镇，存在的突出问题是人口过于密集，交通拥堵严重，空气和水体遭到污染，噪音超标，设施基本功能缺失，资源消耗系数较大，可循环系数偏低，宜居水平较差等（吴江晨等，2011）。一些中小城市近年来发展很快，但同时空气质量等环境指标明显下滑，生态优势在下降。《中国低碳生态城市发展报告2012》的评估结果表明，中国仍有57%的城市生态状况不健康，且建设过于粗放，近20%的城市虽加大力度积极改善生态宜居状况，但成效并不显著。

2012年，中国发布了新的《环境空气质量标准》，按照新的标准衡量，我国城市环境质量状况突出表现在颗粒物的污染，特别是PM2.5的污染，导致许多城市灰霾现象频发，这是中国目前面临的最严重的大气环境问题。中国环境科学研究院研究员柴发合表示，世界卫生组织对世界1100个城市的空气质量状况，特别是PM10的状况作了统计，中国城市的最好水平是排在810多位（中国时报网，2012）。“亚洲绿色城市指数”所调查的中国北京、广州、南京、上海和武汉五个城市都是单位GDP（美元）耗能量最多的城市，其中三个城市的人均二氧化碳排放量位居亚洲所调查的22个城市的前列，这五个城市在可吸入颗粒物、二氧化氮及二氧化硫含量方面的成绩也处于较低水平。

2011年，全国共有200个城市开展了地下水水质监测，共计4727个监测点，优良-良好-较好水质的监测点比例为45.0%，较差-极差水质的监测点比例为55.0%（中华人民共和国环境保护部，2012）。

三、城镇绿地的重要功能

城镇绿地能发挥调节小气候、释氧固碳、净化水体、吸收有毒有害物质、维护生物多样性及为居民提供锻炼休憩场所等服务功能。绿地系统具有多重生态服务功能，对维护城镇生态安全（城市生态安全）和改善城镇生态具有重要作用。植物有过滤各种有毒有害大气污染物和净化空气的功能，树林尤为显著，无植被街道上空的悬浮颗粒物是有植被街道的10倍，1公顷森林每年可吸滞灰尘30多吨，城市建筑采用立体绿化可以节约30%的能源（李远航，2007）。

城镇绿地是地球植被的组成部分和碳循环的重要贮存库，在全球碳氧平衡中具有不可替代的作用。Rowntree等（1991）用数量化方法研究了城市森林在吸收二氧化碳及释放氧气等方面的效果，研究表明，在现代的工业城市中，一个人需要140平方米的绿地才能满足碳氧平衡。美国的相关研究表明，城市森林的环保价值与其贡献木材和林副产品的价值之比约为3∶1，城市森林的间接经济效益是直接经济效益的18～20倍，在理想树木覆盖的区域地产价格比其他区域高6%～15%（张利华等，2011）。

从生态系统的视角看，绿地系统与其他自然景观一样，也是一个有机的、具有连续性完整性的系统，系统连续性和完整性的中断必然会影响其功能的发挥，降低绿地系统的生态服务功能（Walmsley，2006；Makhzoumi，2005；俞孔坚等，1998；Forman，1995）。城镇绿地生态系统是一个有机整体，是整个生态系统的重要有机组成部分，它能将城镇空间范围内的绿地及其外围乡村绿地，甚至大量的农田、湿地和自然绿地联系为一个整体，打破城区和乡村之间的空间分隔，将物质流、能量流和信息流联系起来，有效净化大气、土壤和水体，减轻环境污染和热岛效应，保护城镇区域人居生活环境，维护生态安全。

四、城镇绿地发展所面临的问题

以往对城镇绿地的研究，主要从规划和工程建设等硬环境的角度来展开，而少有从绿地自身建设和发展状况、城镇化带来的问题与绿地之间关系及城镇居民认知角度等软环境来开展。

而目前在城镇绿地规划、建设与管理过程中存在着一些普遍性的问题。例如，过分追求景观美化而忽视生态、经济和社会效益，绿化资金、资源的投入与综合效益的比值太低，园林绿化行业及部门在城市中的地位不高，政策法规刚性不足，绿地建设各项指标较低，政府对绿地管理落实不到位，园林绿化的市场化程度低，城镇用地紧张、绿地供应不足、建设质量不高及绿地规划建设体制机制性障碍较多等问题。

（一）城镇绿地各项指标仍然较低

世界上许多著名城市的绿地指标都很高，西方发达国家的绿地指标要求更为严格。美国华盛顿的森林覆盖率达到 33%，俄罗斯莫斯科的森林覆盖率为 35%，日本东京的森林覆盖率为 37.8%，意大利罗马的森林覆盖率为 74%，德国柏林的森林覆盖率为 42%（董玉峰等，2009）。2000 年，据对世界主要城市的统计，人均公共绿地 10 平方米以上的占 70%，华沙达到 90 平方米，维也纳达到 70 平方米；就人均公园面积而言，华盛顿达到 50 平方米，柏林达到 26.1 平方米，堪培拉达到 70 平方米，伦敦达到 25.4 平方米，维也纳达到 70.4 平方米，斯德哥尔摩超过 68.3 平方米，洛杉矶为 18.06 平方米，罗马为 11.4 平方米，莫斯科为 21.0 平方米，纽约为 14.4 平方米，巴黎为 8.4 平方米，华沙为 22.7 平方米（张式煜，2002；苏俏云，2000）。

联合国生物圈和环境组织提出：城市人均 60 平方米绿地面积为最佳居住环境（康慕谊，1994）。按成人每天需氧量 0.75～0.8 千克，呼出 0.9 千克二氧化碳计算，城市中每人需用 10～15 平方米森林或 25～30 平方米绿地，但我国众多城市达不到这一要求（苏俏云，2000）。与发达国家或发达国家的城市发展的各个阶段相比，我国城镇绿地建设水平和标准差距依然很大。

截至 2010 年，我国城市建成区绿化覆盖面积为 149.45 万公顷，建成区绿化覆盖率为 38.22%；绿地面积为 133.81 万公顷，绿地率为 34.17%，其中公园绿地面积为 40.16 万公顷；人均公园绿地面积达到 10.66 平方米（全国绿化委员会办公室，2011）。

从全国和各省（区、市）人均公园绿地面积统计情况来看（图 1-3），2010 年全国人均公园绿地面积为 11.18 平方米，31 个省（区、市）中只有 11 个省（区、市）超过全国平均水平，西藏自治区人均公园绿地面积最低，仅为 5.78 平方米，宁夏回族自治区人均公园绿地面积最高，达 16.18 平方米。总体来看，我国城镇绿化水平较低，绿地面积和公园绿地面积不大，加上城镇人口较多，导致人均公园绿地面积这一指标比较低，而超过全国平均值的省份在全国省份中比例也小，并且地区之间差异较大。

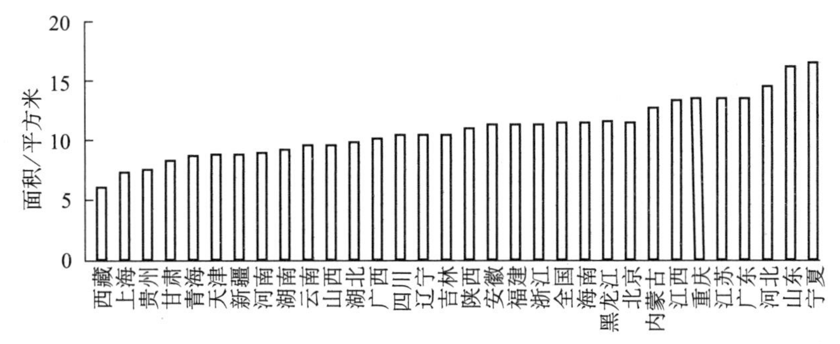

图 1-3 2010 年全国和各地区人均公园绿地面积

资料来源：根据《中国环境统计年鉴 2011》整理

（二）政府责任和管理落实不到位，绿地供给市场化程度低

我国现行的城镇绿化相关法规大都是由各省（区、市）或下一级机构自行制定的，其具体内容、规范性、执行难易程度都良莠不齐，执行效果也不能相提并论。根据各地城市绿化条例和管理办法，将城市绿地建设、管护责任主体和资金来源分为四大类：一是绿化行政主管部门负责公共绿地、防护绿地、风景林地的建设和管护，包括公园、公路、河道、湖泊的绿化；二是机关、团体、部队、企业、事业单位负责附属绿地、防护绿地、生产绿地、风景林及单位管理责任地段的绿化项目；三是居住区、居住小区、住宅组团绿地，由物业所有权人出资，委托物业管理公司或城市绿化行政主管部门组织专业队伍负责，其中《北京市城市绿化条例》规定，村庄规划绿地由村民委员会或村集体经济组织建设和管理；四是建设工程（新建、改建、扩建工程和综合开发工程）、旧城区改造、新开发区的绿地，由开发单位和产权单位负责，经营性园林、生产绿地由经营单位和个人负责。同时规定，以上责任主体建设的绿地，所有权归相应单位、集体和个人所有。

为保证公共物品的有效配置，经济学理论提出通过政府解决公共物品的办法，希望通过政府的干预，实现社会资源的帕累托最优，确保公共物品的有效供给，因为政府有强迫人们出资（通过税收）的权力（斯蒂格利茨，2005)。但是，政府及政府官员也是“经济人”，政府的行为并不如它应该表现的那样大公无私，无论是政府部门还是组成政府部门的官员个体，都有自己的利益（孙辉，2010)。因此，在这种情况下容易出现政府失灵状态或政府“搭便车”行为，笔者个人称之为“选择性政府失灵”，政府部门有意地回避自己的一部分责任，而运用手中的权力，强迫单位和个人承担一些公共责任。

城市绿地作为准公共物品，供给责任主体是政府，但可以由私人实施完成，政府应当给予补贴和其他支助。在我国城市建设、生态环境治理、反贫困等社会福利的供给中，计划经济痕迹明显，由政府包办、统揽，政府如何利用市场经济提供准公共产品还处于探索阶段。随着市场化、城市化进程的加快，政府用于城市社区体育、卫生、教育等公共服务的财政压力不断加大，政府提供公共服务的负担也越来越重。政府失灵使得私人提供绿地而造成自身利益损失、经济与生态的博弈中生态被迫让位于经济，并造成城市绿地供给的市场化程度低、管理养护投入不足等问题（邹波等，2012)。由于资金缺口大，相关部门把有限的资金和精力都用于最紧迫的基础设施建设，绿化工程资金和公园建设资金就显得不足，部分绿地建设质量不达标。同时，绿地养护和管理费用仍处于较低水平、专业技术人员和科学的管理措施缺乏，重建轻管问题仍未从根本上解决。尤其是住宅小区、单位附属绿地建设和养护管理不到位，缺乏相应监督措施，物业管理不够规范。同时，法人单位和个人用于绿地建设的可量化的短期收益和长期收益均较少，收益与成本的失衡，直接导致单位和个人对绿地建设投资失去信心。

(三）城镇用地紧张，绿化用地供应不足，绿地建设质量不高

在城镇建设开发中，土地是稀缺资源，由于用地紧张，城镇建设开发与绿化之间争夺用地指标。征地拆迁的困难，加上地价上涨，导致绿化规划用地十分有限。在城镇规划建设中，开发商或其他法人单位往往将一些残缺不全的闲置地或经济价值不高的土地用于绿化。然而，有时规划绿地会受到一些单位和个人的侵占和吞噬。例如，北京玉渊潭公园南部和北部村庄占地在规划中本应是公共绿地，由于多年没有拆迁投资，已经变更为建设用地，类似情况在北京植物园、紫竹院公园等很多地区都存在。

城镇绿地建设大大滞后于城镇建设及市民对游憩出行和人居环境质量提升的要求，各类绿地供给严重不足，尤其是在一些老的建成区，绿地更少。从目

前各地的绿化条例和管理办法来看，对绿地面积不达标、毁坏绿地、将绿地挪做他用等违法行为处罚较轻，当开发商和建设单位面对违法可以获得的收益大于其缴纳的绿化补偿费或处罚费用时，在高额经济利益驱使下，必定会选择将绿化用地挤占或挪做建设开发，任意改变规划绿地用途，追求土地利润最大化，逃避绿化责任。

长期以来，人们主要关注城镇绿地为人类提供的生态服务，而没有关注绿地生态系统自身健康状况、生存环境及人类活动对绿地生态系统的影响等问题。绿地建设规划与管护不科学、不合理，绿地生态系统的有机整体性和生态平衡被打破。城镇建设形成特殊的地表结构和环境特征，使得绿地植被生存空间狭小，生长范围有限。植物群落具有独立性和封闭性的特点。建设用地造成绿地系统生态结构关系不够完整，绿地构成形式比较单一，绿地斑块破碎化严重，破坏了绿地系统规划应具有的整体性特征（姜允芳，2006）。人类活动产生的城市热岛效应形成小气候，改变了城市绿地的生存环境。城市道路的修建对绿地具有明显的干扰性和破坏性。据统计，每新建 1 公里的公路，其土壤侵蚀量为每年 450～500 吨（杨士弘，2001）。

目前，在绿地管护中，过于重视整洁、美观和规范，导致绿地中的有机物含量降低，土层中有机质层几乎没有。绿地结构整体化规划的不足与绿地生态功能发挥不全面，是导致城市绿地发展不良的两大原因（刘颂等，2010）。过于重视景观绿化工程建设，绿地人工干预特征和景观美化功能明显，忽视生态效益培育。“景观绿化”视觉效果的直接性，致使开发商和消费者对“视觉绿化”过分关注，一些开发商在居住环境建设上片面追求“绿化”，为了尽快地让楼盘绿起来、美起来，掀起观赏性草坪热，盲目引种名贵植物，刻意营造热带雨林，甚至移植景观树成风，形成快速以展示为目的的人工绿地。尽管其表面的“绿化”效果不错，但生态效果却大打折扣（张卫宁，2003）。

城市处于人类活动密集区，人类对自然生态干预过于明显，导致绿地健康指数下降，绿地的自然灾害和病虫害防御能力降低。新树苗存活率较低，根系不发达，一遇到暴风雨雪等天气，有的被连根拔起，有的被拦腰折断。城市汽车尾气排放、工业废气排放、光污染和噪声污染对绿地生态发育带来较大的危害。高浓度的有害气体污染大大超过了植物的忍受度，造成急性危害，有时候植物长期接触低浓度的有害气体，发生慢性危害或隐性危害，导致植物生长和发育受到严重影响，美国因大气污染造成绿化树木枯死和花草凋谢的状况屡见不鲜（江苏省植物研究所，1977）。

（四）城镇绿地规划建设体制性障碍较多

目前，我国主要以行政区域为界限开展城镇建设和管理，因此建成区规划及绿地系统规划多以行政区划为界，自然生态系统也依照行政界限加以划分，割裂了空间发展赖以维系的外部自然环境，造成条块分割。传统的绿地系统规划多是在城镇其他建设用地都基本安排好之后才进行的，往往造成绿地系统结构布局不够合理、构成形式比较单一、绿地斑块破碎化严重、发展不均衡等主要问题，破坏了绿地系统规划应具有的整体性（李晖等，2009）。

城镇的绿化工作经常被排挤至城市规划建设之后，在经济效益刺激下很容易置城镇生态系统于不顾，盲目开展城镇建设，这种传统的建设手段很有可能破坏区域生态系统的整体性、协调性，直接影响城市生态格局的构建。很多地方仍然坚持先经济后生态的观念，绿化工作的重视度有待提高，出现绿地总体布局结构不合理，即使有规划也很难严格执行等问题。

第二节　城镇绿地发展演进

一、国外城镇绿地发展

（一）国外城镇绿地建设与管理起源

自18世纪以来，随着西方近代工业文明的发展，工业化吸引了大量来自农村和国外的劳动力，促成城镇化快速发展，城市规模和数量激增，然而工业化与城市的繁荣引发了严重的环境污染，影响了城市生活的品质与舒适度。19世纪后半叶的工业革命，使之前并不突出的人与自然的矛盾骤然变得紧张起来。在大量人口从乡村涌入城市的同时，城市也在不断地向外“吞噬”乡村的土地，“抹杀”自然的景观。为此，一些西方学者提出了各种理想的“绿色”的城市发展模式，如欧文（Robert Owen）的“花园城”（1820年）、霍华德（Ebenezer Howard）的“田园城市”（1898年）、昂温（Raymond Unwin）的“卫星城”（1922年）、柯布西耶（Le Corbusier）的“光明城市”（1930年）、莱特（Frank Lloyd Wright）的“广亩城市”（1932年）等。英国人霍华德在1898年发表的《明日的田园城市》（*Garden Cities of Tomorrow*）一书中主张在大城市的外围建立宽阔的绿化带，将具有先进科学技术、工业生产的城市与乡村大自然景观紧密结合、相互补充，建立大型的融于大自然中的“田园城市”（《城市园林绿地规划》编写组，1982）。自《明日的田园城市》以后，为了防止城市的无序蔓延，绿色控制带先后在不同国家得到应用，并随之不断发展。

自19世纪以来，人们开始将城市园林绿化集中于公园，公园绿地从此作为一种重要的城市基础设施。美国园林之父欧姆斯特德（Frederick Law Olmsted）在《公园与城市扩建》（1870年）中提出，“要进行综合性公园的规划设计，要为城市居民创造良好的生活和生产环境，使他们能够呼吸到新鲜空气和躺在绿草如茵的草坪上享受阳光和安宁的乐趣”。1873年建成的纽约中央公园便是他的这种思想的具体体现，该公园面积340万公顷，处在纽约最繁华的曼哈顿区的闹市中。它采用自然式布置，保留了不少原有的地貌和植被，林木繁盛，有大片起伏的草坪。纽约中央公园的做法，开创了美国风景园林事业的新格局（黄庆喜，1992）。在一个半世纪的发展历程中，美国城市园林发展经历了“纯运动场所、公园变革、娱乐与设施、开放空间”等四个主要发展阶段，逐步形成了今天的城市园林绿化格局①。2001年，美国马里兰州实施的“绿图计划”被认为是最好的绿地基础设施规划，该计划首要目标是保护那些最为重要的、相互联系的，并且是对当地乡土植物和野生动物的长久生存有重要影响，以及以清洁的环境和丰富的自然资源为基础，对产业发展具有至关重要作用的自然网络（刘海龙，2005）。美国可持续发展总统委员会在1999年的报告《走向一个可持续的美国——致力于21世纪的财富、机遇和健康环境》中明确提出，将绿色基础设施的建设作为实现可持续发展目标的几项关键战略之一，并将其定义为“国家的自然生命支持系统”，它是保护土地和水系相互联系组成的网络，对支持当地物种多样性，保持自然生态过程完整性，维持空气和水资源清洁，以及改善社区和居民的健康及生活质量有着十分重要的作用（Karen SW，2003）。

巴西的库里蒂巴同样以其可持续发展的城市规划而著称，自然和人工复合的绿化遍布全城，包括结合湖泊湿地建造的公园在内，全城共有200多处公园，为了保持城市自然系统的健康性和完整性，维护城市的水资源循环，甚至在公园内禁铺硬质路面，形成了一个网络化的具有良好服务功能的生态基础设施，成为业内典范（崔晶等，2008）。新加坡政府从1965年建国开始就引入“花园城市”的发展理念，专门成立了直接由总理密切监察的“花园城市行动委员会”（Garden City Action Committee），负责制定城市园林绿化法规和政策，政府还成立了国家公园局，负责“花园城市”的规划、建设和管理。新加坡在国土面

① “绿眼”看美国城市园林.http://www.Yuanlin365.com [2007-05-31].

积狭小、土地资源十分紧缺的情况下，提出了人均 8 平方米绿地的指标。从 20 世纪 90 年代开始，新加坡创造性地利用城市边角荒地和各类公园、自然保护区，在道路雨水渠外侧建设连接各大公园、自然保护区、居住区公园的绿色廊道系统。

（二）国外城镇绿地相关政策和法规

从 1833 年起，英国议会颁布了一系列法案，同意动用税收来建设城市公园；1843 年，英国利物浦市动用税收建造了伯肯海德公园，标志着第一个城市公园的诞生（吴人韦，1998）。随后，英国相继在 1863 年颁布实施《城市庭园保护法》、1872 年颁布实施《公园管理法》、1877 年颁布实施《绿地法》、1938 年颁布实施《绿带法》。1935 年，伦敦郡议会通过决议，规定环城绿化带内用地的购买由地方政府负责。1938 年，英国议会通过了《绿带法案》（*Green Belt Act*）；1944 年，在伦敦建成了一条环绕城市 5 英里的绿化带；1947 年《英国城镇与乡村规划法》中形成绿化带的概念，确定伦敦市区周围保留宽 13～14 公里、面积 5780 平方公里的绿化带用地；1949 年，英国实施《国家公园和乡村利用法》；1955 年，将该绿化带宽度增加到 6～10 英里（刘璐，2010）。

美国园林绿化的法律制度建设也有 150 多年的历史。1851 年，纽约市议会通过美国历史上第一个《公园法》；1864 年，林肯总统签署了美国第一部关于园林绿化的法令，在加利福尼亚州建立了第一个州立公园。在其后的 100 多年，美国又相继颁布实施的园林绿化法律主要有：1894 年颁布的《黄石公园保护法》；1897 颁布的《森林管理法》；1964 年制定的《公共用地多目的利用法》；1966 年通过的《联邦补助道路法》；1972 年，美国国会通过《城市森林法》，并建立了世界上第一个国家公园——黄石公园；1978 年制定的《森林和牧地可更新资源法》等。1916 年，美国成立国家公园管理局，隶属国家内务部。美国还采用了非强迫性的直接财政鼓励政策，并结合其他政策手段，把屋顶绿化纳入“绿色建筑评估体系”（LEED）。目前，美国已建立起一个比较完整的国家公园管理体系。

1971 年，德国政府颁布《城市建设促进法》，1976 年颁布《自然保护及环境维护法》，从法律上保证了城市园林绿地建设和自然风景的保护，德国法律规定国家、州、地方政府对发展公园绿地给予财政补贴，各地议会把增加绿地作为任期内的目标之一。20 世纪 70 年代，波恩市就制定了有力推进城市绿化大规模发展的规划设计方案，其中确定的一条重要原则是：愈是开阔的绿色空间，就能愈快地使未来的建筑和植物紧密联系在一起，融合成一个整体。德国《联邦建设法案》还涉及了屋顶绿化，1998 年，德国明确将屋顶绿化作为生态补偿措施和源头控制手段之一，进而将屋顶绿化规定为土地利用规划中的最基本内容。

早在明治维新的时候，日本政府就从欧美先进国家大量借鉴包括公园绿地制度在内的各种城市园林绿化规划、建设与管理制度。1919 年，日本颁布《都市计画法》，规定城市至少预留 3%的公园用地，接着又在 1920 年制定《城市规划法》；1932 年制定的《东京绿地规划》成为日本第一个区域性的绿地规划；1933 年日本又制定《公园规划标准》；1956 年，日本第一部《都市公园法》诞生，确定了公园的管理主体和配置标准；1957 年，颁布《自然公园法》；1973 年，颁布《城市绿地保护法》；等等。东京政府致力于利用屋顶绿化改善城市热岛效应，制定了一系列相关法规（张浪，2009）。2001 年，东京政府对新建筑强制实施特定比例的屋顶绿化，规定私人建筑超过 1000 平方米和公共建筑超过 250 平方米的屋顶必须实施 20%的屋顶绿化，未达到要求的开发商每年处以 20 万日元的罚款。2005 年，日本通过修编的《自然保护法》规定住宅和商用建筑必须实施 20%的屋顶绿化。同时，日本政府还为屋顶绿化提供政策支持，1999 年，开始对修建屋顶绿化的业主提供低息贷款，面积在 2000 平方米以上、绿化面积比例在 40%以上的建筑，不仅可以得到建造屋顶绿化的低息贷款，而且主体建筑也可享受部分低息贷款。日本近代绿地相关法律制度，基本涵盖了园林绿化管理部门的职责，企业、市民的绿化建设义务。在城镇土地管理、绿化征税和补助等方面，借助惩罚和奖励的实施对园林绿化管理。对城郊绿地、工厂绿地、公园建设等都有详细的规定。这些文件的法律效力较强，既有定性的规定，又有具体明细标准。

在韩国，屋顶绿化被用做连接破碎化生境和形成生态廊道保护的跳板。韩国建设交通部于 2002 年引进环境友好型建筑物认证制度，实行屋顶绿化加分制，对屋顶绿化给予财政补贴，并规定对绿化面积 99 平方米以上的建筑，给予 30%～50%的财政补贴，由专家组成的“10 万绿色屋顶推进委员会”筛选补贴对象（按照《首尔市屋顶公园设计手册》标准）。

1918 年，列宁签署了《俄罗斯联邦森林法》和其他一系列自然保护法，对莫斯科周围 30 公里以内的森林实行最严格的保护。1928 年，莫斯科开始建设大规模的绿化工程，并在 1935 年批准建立第一个市政建设总体规划，计划在城市用地外围建立 10 公里宽的森林公园带，并把城市公园面积增至 142 平方公里。苏联建筑科学院城市建设研究所在 1954 年编著了《苏联城市绿化》，较早地试订了城市绿地规划的一些定额指标，并对城市绿地进行分类分级，以服务半径衡量绿地的均匀布局（《城市园林绿地规划》编写组，1982）。

新加坡政府在 20 世纪 60 年代提出“绿化净化新加坡”行动，大力种植行道树，建设公园，为市民提供开放空间；70年代新加坡又制定了道路绿化规划；80年代制定了长期的战略规划，城市园林绿化实现机械化操作和计算机化管理；90年代提出了建设生态平衡的公园，发展了许多各种各样的主题公园。进入21世纪，新加坡政府又提出进行城市空间立体绿化景观设计。除了政府规划以外，新加坡还制定了完善的法规和处罚标准。从20世纪70年代开始，新加坡政府先后出台了《公园与树木法令》、《公园与树木保护法令》等法律法规，政府要求任何部门都要承担绿化的责任，任何人不得随意砍树，严格对绿地依法管理。例如，在公共绿地攀枝折花将会受到破坏公物罪的处罚，罚款不少于5000新元。政府还要求报审的城市建设施工图中增加园林绿化设计。

20世纪20年代，德国植物生理学家沃尔德首先研究得出：城市居民需要人均30～40平方米的绿地，才能保证空气的碳氧平衡，所以德国制定的城市公园人均绿地面积在40平方米以上，最近几年又提出城市人均公园绿地面积应达到68平方米的新标准。英国规定城市人均公共绿地面积应达28平方米，人均绿地应达42平方米；法国规定人均绿地应达30平方米。美国规划行政官会议的设置基准曾要求：50万人口以下的城市，人均公园绿地面积应达40平方米；50万人口以上的城市，人均公园绿地面积应约为20平方米；100万人口以上的城市，人均公园绿地面积应不低于13.5平方米①。

二、我国城镇绿地发展

（一）发展阶段

1. 新中国成立初到改革开放前：在学习、探索中缓慢发展

新中国成立前，我国的城镇绿化建设缓慢、无序，分布不均。新中国成立后，在社会主义制度下，我国园林绿化事业迎来了新的历史发展时期。新中国成立以后百废待兴，苏联作为社会主义阵营中的“老大哥”，是我们的主要学习对象，因此在新中国成立初，城市园林绿化建设具有苏联的印记。“苏联经验”在具体实践中加深了我国业界对绿化系统改善城市小气候、净化空气、减灾防灾等功能的认识，引入了绿地系统规划的系列原则。程世抚的《关于绿地系统的三个问题》基本反映了我国园林绿化对苏联经验的学习。例如，设置卫生防

① 中华人民共和国住房和城乡建设部.《国家园林城市标准》(建城〔2000〕106号)。

护隔离绿化带；公园的大中小结合和均匀分布，方便居民就近利用；公园绿地采用林荫道、绿色走廊连接、从四郊楔入城市并分隔居住区；设置环市林带；保护原有的森林、园林、名胜古迹、果园、湖沼、山川等（程世抚，1957）。从行业的定位、具体实践到园林绿地类型的规划设计，“苏联经验”一度成为新中国风景园林规划与设计的绝对标准，在中国园林绿化现代化进程中，曾起到了积极的作用。因此，我国主要公园都以“人民公园、解放公园、胜利公园、劳动公园、大众公园、青年公园、文化公园、红领巾公园”等命名，体现了人民大众合力建设自己家园的新气象（赵纪军，2009a）。

“大跃进”时期，园林绿化建设中也体现了急于追求发展速度和工作效率的思想，因而造成园林设计上的粗糙。20 世纪 60 年代至改革开放前，新中国风景园林实践的发展大致经历了倡导绿化建设、回归“造园”、迈向祖国大地的过程，“苏联经验”积极推动了中国风景园林规划设计与建设的现代化进程，一度成为新园林的样板。但是，在经历了短暂的“依葫芦画瓢”式的模仿后，对苏联经验一般表现出有限采纳的姿态，倾向于营造适时、适地、适人的新园林（赵纪军，2009b）。部分学者和园林设计者坚持认为中国园林建设应该继承我国特有的建筑风格和文化风貌，随后，在公园规划中逐渐放弃“苏联经验”，开始摸索适合我国国情的园林绿化风格，回归重视诗情画意和自然风景的园林传统。1955 年，杭州花港观鱼公园基本建成，其以植物材料为主造园，全园树木覆盖面积达 80%（孙筱祥等，1958）。这种主要运用植物材料进行园林规划设计、发展民族传统的方法在后来 1986 年召开的全国城市公园工作会议上得到肯定和提倡。1978 年 12 月，国家基本建设委员会在济南市召开了第三次全国绿化工作会议。会后，国家城市建设总局转发了会议通过的《关于加强城市园林绿化工作的意见》，强调实施普遍绿化是城市园林绿化的基础，每个城市都要结合当地的特点和条件，有规划地种树，迅速扩大绿地面积，提高绿化覆盖率①。

2. 改革开放至 20 世纪末：园林绿化发展的新时期

1）第一阶段：城镇绿地建设与城镇化发展同步，绿化建设日趋完善

1978 年 12 月，全国城市园林绿化会议提出，到 1985 年，省会城市和一些绿化基础较好的城市，要做到基本上实现普遍绿化，一些风景城市要基本上实现城市园林化，提出大力发展城市公共绿地，到近期（1985 年）人均达 4～6 平方米，远期（2000 年）人均达 6～10 平方米；建成区绿化覆盖率，近期达 30%，

① 风景园林六十年大记事．风景园林，2009，(4)：14-18.

远期达50%；各城市要基本实现苗木自给；喷灌、挖坑、起苗、高枝修剪、打药中耕、除草等主要操作工种实现机械化等（《城市园林绿地规划》编写组，1982）。1979年2月23日，第五届全国人民代表大会第六次常务委员会议决定每年的3月12日为我国的植树节，使植树活动制度化，也使植树绿化步入持续发展的轨道，城乡绿化取得了丰硕的成果。1982年12月，城乡建设环境保护部制定并颁布了《城市园林绿化管理暂行条例》，首次以部门规章形式对园林绿化规划和建设、管理、植被养护和管理、园林机构与队伍建设等作了明确规定。同年，国家城市建设总局召开了第四次全国城市园林绿化工作会议，确立继续把普遍绿化作为城市园林绿化工作的重点，继续加强苗圃建设，从此城市园林绿化建设进入了高潮。

城市园林绿化作为一项基础设施，人们对其在生态保护、改善人居环境等方面的"服务功能"的认识在新中国成立后一度受"先求其有，后求其精"思想的影响，而在新时期才得以进一步发展（赵纪军，2009c）。20世纪80年代初，《北京城市建设总体规划方案》中提出把北京市建设成为清洁、优美、生态健全的文明城市；而上海市在80年代后期也提出建设"生态园林"的观点，因此同一时期出现了北方以天津市为代表的"大环境绿化"，南方以上海为代表的"生态园林绿化"格局（冯彩云，2002）。1989年8月，全国绿化委员会在长春市召开的全国重点城市绿化工作会议，要求全国各城市根据我国国民经济建设的新形势进一步修改完善原有的城市绿化规划，形成专门的城市绿化系统规划。

自20世纪90年代后，不少居住区和单位绿化建设更加完善，因而出现了许多"园林式"居住区；绿化达标单位被称做"花园式单位"（柳尚华，1999）。特别是自土地有偿使用、引进外资参与城市建设等政策推行以来，结合城市道路交通、市政基础设施及城市居住区的规划建设，绿化建设成效显著。1990年，北京郊区林木覆盖率达28.2%，市区人均公共绿地面积达6.14平方米（《北京市地方志》编纂委员会，2004）；上海市区人均公共绿地面积由1978年的0.47平方米提高到1995年的1.65平方米，建成区绿化覆盖率从8.2%提高到16%（《上海园林志》编纂委员会，2000）。

2）第二阶段：城镇绿地稳定增长，绿化快速发展

受"绿色生态"思潮的影响，20世纪90年代初，建设部开展了创建"国家园林城市"活动，以促进建设生态健全、具有本土文化特色，融审美、休闲、科教为一体的工作和生活环境。在政府引导下，加上大众广泛参与，截至1999年，全国共建设国家园林城市（城区）20个，其中包括一大批省级园林城市、园林小区和园林单位，大大推动了城市园林绿化事业的发展，发挥了可观的环境效益、社会效益与经济效益。

1992年，国务院颁布实施《城市绿化条例》，使我国的城市园林绿化事业真正步入法制化轨道，保证了园林绿化事业的健康快速发展。随着城镇化进程的快速推进，国家园林城市创建的目标也不断提高。同年，建设部制定了《园林城市评选标准（试行）》，开始在全国开展创建国家园林城市（城区）的活动，在当年12月8日正式命名了第一批"国家园林城市"，北京、珠海、杭州、合肥、深圳、马鞍山、威海、中山等城市获此殊荣。

1992年，联合国环境与发展大会召开，可持续发展的理念逐步成为世界各国的发展方向。在城镇，可持续发展率先得到重视。"九五"期间，为推进中国城市的可持续发展，《国家环境保护"九五"计划和2010年远景目标》提出："要建成若干个经济快速发展、环境清洁优美、生态良性循环的示范城市。"

3.21世纪以来：全面发展，城乡一体化快速发展时期

进入21世纪，中国园林进入全面快速发展时期。在城镇园林绿化建设中更加注重园林绿化的城乡一体化发展，开始重视对园林绿化开展评价，进一步引导城乡园林的发展，构建和谐、安全、舒适的城乡人居环境和生态环境，促进城乡环境的可持续发展。

1997年，建设部在命名第四批国家园林城市的同时，提出12条国家园林城市评选标准。2000年，建设部又下发《创建国家园林城市实施方案》和《国家园林城市标准》，从组织管理、规划设计、景观保护、绿化建设、园林建设、生态建设、市政建设及其他特别条款等方面对园林城市建设和发展作了规定。按照大城市、中等城市、小城市三个等级规模分别对秦岭—淮河以南（北）城市的人均公共绿地、绿地率、建成区绿化覆盖率三项基本指标做出规定，每两年对国家园林城市（城区）进行一次评选（中华人民共和国住房和城乡建设部，2000）。

2005年，建设部对原有的园林城市标准和评审办法进行修订，推出新的《国家园林城市标准》和《国家园林城市申报与评审办法》。按照新的办法，全国设市城市政府均可申报国家园林城市，直辖市政府也可申报国家园林城区。规定申报国家园林城市需同时满足三个条件：①城市政府已提出创建国家园林城市计划，并实施三年以上；②城市政府对照《国家园林城市标准》组织自检，认为达到国家园林城市标准的；③已开展省级园林城市创建活动的，需获得省级园林城市称号。建设部对"国家园林城市（城区）"实行复查制度，每五年复查一次，复查合格，保留称号，复查验收不合格，给予警告，限期整改，整改不合格，撤销其称号（奚洁人，2007）。2008年，住房和城乡建设部部署了符合

要求的97个国家园林城市（城、区）的复查工作，主要是以各省（区、市）自查与互查为主，复查的重点包括园林绿化建设的行政管理机构设置、职能定位及队伍建设；绿地系统规划的编制和实施情况及《城市绿线管理办法》的落实情况；园林绿化的建设与发展情况；绿化及生态环境保护情况及开展节约型园林绿化建设的情况等。至2009年年底，住房和城乡建设部共通过11次评选，命名了139个“园林城市”。一些城市则根据自身条件和特点在园林城市标准下提出了其他概念，如武汉的“山水城市”、重庆的“山水园林城市”等。通过创建国家园林城市（城区），各地区不仅在园林绿化方面取得了巨大的成效，而且在城市基础设施建设与管理、城市综合整治等方面取得了较大的进步，将科学发展观落实到了城市发展的实践中，创建园林城市（城区）为推进中国城市的可持续发展起到了非常好的促进和示范作用。

住房和城乡建设部、国家质量监督检验检疫总局于2010年5月31日联合发布了《城市园林绿化评价标准》（GB/T50563—2010），并于2010年12月1日起在全国范围内开始实施，它的发布和实施所起到的作用和影响深远。

2001～2010年，我国城市建成区绿化覆盖率从28.15%提升到38.22%，绿地率从23.67%上升到34.17%，人均公园（公共）绿地面积从6.83平方米上升到10.66平方米。截至2010年年底，全国共设立了63个国家重点公园和41个国家城市湿地公园，命名了180个国家园林城市、22个国家森林城市、7个国家园林城区、61个国家园林县城，还有15个国家园林城镇，仅在2010年就有21个城市、89个县、225个单位被表彰为全国绿化模范单位。

（二）国家层面的城镇绿地相关政策和法规

我国城镇园林绿化相关的政策和法规，从20世纪80年代开始密集出台，据不完全统计，到2010年仅国家层面就颁布实施了20多部法规政策和标准（表1-1）。1982年，国家基本建设委员会和农业委员会颁布了《村镇规划原则》，提出绿化应包括各项用地分区之间的隔离绿化带，路旁、水旁、宅旁和一些公共建筑周围的绿化及村镇内果园、苗圃与村镇边缘的防护林带等，以形成绿化系统，改善局部气候，美化环境。城乡建设环境保护部于1982年12月颁发的《城市园林绿化管理暂行条例》是中国进行城市园林绿化建设和管理的重要依据。该条例规定城市园林绿地包括的内容、范围、规划、建设和管理的方针、政策和标准，以及管理机构的设置和权限等。随后各个省（区、市）开始分别制定和颁布本级的园林绿化管理条例。1990年实行的《中华人民共和国城市规划法》明确规定城市总体规划中包括绿地系统规划。1992年6月，联合国环境与发展会议召开的同时，国务院第100号令发布《城市绿化条例》，以避免由于管理体制条块分割、不同部门和单位之间难以协调而使园林绿化事业受损。《城市绿化条例》要求城市政府应当将城市绿化建设纳入国民经济和社会发展计划，国家鼓励和加强城市绿化的科学研究，推广先进技术，提高城市绿化的科学技术和艺术水平。1996 年 5 月，建设部颁布《园林城市评选标准》和《园林城市评选程序的规定》。此外，1997 年 9 月，江泽民总书记在十五大报告中强调，“在现代化建设中必须实施可持续发展战略，坚持计划生育和保护环境的基本国策，正确处理经济发展同人口、资源、环境的关系”，要“加强对环境污染的治理，植树种草，改善生态环境”（李嘉乐，2001）。1998 年 8 月，建设部组织北京林业大学园林规划建筑设计院等专家编制并颁布了《城市绿地分类标准（征求意见稿）》，1999 年，同济大学吴人韦教授提出了城市绿地的九种分类标准（吴人韦，1999）。

表 1-1 中国城镇绿地相关法规、政策和标准

序号	法规与规范性文件	制定主体	制定时间	内容分类			
				行政法规	部门规章	行政规范性文件	技术标准与规范
1	《关于开展全民义务植树运动的决议》（〔1982〕3 号）	国务院	1981 年			√	
2	《城市园林绿化管理暂行条例》	城乡建设环境保护部	1982 年		√		
3	《城市绿化条例》（1992 年国务院 100 号令）	国务院	1992 年	√			
4	《城市园林绿化当前产业政策实施办法》（1992 建城字第 313 号）	建设部	1992 年			√	
5	《城市绿化规划建设指标的规定》（1993 年建设部 784 号）	建设部	1993 年			√	
6	《关于加强城市绿地和绿化种植保护的规定》	建设部	1994 年			√	
7	《城市道路绿化规划与设计规范》（CJJ75-97）	建设部	1998 年				√
8	《城市绿化工程施工及验收规范》（CJJ/T82-99）（建标〔1999〕46 号）	建设部	1999 年				√
9	《创建国家园林城市实施方案》	建设部	2000 年			√	
10	《国家园林城市标准》（建城〔2000〕106 号）	建设部	2000 年			√	
11	《城市古树名木保护管理办法》（建城〔2000〕192 号）	建设部	2000 年		√		
12	《国务院关于加强城市绿化建设的通知》（国发〔2001〕20 号）	国务院	2001 年			√	
13	《关于印发〈城市绿地系统规划编制纲要（试行）〉的通知》（建城〔2002〕240 号）	建设部	2002 年			√	

续表

序号	法规与规范性文件	制定主体	制定时间	内容分类			
				行政法规	部门规章	行政规范性文件	技术标准与规范
14	《城市绿线管理办法》	建设部	2002 年		√		
15	《城市绿地分类标准》(CJJ/T85-2002)	建设部	2002 年				√
16	《园林基本术语标准》(CJJ/T91-2002)	建设部	2002 年				√
17	《关于印发创建“生态园林城市”实施意见的通知》	建设部	2004 年			√	
18	《国家重点公园管理办法》	建设部	2006 年			√	
19	《关于建设节约型城市园林绿化的意见》(建城〔2007〕215 号)	建设部	2007 年			√	
20	《关于加强城市绿地系统建设提高城市防灾避险能力的意见》(建城〔2008〕171 号)	住房和城乡建设部	2008 年			√	
21	《城市园林绿化评价标准》 (GB/T 50563—2010)	住房和城乡建设部	2010 年				√

2001 年 7 月，国务院发布《关于加强城市绿化建设的通知》；2001 年 9 月 12 日，建设部发布《城市绿地系统规划编制技术纲要（初稿）》；2002 年 9 月，建设部审议通过《城市绿线管理办法》，2002 年 11 月 1 日开始实施；2002 年 9 月 1 日，建设部正式颁布实施《城市绿地分类标准》（CJJ/T85-2002），10 月印发了《城市绿地系统规划编制纲要（试行）》，明确提出新一轮城市绿地系统规划要提高生态质量和综合经济效益，并进一步细化绿地控制等单方面要求。

2002 年，建设部颁布的《城市绿地系统规划编制纲要（试行）》中明确指出要“构筑以中心城区为核心，覆盖整个市域，城乡一体化的绿地系统”。2007 年，国家环境保护总局印发了《全国生态保护“十一五”规划》，规划主要围绕自然生态保护的三大领域展开，即自然生态系统的保护、资源开发生态环境保护、农村生态环境保护。2012 年，住房和城乡建设部批准《镇（乡）村绿地分类标准》（CJJ/T168—2011）为行业标准。

(三) 地方各级城镇绿地建设和管理相关政策和法规

国家层面各项园林绿化政策法规和文件的出台，极大调动了地方积极性，各级政府根据自身实际制定出台了许多文件和政策法规，对我国园林绿化事业走向法制化、规范化和标准化提供了重要依据，极大地推动了园林事业发展。

1981 年 3 月，沈阳市政府颁布实施《沈阳市城市园林绿化管理办法》。1983

年9月，辽宁省人大通过新的《沈阳市城市园林绿化管理暂行条例》，原来的管理办法失效。1982年，江苏省政府颁布实施《江苏省城市绿化保护暂行条例》，规定了建设、园林部门对城市绿化的管理、保护职责。1982年，武汉市人大通过《武汉市城市园林绿化管理办法》。1983年9月，宁夏回族自治区人大通过《银川市城市园林绿化管理暂行条例》。同年，合肥市人大通过《合肥市城市园林绿化管理暂行规定》。1985年，昆明市政府颁布实施《昆明市城镇园林绿化管理条例》。同年，广西壮族自治区人大通过《南宁城市园林绿化管理的若干决定》。1986年，珠海市政府颁布实施《珠海市园林绿化管理暂行条例》。1988年，重庆市政府发布《重庆市园林绿化管理办法》。1989年，辽宁省政府发布《辽宁省城市园林绿化管理办法》。

1983年，上海市编制完成《上海市园林绿化系统规划》，并作为专业规划纳入《上海市城市总体规划》方案；1984年，上报国务院审批实施；1986年，经上海市政府批准，上海市园林管理局实施事权下放，将原由市里集中管理的市区主要道路行道树和部分市属公园下放到区，由区园林局所负责管理；20世纪90年代以后初步形成了市区“两级政府、三级管理”，郊区“三级政府、三级管理”体制（张浪，2009）；1994年，上海市编制完成《上海市城市绿地系统规划（1994—2010）》；2002年，编制《上海市城市绿地系统规划（2002—2020）》。因此，上海基本建立了较为完善的绿地规划体系，为绿地建设和发展做出全面的安排。

广州市在广东省率先完成了《广州市城市绿化系统规划》和《广州市城市总体规划》，于1984年年底报经国务院审批并正式施行。1988年2月26日，广东省省委、省政府颁发《广东省实现绿化的标准和验收奖惩办法》，要求全省各地认真执行，确保“十年绿化广东大地”的目标得以实现。

1990年4月，四川省人大批准《重庆市园林绿化管理条例》。根据国务院制定的《城市绿化条例》，1992年，江苏省颁布了《江苏省城市绿化管理条例》；1993年，珠海市政府颁布《珠海市城市园林绿化管理规定》；深圳市政府于1994年颁布了《深圳经济特区城市绿化管理办法》；桂林市政府于1995年8月公布实施了《桂林市城市园林绿化管理办法》；1997年，长沙市政府颁布《长沙市城市绿化管理条例》；1997年，重庆市人大通过《重庆市城市园林绿化条例》，1998年6月又通过《重庆市园林绿化赔偿规定》和《重庆市公园管理条例》。

2004年12月，武汉市人大批准修改《武汉市城市绿化条例》；2005年，太原市政府公布《太原市绿线管理办法》；同年，长沙市政府颁布《长沙市绿线管理办法》；2007年，昆明市政府颁布《昆明市城市绿线管理规定》；2010年，武汉市政府颁布《武汉市城市绿线管理办法》；2012 年 5 月，云南省人大批准《昆明市城镇绿化条例》。

屋顶绿化作为一种不占用土地的空中高科技绿化形式，运用范围越来越广泛，通过屋顶绿化，可以扩大绿化空间和绿化面积，对缓解城镇化过程中日趋突出的生态恶化、土地紧缺、热岛效应等城市病问题无疑是一种有效的方式。屋顶绿化对建设资源节约型、环境友好型城镇化格局，对改善城镇绿化用地紧张局面和改善城市空间环境有着重要的意义。

我国从 20 世纪 90 年代开始摸索实践立体绿化，并在一些大城市推广应用。广东是我国最早推出屋顶绿化的地区，广州的东方宾馆最早开始“屋顶花园”绿化工程，深圳市政府最早发布了《深圳市屋顶美化绿化实施办法》（深府〔1999〕196 号)。2004 年，建设部就贯彻落实《国务院关于深化改革、严格土地管理的决定》精神做出部署，其中要求“鼓励和推广屋顶绿化和立体绿化”。2005 年 5 月 10 日，北京市出台了《北京市地方标准——“屋顶绿化规范”》(DB11/T 281—2005)，规范北京城市屋顶绿化技术，提高北京城市屋顶绿化质量和水平。2005 年，成都市政府办公厅转发了市建设委员会、市规划局、市园林局、市执法局等部门《关于进一步推进成都市城市空间立体绿化工作实施方案》。同年 3 月，成都市特别规定：成都市五城区、龙泉驿、青白江、新都、温江区及双流县和郫县范围内新开工的楼房，凡是 12 层楼以下、高度 40 米以下的中高层和多层、低层非坡屋顶建筑必须按要求实施屋顶绿化，面积达 60%以上的，可按屋顶面积的 20%奖励绿地面积。2006 年 10 月 25 日，上海市十二届人大常委会第三十一次会议审议了《上海市绿化条例（草案)》，上海市是中国第一个以立法形式规范屋顶绿化的城市。2007 年，建设部发布《关于建设节约型城市园林绿化的意见》，其中明确提出“要推广立体绿化，在一切可以利用的地方进行垂直绿化，有条件的地区要推广屋顶绿化”。2010 年，在住房和城乡建设部发布的《城市园林绿化评价标准》中，立体绿化作为建设管控评价内容，要求各城市制定立体绿化推广鼓励政策和技术措施，制定推广实施方案，且执行效果明显。2010 年，杭州市政府出台了《杭州市区建筑物屋顶综合整治管理办法》，明确屋顶绿化作为屋顶整治内容之一，规定可将公建屋顶绿化面积折算后计入项目绿地率指标，调整出的绿地面积可用于建设单位停车泊位。2011 年，北京市政府正式下发《关于推进城市空间立体绿化建设工作的意见》，规定对达不到配套绿地率指标的项目强制实行屋顶绿化，屋顶绿化面积按照 20%的系数抵算绿地率，最多抵算为配套绿地率的一半。

三、国内外城镇绿地发展比较

（一）我国城镇绿地相关政策和法规制定起步晚，但发展速度快

新中国成立之初，我国忙于体制改革，城镇绿化建设基本上是照搬苏联的经验，随着苏联解体，我国才开始自行探索城镇绿化建设。20 世纪 80 年代开始，我国城镇绿化才正式提上国家和各级部门日程，国家基本建设委员会于 1978 年在济南召开“全国城市园林绿化工作会议”，随后城乡建设环境保护部于 1982 年颁发《城市园林绿化管理暂行条例》，中国城市园林绿化建设和管理工作有了可靠依据。1992 年，联合国环境与发展会议召开的同时，国务院以第 100 号令发布《城市绿化条例》。而在美国纽约，1851 年纽约市议会通过美国历史上第一个《公园法》。1938 年，英国议会通过了《绿带法案》。1971 年，联邦德国政府颁布了《城市建设促进法》。日本对城镇绿化的研究起步较早，1956 年，日本第一部《都市公园法》诞生，确定了公园的管理主体和配置标准，1973 年颁发了《城市绿地保护法》。

总体来说，我国城镇绿化法律建立比西方最早的国家晚了 100 多年，比其他国家晚了 30 多年，但是我国城镇园林绿化法规和政策建设速度非常快。

据中国风景园林学会城市绿化专业委员会统计，截至 2009 年，我国园林行业国家和地方性的法规文件共 368 项。其中由全国人大批准颁布的条例 4 项；国务院令 8 项；住房和城乡建设部颁发的规定 43 项、资质标准 11 项、技术标准 15 项；各省（区、市）颁发的法规和标准 272 项。在这些法规、政策和标准中，主要有 1992 年建设部颁布的《城市园林绿化条例》；1995 年 7 月建设部颁布实施的《城市园林绿化企业资质管理办法》和《城市园林绿化企业资质标准》；2000 年建设部印发的《创建国家园林城市实施方案》和《国家园林城市标准》；2002 年颁布的《城市绿线管理办法》；2006 年 5 月建设部印发经修订的《城市园林绿化企业资质标准》；2006 年 8 月建设部印发的《建设部园林绿化企业资质申报和审批工作规程》。

20 世纪 90 年代开始至今，在国家层面就已经连续有 18 个专门针对城镇绿化的相关政策、法规和标准出台，尤其从 2000 年开始短短的 10 年间，国务院、住房和城乡建设部连续出台了十几部与城镇绿化相关的法规、政策、标准。除了这些专业性法规、政策以外，各地方政府也颁布了一系列与本级城镇绿化相配套的城镇园林绿化的法规、政策。尤其是广州、北京、上海、深圳、杭州等城市的城镇绿化建设和管理探索超前于国家层面相关制度的建设，引领着我国城镇绿化的发展。2012 年，深圳提出了新的城镇绿化发展目标，在未来 8 年内大力实施城市绿

化工程，增加城市绿化量，建设生态景观林带，全面消除黄土裸露，各类天桥“挂绿”，增创上千个园林式、花园式单位（小区），到2020年，实现城市绿化达到新加坡的绿化水平，实现国际一流建设目标。可见，我国城镇园林绿化建设和管理相关的法规、政策发展较西方发达国家起步晚，但是发展很快。

（二）国外相关法律和政策建设完善，中国仍处于初级阶段，刚性不足

首先，西方国家政府一般都赋予园林绿化部门较高的权力。美国的国家公园管理局隶属国家内务部。新加坡“花园城市行动委员会”（Garden City Action Committee）直接由总理密切监察，专门负责制定城市园林绿化法规和政策，政府还成立了国家公园局负责“花园城市”的规划、建设和管理。因此，只有赋予园林绿化部门较高的地位权威性才可以充分协调和处理与城市园林绿化相关的事务。

其次，国外园林绿化政策和法律建设比较完善，法律、标准、准则一应俱全。国外绿化管理法律制度因所属法系不同呈现出不同特点。属于英美法系的英国和美国，由于其以判例法为主要法律渊源，故而其绿化管理法律的体系性相对较弱。而属于大陆法系的日本、法国等，由于其以成文法为主要法律渊源，故而其绿化管理法律制度也是层级清楚，内容详细具体。国外绿化管理法律制度中的条文概念相当明确、具体，可操作性强，尤其是美国、英国、新加坡、日本等国家。从20世纪40年代开始到2004年，日本针对园林绿化就制定了20多部和园林绿化相关的法律和政策。世界各国政府为实现其绿化建设的目标，除了制定完善的法律规章以外，还采用财政税收等方式强制各地执行法律，甚至要求部门及公民都要承担绿化的责任，并且赏罚分明。例如，新加坡对损坏园林苗木的处罚相当严格和标准化，处罚内容基本涵盖了修复受损花草树木涉及的人力和物力，赔偿总额包括复植和搬移费用、交通阻碍紧急处理和危险物移开费用等，还有由此产生的运输费和劳工费（表1-2）。

表1-2 新加坡树木损害赔偿计算表

编号	树周/米	复植和搬移费用/新加坡元	其他费用	总额/新加坡元
1	<0.5	130	包括交通阻碍紧急处理和危险物移开费用等，视实际情况并入计算	130+其他费用
2	0.5～0.8	195		195+其他费用
3	0.8～1.2	355		355+其他费用
4	1.2～1.5	595		595+其他费用
5	1.5～2.0	1005		1005+其他费用
6	2.0～2.5	1735		1735+其他费用
7	>2.5	2505		2505+其他费用

资料来源：余深道，1982

我国城镇园林绿化受计划经济时代政府和单位统包统揽的影响较重，社会化和市场化程度低。目前，部分绿化项目已经以招投标方式开展，但也主要局限于景观设施和园艺等较小领域，而城镇基础绿化建设和维护管理还未全面开放。长期以来，地方政府将城镇绿地视为城镇基础设施建设的一部分，或者作为城镇的一项功能性设施来开展建设和管理，城镇绿地生态建设和违规处理还未正式纳入法律规定，未有一部专门的法律来对其实施保护，因此忽略了城镇绿地的重要功能和作用，对绿地建设管理和违规行为缺少强制措施。查阅历年来《城市环境质量状况报告》、《中国城市发展报告》、《中国可持续城市发展报告》、《中国低碳生态城市发展报告》等多个与城市生态环境有关的报告，未发现有针对城镇绿地或园林绿化现状、建设发展及存在问题等的专题部分。

（三）国外大多数国家建立了完整的绿地规划与管理体系

不管是国家层面还是地方政府及园林主管部门，都非常重视对城市园林、国家公园和社区绿化实施整体和长期的规划。英国是当今世界上绿化发展最为充分的国家之一，尤其是首都伦敦，长期致力于城市园林绿化的发展。目前，伦敦绿化区域和水面占据了其 2/3 的地表面积，其中大约 1/3 是私家花园，1/3 是公园，其他 1/3 则是草地、林地和河流（曹扶生，2003）。日本主要采用国家五年一个计划的方式，指导城市园林绿化的建设。美国的园林绿化是由政府设立的专门管理部门或绿化管理机构负责，管理部门主要负责拟订植树计划，规划城内公园、校园、墓地和其他公共场所的植树方案，制定执行树木与绿化管理法令。新加坡在国土绿化方面一直有详细周密的绿化方针，内容为拟订园林规划总蓝图，落实五年公园发展计划；同时，积极鼓励公众参与，让公众对一些园林绿化方案打分。

国外城市园林绿化管理制度不甚相同。其中，主要代表有新加坡的管理委员会制度，在《国家公园条例》中对管理委员会组成、职权、权力等都作了明确界定。法国作为大陆法系国家的代表，其法律承认的三种行政主体是国家、地方团体和第三类行政主体。其中，第三类行政主体即具有独立法律人格的以实施公务为目的而成立的公法人。法国对城市园林进行管理的是一些公营机构，而公营机构就是行政主体中的第三类行政主体。法国法律称这类具有独立人格的公务机关为公共设施或公共机构（les etablissemnts publics）（王名扬，1997）。因此，法国的国家公园的治理和管理主要是由公营机构来具体组织完成的，当然在其机构内有地方单位的代表参加。美国还实施了社区化园林绿化管理模式。例如，路易斯安那州专门编制了《城市树木章程写作指南》，并将城市分为小社区（small community）和大社区（large community）两种，分别实施对城市园林绿化的管理。在小社区设立市民树木委员会负责公共树木的管理工作，讨论与树木有关的各种计划、规划等。有关大社区的规定则适用于具有公园、规划或市政等部门的城市的市区和郊区管理，并成立一个树木委员会，由9名合格成员组成。树木委员会除与小社区的市民树木委员会拥有相同的职能以外，还行使立法建议权，提供技术支持，募集资金、公共基金和私人捐款，还对违法移动树木行为进行处罚。

第三节　我国城镇绿地发展现状

一、我国城镇绿地发展现状及特征

（一）我国城镇绿地基本概况

截至2010年，全国城市建成区绿化覆盖面积已达149.45万公顷，建成区绿化覆盖率为38.22%，绿地面积为133.81万公顷，绿地率为34.17%，公园绿地面积为40.16万公顷，人均公园绿地面积为10.66平方米[①]。同时，各地根据其地域特色，建设了大量高质量的公园、防护绿地、城市片林和林荫大道，加强了对城市自然生态系统和生物多样性保护。截至2010年年底，全国共设立了63个国家重点公园和41个国家城市湿地公园，命名了180个国家园林城市、7个国家园林城区、61个国家园林县城、15个国家园林城镇，以及22个国家森林城市。各地、各部门积极开展绿化先进创建工作，助推城乡生态文明建设，表彰了335个全国绿化模范单位，其中城市21个、县89个、单位225个[②]。

城乡绿化稳步推进，为逐步改善人居环境发挥了有力的推动作用。通过旧城改造增绿、庭院拆墙透绿、中心城区添绿、新区规划建绿、城郊造林扩绿等多种形式，推动城市绿化快速发展。按照高标准大力开展城市绿化，已成为各地改善城市生态的重大举措。

---

① 根据《2010年中国国土绿化状况公报》整理。

② 根据《中国城市建设统计年鉴》（2008年和2010年）整理。

（二）城镇绿地发展的特征

1. 城镇绿地建设与城镇化同步，发展迅速

1982 年，国家城市建设总局召开了第四次全国城市园林绿化工作会议，确立继续把普遍绿化作为城市园林绿化工作的重点。此后，我国城镇园林绿化得到快速发展（图 1-4）。我国建成区园林绿地面积从 1982 年的 121 433 公顷增加到 2000 年的 531 088 公顷，不到 20 年的时间增长了 3.37 倍。2009 年，我国建成区园林绿地面积达到 1 338 100 公顷，2000～2009 年的 10 年，平均每年增长 80 701 公顷，年增 8.95%。公园绿地面积从 1981 年的 21 637 公顷，增长到 2000 年的 143 146 公顷，截至 2009 年达到 401 600 公顷。公园绿地面积不断扩大，其增长速度高于城镇人口增长速度，因此人均公园绿地面积在这一段时间呈现出较快增长势头。1981 年人均公园绿地面积仅为 1.5 平方米，2000 年增长到 3.69 平方米，而在 2001～2009 年，从 4.56 平方米增长到 10.66 平方米，不到 10 年又增长了 1 倍多，增长速度越来越快（表 1-3）。

表 1-3　我国城镇园林绿地发展概况

年份	建成区绿化覆盖面积/公顷	建成区园林绿地面积/公顷	公园绿地面积/公顷	人均公园绿地面积/平方米
1981	—	110 037	21 637	1.50
1982	—	121 433	23 619	1.65
1983	—	135 304	27 188	1.71
1984	—	146 625	29 037	1.62
1985	—	159 291	32 766	1.57
1986	—	15 335	42 255	1.84
1987	—	161 444	47 752	1.90
1988	—	180 144	52 047	1.76
1989	—	196 256	52 604	1.69
1990	246 829	—	57 863	1.78
1991	282 280	—	61 233	2.07
1992	313 284	—	65 512	2.13
1993	354 127	—	73 052	2.16
1994	396 595	—	82 060	2.29
1995	461 319	—	93 985	2.49
1996	493 915	385 056	99 945	2.76
1997	530 877	427 766	107 800	2.93
1998	567 837	466 197	120 326	3.22
1999	593 698	495 696	131 930	3.51
2000	631 767	531 088	143 146	3.69
2001	681 914	582 952	163 023	4.56

续表

年份	建成区绿化覆盖面积/公顷	建成区园林绿地面积/公顷	公园绿地面积/公顷	人均公园绿地面积/平方米
2002	772 749	670 131	188 826	5.36
2003	881 675	771 730	219 514	6.49
2004	962 517	842 865	252 286	7.39
2005	1 058 381	927 064	283 263	7.89
2006	1 181 762	1 040 823	309 544	8.30
2007	1 251 573	1 110 330	332 654	8.98
2008	1 356 467	1 208 448	359 468	9.71
2009	1 494 500	1 338 100	401 600	10.66

资料来源：根据《中国城市建设统计年鉴》(2008 年和 2010 年) 整理

随着城镇化发展，近 30 年来我国城镇化水平与建成区绿化覆盖率发展迅速。从数据的变化（表 1-3，图 1-4）可以看出，我国城镇化与绿化发展呈现出同步、并列的发展趋势，城镇化水平从 1986 年的 24.52%上升到 2010 年的 49.7%，建成区绿化覆盖率也相应地从 1986 年的 16.9%上升到 2010 年的 41.33%。1986 年，城镇化水平与建成区绿化覆盖率之间相差 7.62 个百分点，到 2010 年二者相差 8.37 个百分点。1986～2010 年，城镇化水平年均增长 2.87%，建成区绿化覆盖率年均增长 3.64%。近年来，建成区绿化覆盖率增长速度还稍快于城镇化水平，二者之间发展水平、速度越来越接近。

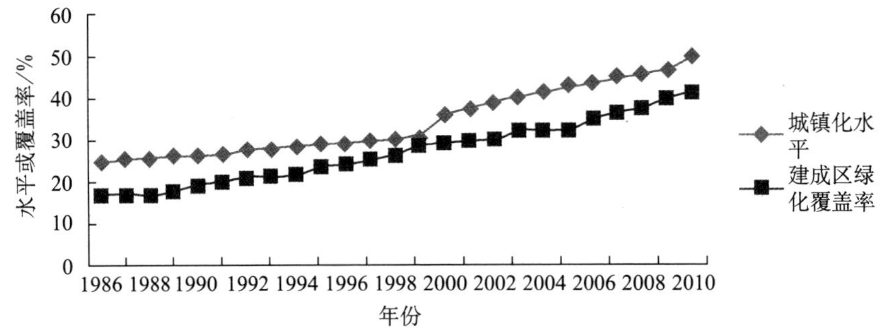

图 1-4　1986～2010 年我国城镇化水平与建成区绿化覆盖率

资料来源：根据《中国城市建设统计年鉴（2011）》、《中国城市统计年鉴（2011）》和《中国统计年鉴（2011）》整理

2. 国家对城镇园林绿化投入力度不断加大

近年来，国家对城市建设投资不断增加，投资额和投资增长速度超过历史水平，而在这些投资中用于绿化建设和维护的资金也相应大量增长，用于园林绿化建设和维护的资金比重也在不断提高。尤其是 1990～2009 年的 20 年时间里，无论是城市维护支出还是城市建设固定资产投资用于园林绿化的资金及资

金所占比重，均呈现明显的增长趋势（表1-4）。1990年，在城市维护支出中，园林绿化资金支出为7.34亿元，占城市维护支出费用的18.07%；尽管某些年份出现一定波动，到2000年，城市维护支出中用于园林绿化的资金已达177.91亿元，占城市维护支出比重为65.90%；到2009年，这两项数据变为497.92亿元和45.34%。其中，在2003年，园林绿化资金支出占城市维护支出比重达87.71%。1990年，城市固定资产投资中用于园林绿化的资金为2.9亿元，占城市固定资产投资的2.39%；到2000年，园林绿化投资增长到143.2亿元，占城市固定资产投资的7.5%；到2009年，园林绿化投资增加到914.9亿元，占城市固定资产投资的8.6%。1990～2009年的20年间，园林绿化资金支出增长了66.84倍，年均增长25.86%。尤其是2000年以来，用于园林绿化维护和固定资产投资的资金增长幅度更大，增长速度更快。政府直接用于大型公共绿地建设的资金由2001年的163亿元增加到2009年的914.9亿元。

表1-4　城市建设固定资产投资和城市维护支出中园林绿化及比重

年份	城市维护支出		城市建设固定资产投资	
	园林绿化资金支出/亿元	所占比重/%	园林绿化投资/亿元	所占比重/%
1990	7.34	18.07	2.90	2.39
1991	18.66	41.78	4.90	2.87
1992	24.53	22.57	7.20	2.54
1993	31.14	20.08	13.20	2.53
1994	40.21	23.36	18.20	2.73
1995	52.33	5.18	22.50	2.79
1996	53.29	26.26	27.50	2.90
1997	67.58	31.43	45.10	3.95
1998	103.52	43.97	78.40	5.31
1999	131.54	50.57	107.10	6.73
2000	177.91	65.90	143.20	7.57
2001	177.63	75.03	163.20	6.94
2002	91.82	28.83	239.50	7.67
2003	334.81	87.17	321.90	7.21
2004	95.32	20.44	359.50	7.55
2005	90.81	16.59	411.30	7.34
2006	296.77	42.70	429.00	7.44
2007	361.15	41.56	525.60	8.19
2008	408.66	39.17	649.80	8.82
2009	497.92	45.34	914.90	8.60

资料来源：根据《中国城市建设统计年鉴2010》整理

3. 城镇绿地规划和建设具有地区差异性

总体来看，在城镇绿化建设水平方面东部沿海地区的发达城市从规划理念到规划手法已经逐步与国际并轨，而中西部和东北地区除了一些中心城市注重城市园林绿地系统建设外，小城市尤其是小城镇在理论和技术方面准备还不足（许菊芬，2007；周彦峰，2007；刘滨谊等，2002）。例如，东部经济发达地区和自然条件较好的深圳、广州、杭州、南京等地区，园林绿化建设不仅从数量水平上取得较大进步，并且注重园林绿地向郊区延伸，注重立体空间绿化，绿地建设风格更加多样化，绿地建设接近发达国家水平。北方城市园林绿化受到地形地貌、气候条件及经济发展水平影响，建设风格相对比较单一，建设和维护管理难度较大、费用多，每年冬秋季节，园林绿地发挥的功能较弱。而中西部大多数地区，对园林绿地建设停留在半自然和半人工状态，尽管每年建设投入的人财物比较少，由于自然地理、气候条件都比较适宜园林绿地发展，总体建设水平处于稳定状态，西北干旱区和青藏高原区等地区园林绿地生长条件较差，除一些绿洲城市和水热条件较好城市以外，其余大多城市园林绿化建设低于全国平均水平。

4. 城镇绿地系统优势

城镇绿地系统是一个完整的有机整体，是由区域内大面积的农田、山体、水体和岸线绿化为基础的景观基质，加上居民点或建筑群当中不同形式与规模的景观斑块，并通过城乡公路、铁路街道绿化建设形成的绿色廊道，山川、田园、小区绿化形成的绿色通道相互联系，构成连续、稳定的绿地生态网络格局。

城镇既包括城市中心社区也包括城市周边小城镇和单独城镇，将中心绿地范围扩大，形成的综合城镇绿地具有相对较好的外部环境，提升了绿地面积在建成区面积中的比重。目前，许多郊区所处的自然环境比较优越，具有较完整的生态生物群落、自然山脉、疏林草地、田园风光、溪流湿地等自然资源，还拥有原生植物、动物、微生物等物种资源丰富，而且大面积的绿地道路绿化或滨水绿化有序衔接，使自然景观与人文特色能够协调地融入城镇绿地系统，提升了绿地系统的生态性、稳定性和开放性。

二、以季风区划分的我国四大自然区城镇绿地状况分析

一般依据地形、气候、水文、土壤和植被等来划分自然区域。根据现代地形轮廓、气候特征、自然界主要发展过程、人类活动对自然界的影响，将全国自然区划分为三级区：一级区即东部季风区（以秦岭—淮河以北为北方地区，以南为南方地区）、西北干旱区和青藏高原区等三大自然区；二级区即自然地区，将全国划分为东北、华北、华中、华南、内蒙古、西北、青藏七个自然地

区；三级区即自然副区，全国划分为35个自然地理副区（赵济，1995）。在我国一级区的三大自然区的基础上，考虑到东部季风区南部和北部在气候、植被等方面的巨大差异对城镇绿地建设的影响，本书以秦岭—淮河线为界把秦岭—淮河以北称为东部季风区北部，把秦岭—淮河以南地区称为东部季风区南部，这样把全国划分为东部季风区南部、东部季风区北部、青藏高原区和西北干旱区四大自然区。

（一）四大自然区地级以上城市绿地现状分析

截至2010年，我国中小城市数目达2160个，其中56%的地级以上行政单位所在地已发展为中小城市，地级城市已经成为区域性经济、政治、文化和社会中心。随着我国城镇化进程的不断加快，地级以上城市尤其是中小城市成为未来吸纳大部分农村转移人口的主要阵地。因此，通过查阅相关资料，收集全国286个地级以上城市2010年城镇绿地相关数据及2000～2010年30个省（区、市）[①] 的人口总数、建成区面积、园林绿地面积、绿化覆盖面积、公园绿地面积等基础数据，对数据开展分类、计算和分析，将得到的人均绿地面积、人均公园绿地面积、建成区绿化覆盖率等指标，按照东部季风区南部、东部季风区北部、青藏高原区和西北干旱区四大自然区对286个地级以上城市和30个省（区、市）进行进一步分析，对比不同自然区地级以上城市城镇绿地建设和管理的发展趋势、差异性及不同发展阶段存在的主要问题，同时也分析同一自然区中不同城市城镇绿地建设和管理的内部差异性、时间序列下的波动性。

1. 分析方法

变异系数也称为标准差系数，这是对我国城镇绿地基本状态分析的主要方法之一。它是反映总体各单位指标值的差异程度或离散程度的指标，是反映数据分布状况的指标之一。变异系数是一个无量纲量，主要用于比较两组量纲不同或均值不同的数据。它用总体各单位的标准差与其算术平均数之比来表示。其计算公式为

$$C_V=\frac{\sigma}{\mu}=\frac{\sqrt{\frac{1}{N}\sum_{i=1}^{N}(x_i-\overline{x})^2}}{\mu}$$

式中，C_V 代表变异系数，σ 代表标准差，μ 代表算术平均数。

因此，在计算变异系数之前，需要先计算标准差。标准差是总体各单位标

---

① 不包括西藏自治区及中国香港、澳门、台湾。

志值与其算术平均数离差平方和的算术平均数的平方根，其计算公式为

$$\sigma=\sqrt{\frac{1}{N}\sum_{i=1}^{N}(x_i-\overline{x})^2}$$

式中，σ 就是一组数据的标准差，N 代表样本个数，x_i 表示各单位的标志值，$\overline{x}$ 表示各单位标志值的平均数。

2. 数据来源和处理

将2010年全国286个地级以上城市和30个省（区、市）划归入四大自然区中。这样得到东部季风区北部包括102个城市，东部季风区南部包括155个城市，西北干旱区包括28个城市，青藏高原区包括西藏自治区和青海省地级市，但是目前西藏自治区缺乏地级以上城市城镇绿地数据，因此只有西宁1个城市（表1-5）。

表1-5　全国地级以上城市自然区归类

东部季风区北部（102个）		东部季风区南部（155个）			西北干旱区（28个）	青藏高原区（1个）
北京市	牡丹江市	上海市	新余市	桂林市	呼和浩特市	西宁市
天津市	黑河市	南京市	鹰潭市	梧州市	包头市	
石家庄市	绥化市	无锡市	赣州市	北海市	乌海市	
唐山市	济南市	徐州市	吉安市	防城港市	赤峰市	
秦皇岛市	青岛市	常州市	宜春市	钦州市	通辽市	
邯郸市	淄博市	苏州市	抚州市	贵港市	鄂尔多斯市	
邢台市	枣庄市	南通市	上饶市	玉林市	呼伦贝尔市	
保定市	东营市	连云港市	武汉市	百色市	巴彦淖尔市	
张家口市	烟台市	淮安市	黄石市	贺州市	乌兰察布市	
承德市	潍坊市	盐城市	十堰市	河池市	兰州市	
沧州市	济宁市	扬州市	宜昌市	来宾市	嘉峪关市	
廊坊市	泰安市	镇江市	襄阳市	崇左市	金昌市	
衡水市	威海市	泰州市	鄂州市	海口市	白银市	
太原市	日照市	宿迁市	荆门市	三亚市	天水市	
大同市	莱芜市	杭州市	孝感市	重庆市	武威市	
阳泉市	临沂市	宁波市	荆州市	成都市	张掖市	
长治市	德州市	温州市	黄冈市	自贡市	平凉市	
晋城市	聊城市	嘉兴市	咸宁市	攀枝花市	酒泉市	
朔州市	滨州市	湖州市	随州市	庐州市	庆阳市	
晋中市	菏泽市	绍兴市	长沙市	德阳市	定西市	
运城市	郑州市	金华市	株洲市	绵阳市	陇南市	
沂州市	开封市	衢州市	湘潭市	广元市	银川市	
临汾市	洛阳市	舟山市	衡阳市	遂宁市	石嘴山市	
吕梁市	平顶山市	台州市	邵阳市	内江市	吴忠市	
沈阳市	安阳市	丽水市	岳阳市	乐山市	固原市	
大连市	鹤壁市	合肥市	常德市	南充市	中卫市	
鞍山市	新乡市	芜湖市	张家界市	眉山市	乌鲁木齐市	

续表

东部季风区北部（102 个）		东部季风区南部（155 个）			西北干旱区（28 个）	青藏高原区（1 个）
抚顺市	焦作市	蚌埠市	益阳市	宜宾市	克拉玛依市	
本溪市	濮阳市	淮南市	郴州市	广安市		
丹东市	许昌市	马鞍山市	永州市	达州市		
锦州市	漯河市	淮北市	怀化市	雅安市		
营口市	三门峡市	铜陵市	娄底市	巴中市		
阜新市	南阳市	安庆市	广州市	资阳市		
辽阳市	商丘市	黄山市	韶关市	贵阳市		
盘锦市	信阳市	滁州市	深圳市	六盘水市		
铁岭市	周口市	阜阳市	珠海市	遵义市		
朝阳市	驻马店市	宿州市	汕头市	安顺市		
葫芦岛市	西安市	巢湖市	佛山市	昆明市		
长春市	铜川市	六安市	江门市	曲靖市		
吉林市	宝鸡市	亳州市	湛江市	玉溪市		
四平市	咸阳市	池州市	茂名市	保山市		
辽源市	渭南市	宣城市	肇庆市	昭通市		
通化市	延安市	福州市	惠州市	丽江市		
白山市	汉中市	厦门市	梅州市	普洱市		
松原市	榆林市	莆田市	汕尾市	临沧市		
白城市	安康市	三明市	河源市			
哈尔滨市	商洛市	泉州市	阳江市			
齐齐哈尔市		漳州市	清远市			
鸡西市		南平市	东莞市			
鹤岗市		龙岩市	中山市			
双鸭山市		宁德市	潮州市			
大庆市		南昌市	揭阳市			
伊春市		景德镇市	云浮市			
佳木斯市		萍乡市	南宁市			
七台河市		九江市	柳州市			

地级以上城市是区域的政治、经济、文化核心，人口较为集中，市政园林基础设施建设较为完善，因此将地级以上城市按照自然区标准划分进行归类，基本能够代表目前我国各个地区的绿地建设与管理状况。

查阅了《中国城市统计年鉴 2011》、《中国城市建设统计年鉴 2010》和各省（区、市）2011 年的统计年鉴数据，以 2010 年全国 286 个地级以上城市市辖区的绿地面积、公园绿地面积、建成区绿化覆盖面积和市辖区年末总人口为基础，整理得到全国 286 个地级以上城市建成区绿化覆盖率、人均绿地面积和人均公园绿地面积数据。以自然区为单位将数据进行计算，最后得到东部季风区南部、东部季风区北部、西北干旱区、青藏高原区地级以上城市市辖区人均绿地面积、人均公园绿地面积和建成区绿化覆盖率三个指标值，进而求出标准差和变异系数（表 1-6）。

表 1-6　2010 年东部季风区北部地级以上城市绿地建设排序

城市名称	人均绿地面积/平方米	城市名称	人均公园绿地面积/平方米	城市名称	建成区绿化覆盖率/%
大庆市	153.94	承德市	24.86	北京市	55.10
威海市	88.71	威海市	22.25	秦皇岛市	50.24
许昌市	69.10	秦皇岛市	20.76	长治市	48.25
东营市	67.97	邯郸市	20.17	廊坊市	47.15
承德市	65.82	滨州市	18.52	威海市	47.12
伊春市	64.45	伊春市	18.08	邯郸市	47.01
青岛市	60.32	德州市	17.92	本溪市	46.74
大连市	59.66	三门峡市	16.45	临沂市	46.50
烟台市	58.40	北京市	16.02	唐山市	46.00
牡丹江市	57.16	烟台市	15.62	吉林市	45.61
秦皇岛市	56.36	临沂市	15.50	大连市	45.17
淄博市	54.15	青岛市	14.62	保定市	44.69
廊坊市	52.87	石家庄市	14.47	莱芜市	44.22
北京市	52.79	黑河市	14.37	聊城市	44.20
邢台市	52.73	双鸭山市	14.13	泰安市	43.73
本溪市	50.95	邢台市	14.07	济宁市	43.60
沈阳市	50.43	保定市	14.05	朔州市	43.56
邯郸市	48.82	东营市	13.43	三门峡市	43.47
保定市	48.26	大庆市	13.34	青岛市	43.43
辽阳市	47.06	鹤岗市	12.46	石家庄市	43.01
滨州市	44.91	咸阳市	12.35	铜川市	43.00
抚顺市	44.55	许昌市	12.19	临汾市	42.70
七台河市	44.50	潍坊市	11.93	双鸭山市	42.59
佳木斯市	44.12	长治市	11.88	鹤岗市	42.40
潍坊市	43.89	沈阳市	11.75	信阳市	42.38
双鸭山市	43.55	长春市	11.71	沧州市	42.20
晋城市	42.86	大连市	11.54	烟台市	42.12
临沂市	42.72	吕梁市	11.34	淄博市	42.11
营口市	42.14	鞍山市	11.01	沈阳市	42.01
济宁市	41.82	日照市	10.84	承德市	41.75
三门峡市	40.85	沧州市	10.80	焦作市	41.74
鞍山市	40.84	营口市	10.61	营口市	41.59
周口市	39.06	张家口市	10.52	新乡市	41.26
焦作市	39.05	洛阳市	10.49	通化市	41.22
新乡市	37.16	汉中市	10.46	驻马店市	41.19
长春市	37.10	阜新市	10.34	日照市	41.01
长治市	36.39	晋城市	10.10	衡水市	40.89
石家庄市	36.34	鹤壁市	10.05	阜新市	40.76
阜新市	35.48	铁岭市	9.80	邢台市	40.60
吉林市	35.46	唐山市	9.69	西安市	40.37

续表

城市名称	人均绿地面积/平方米	城市名称	人均公园绿地面积/平方米	城市名称	建成区绿化覆盖率/%
鹤岗市	34.88	锦州市	9.60	晋中市	40.23
铁岭市	34.58	通化市	9.58	潍坊市	40.10
齐齐哈尔市	34.49	太原市	9.04	佳木斯市	40.09
盘锦市	34.20	佳木斯市	9.02	鹤壁市	40.00
开封市	34.15	辽阳市	8.97	菏泽市	39.94
德州市	33.95	哈尔滨市	8.90	松原市	39.81
济南市	33.52	本溪市	8.70	宝鸡市	39.67
通化市	33.15	衡水市	8.64	长春市	39.64
泰安市	32.40	抚顺市	8.57	枣庄市	39.64
衡水市	31.92	焦作市	8.48	大庆市	39.62
张家口市	31.86	松原市	8.45	抚顺市	39.60
洛阳市	30.92	廊坊市	8.39	阳泉市	39.42
唐山市	30.47	平顶山市	8.35	锦州市	39.27
沧州市	30.20	淄博市	8.34	绥化市	39.25
鹤壁市	29.88	吉林市	8.31	鸡西市	39.24
大同市	29.54	牡丹江市	8.31	铁岭市	39.23
太原市	28.92	济南市	8.30	许昌市	38.98
锦州市	28.36	七台河市	8.16	辽阳市	38.87
日照市	28.30	盘锦市	8.00	晋城市	38.66
鸡西市	28.21	济宁市	7.95	东营市	38.60
葫芦岛市	28.08	鸡西市	7.91	鞍山市	38.59
辽源市	27.70	绵阳市	7.87	牡丹江市	38.59
驻马店市	27.44	宝鸡市	7.83	张家口市	38.52
哈尔滨市	27.14	阳泉市	7.61	盘锦市	38.41
阳泉市	27.05	辽源市	7.58	哈尔滨市	38.40
四平市	26.26	四平市	7.55	葫芦岛市	38.37
松原市	26.21	泰安市	7.55	漯河市	38.32
信阳市	26.08	延安市	7.38	滨州市	38.29
咸阳市	25.99	晋中市	7.24	商丘市	38.15
延安市	25.45	新乡市	7.23	周口市	38.14
丹东市	25.40	丹东市	7.10	丹东市	38.08
宝鸡市	24.70	临汾市	7.08	平顶山市	38.08
朔州市	24.41	莱芜市	7.04	汉中市	37.88
黑河市	24.26	齐齐哈尔市	6.85	安阳市	37.49
天津市	23.82	南阳市	6.67	大同市	37.46
平顶山市	23.75	天津市	6.53	济南市	37.04
莱芜市	23.36	白山市	6.44	吕梁市	36.33
晋中市	23.14	聊城市	6.10	七台河市	35.87
安阳市	22.61	郑州市	6.07	太原市	35.75
榆林市	21.92	运城市	5.99	辽源市	35.35
白城市	21.83	驻马店市	5.91	郑州市	34.85

续表

城市名称	人均绿地面积/平方米	城市名称	人均公园绿地面积/平方米	城市名称	建成区绿化覆盖率/%
郑州市	21.63	漯河市	5.86	安康市	34.80
铜川市	21.41	西安市	5.78	开封市	34.36
吕梁市	21.35	开封市	5.67	洛阳市	32.90
绵阳市	20.59	朝阳市	5.63	咸阳市	32.19
菏泽市	19.72	大同市	5.62	天津市	32.04
西安市	19.48	周口市	5.61	绵阳市	32.00
聊城市	19.24	安阳市	5.57	四平市	31.67
汉中市	19.09	铜川市	5.12	南阳市	31.60
枣庄市	18.39	枣庄市	5.02	白城市	31.55
白山市	16.56	菏泽市	4.85	渭南市	30.27
临汾市	16.32	渭南市	4.83	齐齐哈尔市	30.25
朝阳市	16.01	榆林市	4.78	白山市	29.88
运城市	15.17	信阳市	4.43	黑河市	27.32
渭南市	14.41	白城市	4.33	德州市	27.19
漯河市	13.35	朔州市	4.30	延安市	26.22
南阳市	12.87	葫芦岛市	3.66	伊春市	26.01
商丘市	11.23	安康市	3.36	榆林市	25.38
忻州市	9.34	商丘市	2.88	运城市	23.91
安康市	8.74	商洛市	2.45	商洛市	21.71
绥化市	8.67	忻州市	2.04	朝阳市	17.40
商洛市	8.63	绥化市	1.88	忻州市	17.33
平均	37.67	平均	10.01	平均	40.83

仅仅从统计指标来看，2010 年东部季风区北部地级以上城市城镇绿地建设指标中，各个城市的人均绿地面积差异性较大。人均绿地面积最多的是大庆市，为 153.94 平方米，最少的是商洛市，为 8.63 平方米，相差 17 倍有余。《中国城市统计年鉴 2011》数据显示，2010 年大庆市辖区绿地面积为 20 535 公顷，而市辖区年末人口数量为 133.4 万人，属于典型的绿地面积广而人口数量少的城市，因此人均绿地面积较多。根据《城市绿地分类标准》（CJJ85-2002T）的要求，用“人均公园绿地面积”取代“人均公共绿地面积”，因此 2002 年以后的统计标准主要以人均公园绿地面积为主。从表 1-6 中看出，东部季风区北部的 102 个地级以上城市中，人均绿地面积、人均公园绿地面积和建成区绿化覆盖率的平均值分别为 37.67 平方米、10.01 平方米和 40.83%。2010 年，河北省承德市的人均公园绿地面积为 24.86 平方米，为东部季风区北部 102 个城市中最高值，黑龙江省绥化市仅为 1.88 平方米，即二者相差 12.22 倍。2010 年，北京市建成区绿化覆盖率为 55.1%，为东部季风区北部地级以上城市中最大值，最小值是山西省忻州市，为 17.33%。分析原始数据可以看出，2010 年，北京市建成区面

积达到 1186 平方公里，建成区绿化覆盖面积达到 65 348 公顷，在 102 个地级以上城市中北京建成区面积和建成区绿化面积均为最大，得到的建成区绿化覆盖率也是最大。2010 年，忻州市建成区面积只有 30 平方公里，在东部季风区北部 102 个城市中排第 96 位，而建成区绿化覆盖面积排第 100 位，两项指标都排在最后，所得到的建成区绿化覆盖率在东部季风区北部 102 个城市中也排在最后。

东部季风区南部，涵盖了我国 15 个省（区、市），包括 155 个地级以上城市（表 1-7）。东部季风区南部是四个自然区中城市数量最多，绿地面积、公园绿地面积、建成区面积最大，城市辖区人口最多的自然区。由于东部季风区南部涵盖了我国华中、华东、华南和西南的大部分省市地级以上城市，尽管这些城市自然地理环境差异性相对较小，但经济发展差异较大，因此城镇绿地建设与管理具有一定的差异性。2010 年，东部季风区南部地级以上城市人均绿地面积、人均公园绿地面积和建成区绿化覆盖率的平均值分别为 38.55 平方米、8.87 平方米和 39.03%。

表 1-7　2010 年东部季风区南部地级以上城市辖区绿地建设排序

城市名称	人均绿地面积/平方米	城市名称	人均公园绿地面积/平方米	城市名称	建成区绿化覆盖率/%
黄山市	284.22	深圳市	65.37	湛江市	68.70
十堰市	231.58	丽江市	26.00	成都市	62.46
东莞市	182.05	东莞市	22.17	九江市	56.69
河源市	148.73	肇庆市	21.43	思茅市	56.08
南宁市	137.12	珠海市	18.99	抚州市	55.70
肇庆市	92.19	九江市	17.78	景德镇市	53.47
厦门市	90.80	柳州市	17.18	上饶市	51.34
上海市	89.44	绍兴市	16.68	遵义市	51.11
景德镇市	80.85	厦门市	15.58	达州市	50.28
马鞍山市	78.27	景德镇市	15.34	珠海市	50.10
深圳市	76.96	梅州市	15.23	湖州市	49.73
九江市	74.90	合肥市	15.16	新余市	49.17
无锡市	72.20	广州市	15.01	黄山市	48.73
铜陵市	67.34	苏州市	14.91	三亚市	48.46
镇江市	63.05	揭阳市	14.38	吉安市	48.400
泉州市	57.77	无锡市	14.32	韶关市	48.38
苏州市	57.68	镇江市	13.49	梅州市	46.98
柳州市	56.76	株洲市	13.27	萍乡市	46.83
珠海市	55.11	上饶市	12.87	张家界市	46.50
滁州市	54.93	赣州市	12.82	娄底市	46.15
合肥市	53.72	马鞍山市	12.40	十堰市	45.42
绍兴市	53.32	南京市	12.35	赣州市	45.26
怀化市	52.72	福州市	12.13	深圳市	45.04

续表

城市名称	人均绿地面积/平方米	城市名称	人均公园绿地面积/平方米	城市名称	建成区绿化覆盖率/%
梅州市	52.49	黄石市	12.12	孝感市	44.91
广州市	50.88	扬州市	12.11	东莞市	44.58
南京市	50.07	贵阳市	11.97	南京市	44.36
思茅市	49.53	上海市	11.95	台州市	44.34
上饶市	49.29	湖州市	11.73	桂林市	44.29
娄底市	48.81	潮州市	11.57	茂名市	44.26
嘉兴市	48.66	杭州市	11.54	上海市	44.00
株洲市	48.36	湘潭市	11.46	扬州市	43.60
赣州市	47.96	达州市	11.30	常德市	43.47
丽江市	47.28	雅安市	10.99	淮北市	43.14
惠州市	46.27	武汉市	10.92	马鞍山市	43.00
芜湖市	46.12	成都市	10.71	莆田市	42.96
潮州市	45.52	思茅市	10.44	岳阳市	42.84
宿迁市	45.01	长沙市	10.43	嘉兴市	42.80
连云港市	44.59	淮北市	10.21	苏州市	42.74
宁波市	44.29	铜陵市	10.13	无锡市	42.68
福州市	43.07	芜湖市	10.04	宜春市	42.46
鹰潭市	42.19	黄山市	9.95	潮州市	42.38
湘潭市	41.83	桂林市	9.94	衡州市	42.33
徐州市	41.29	十堰市	9.88	贵阳市	42.3
衡阳市	41.07	嘉兴市	9.85	汕尾市	42.29
咸宁市	40.38	吉安市	9.76	常州市	42.16
揭阳市	39.89	惠州市	9.74	龙岩市	42.13
百色市	39.88	舟山市	9.68	镇江市	41.98
梧州市	38.68	三明市	9.68	雅安市	41.80
南昌市	38.27	三亚市	9.49	广安市	41.67
韶关市	37.93	连云港市	9.40	漳州市	41.59
安庆市	37.24	重庆市	9.10	南昌市	41.42
漳州市	36.95	南昌市	9.03	徐州市	41.26
三明市	36.68	衡阳市	8.83	玉溪市	41.22
蚌埠市	36.42	丽水市	8.79	丽水市	41.19
黄冈市	36.38	江门市	8.72	海口市	41.04
岳阳市	36.05	云浮市	8.70	宜昌市	40.98
江门市	35.87	鹰潭市	8.55	泰州市	40.82
长沙市	35.57	曲靖市	8.46	南通市	40.69
杭州市	34.77	泉州市	8.40	六安市	40.66
淮北市	34.68	娄底市	8.36	江门市	40.64
黄石市	34.51	昆明市	8.28	湘潭市	40.59
昆明市	34.45	清远市	8.20	重庆市	40.58
湖州市	34.09	漳州市	8.07	宿迁市	40.57
宣城市	33.90	南宁市	7.94	舟山市	40.54

续表

城市名称	人均绿地面积/平方米	城市名称	人均公园绿地面积/平方米	城市名称	建成区绿化覆盖率/%
云浮市	33.87	安庆市	7.85	宁德市	40.53
北海市	33.51	梧州市	7.76	厦门市	40.40
台州市	33.40	宁波市	7.72	南宁市	40.40
桂林市	33.07	宜宾市	7.70	泉州市	40.39
吉安市	32.91	滁州市	7.69	绍兴市	40.37
达州市	32.86	攀枝花市	7.64	荆门市	40.32
常州市	31.71	金华市	7.59	福州市	40.31
张家界市	30.93	池州市	7.52	三明市	40.25
成都市	30.74	绵阳市	7.43	攀枝花市	40.25
清远市	30.52	黄冈市	7.42	益阳市	40.17
丽水市	30.35	抚州市	7.35	广州市	40.15
绵阳市	30.01	邵阳市	7.30	铜陵市	40.04
贵阳市	29.99	怀化市	7.20	荆州市	40.03
武汉市	29.67	泰州市	7.18	淮南市	40.01
攀枝花市	29.66	常州市	7.17	南平市	39.96
郴州市	28.84	徐州市	7.14	杭州市	39.91
泰州市	28.83	宁德市	7.09	黄石市	39.88
金华市	28.70	阳江市	7.05	金华市	39.79
新余市	28.60	荆门市	7.01	淮安市	39.6
曲靖市	28.24	台州市	6.93	中山市	39.24
扬州市	27.52	宜昌市	6.91	池州市	39.14
德阳市	26.98	新余市	6.80	云浮市	39.05
重庆市	26.73	韶关市	6.77	盐城市	38.98
舟山市	26.36	海口市	6.71	衡阳市	38.98
宜昌市	26.36	淮南市	6.65	曲靖市	38.93
阳江市	26.24	蚌埠市	6.60	庐州市	38.84
衡州市	25.99	遵义市	6.30	合肥市	38.81
龙岩市	25.75	德阳市	6.25	连云港市	38.73
安顺市	25.18	常德市	6.20	鹰潭市	38.66
荆门市	24.77	宜春市	6.06	安庆市	38.64
遵义市	24.77	温州市	6.06	株洲市	38.36
温州市	23.99	荆州市	6.00	自贡市	38.29
庐州市	23.38	郴州市	5.89	芜湖市	38.20
宜宾市	22.90	百色市	5.79	德阳市	38.20
海口市	22.71	龙岩市	5.68	宿州市	38.19
南通市	22.44	玉林市	5.57	柳州市	38.13
茂名市	22.38	湛江市	5.52	南充市	38.12
盐城市	22.14	汕头市	5.46	宁波市	37.99
萍乡市	22.09	佛山市	5.41	绵阳市	37.83
三亚市	21.87	鄂州市	5.28	乐山市	37.8
湛江市	21.57	萍乡市	5.23	遂宁市	37.72

续表

城市名称	人均绿地面积/平方米	城市名称	人均公园绿地面积/平方米	城市名称	建成区绿化覆盖率/%
邵阳市	21.33	咸宁市	5.18	北海市	37.60
淮南市	21.16	随州市	5.16	巢湖市	37.44
雅安市	21.15	安顺市	5.15	咸宁市	37.37
常德市	20.99	岳阳市	5.07	佛山市	37.00
随州市	20.95	盐城市	5.03	郴州市	36.97
荆州市	20.69	南通市	4.91	蚌埠市	36.93
玉溪市	20.02	汕尾市	4.89	百色市	36.70
池州市	19.89	自贡市	4.83	滁州市	36.30
抚州市	19.74	南平市	4.83	长沙市	36.24
玉林市	19.08	北海市	4.78	肇庆市	36.06
宜春市	18.95	庐州市	4.76	武汉市	35.98
南平市	18.38	衡州市	4.76	随州市	35.56
自贡市	18.08	宣城市	4.49	宜宾市	35.54
乐山市	17.60	眉山市	4.29	广元市	35.45
巢湖市	17.48	玉溪市	4.11	资阳市	35.31
崇左市	17.48	襄阳市	3.89	鄂州市	35.15
防城港市	16.26	六安市	3.82	内江市	35.13
襄阳市	16.21	茂名市	3.66	宣城市	35.12
孝感市	16.00	宿迁市	3.59	揭阳市	35.05
益阳市	15.76	南充市	3.56	昆明市	34.72
淮安市	15.71	广安市	3.51	巴中市	34.06
宁德市	15.61	河池市	3.48	防城港市	33.42
临沧市	15.46	益阳市	3.43	阜阳市	33.21
广元市	15.43	巢湖市	3.33	清远市	33.06
河池市	15.42	张家界市	3.32	襄阳市	33.04
阜阳市	15.24	乐山市	3.32	玉林市	32.82
永州市	14.30	广元市	3.12	邵阳市	32.45
佛山市	14.17	防城港市	3.00	安顺市	32.31
南充市	14.08	孝感市	2.99	梧州市	32.22
鄂州市	13.62	遂宁市	2.73	永州市	32.16
汕头市	13.44	崇左市	2.7	眉山市	32.11
眉山市	12.55	阜阳市	2.68	临沧市	31.86
六安市	12.32	宿州市	2.63	惠州市	31.75
遂宁市	11.97	贵港市	2.57	怀化市	31.35
资阳市	11.57	中山市	2.55	丽江市	30.60
汕尾市	11.21	河源市	2.52	来宾市	30.24
钦州市	9.92	莆田市	2.46	保山市	30.08

续表

城市名称	人均绿地面积/平方米	城市名称	人均公园绿地面积/平方米	城市名称	建成区绿化覆盖率/%
中山市	9.79	永州市	2.40	崇左市	29.82
莆田市	9.64	内江市	2.31	河池市	28.00
内江市	8.59	来宾市	1.87	昭通市	26.63
宿州市	8.22	巴中市	1.87	贵港市	26.13
广安市	8.1	保山市	1.86	亳州市	24.96
保山市	7.74	亳州市	1.73	六盘水市	24.36
贵港市	7.19	六盘水市	1.55	黄冈市	24.16
亳州市	6.32	资阳市	1.54	贺州市	22.59
来宾市	5.22	钦州市	1.45	温州市	21.84
贺州市	5.09	昭通市	1.21	河源市	16.25
巴中市	4.57	淮安市	1.04	汕头市	14.76
六盘水市	4.30	临沧市	0.96	阳江市	3.05
昭通市	3.60	贺州市	0.80	钦州市	2.41
平均	38.55	平均	8.87	平均	39.03

2010年，这155个城市，人均绿地面积在100平方米以上的有黄山市、十堰市、东莞市、河源市和南宁市等5个城市，黄山市人均绿地面积最大，为284.22平方米，昭通市最小，为3.6平方米，二者相差近78倍。东部季风区南部城市人均绿地面积平均值为38.55平方米，其中有48个城市人均绿地面积大于平均值。在人均绿地面积前10位的城市中广东省占3个，即河源市、东莞市和珠海市，超过平均值的48个城市中也是广东省最多，占10个；而排在最后20位的城市中，四川省最多，为6个，其次为广西壮族自治区，为4个。

从人均公园绿地面积这一指标来看，东部季风区南部155个城市中，深圳市人均公园绿地面积最大，为65.37平方米，远远高出其他城市，最小的是贺州市，仅为0.8平方米。《中国城市统计年鉴2011》数据显示，2010年，深圳市市辖区公园绿地面积为16 987公顷，市辖区年末总人口为259.87万人。市辖区人均公园绿地面积在东部季风区南部的155个地级以上城市中排第1位，而人口排第15位。综合计算，深圳市人均公园绿地面积远远高出东部季风区南部平均水平。贺州市人均公园绿地面积在东部季风区南部城市中最小，2010年贺州市市辖区公园绿地面积为91公顷，位于倒数第3位，而贺州市2010年年末市辖区总人口为113.08万人，在155个城市中排第59位。贺州市公园绿地面积较小而人口规模较大，因此人均公园绿地面积小于其他城市。在这155个城市中，人均公园绿地面积前10位的城市中广东省占4个，即深圳市、东莞市、肇庆市和珠海市，分别排第1、第3、第4和第5位；人均公园绿地面积最小的20个城市中广西壮族自治区占5个，其次为四川省和云南省，分别占3个。

从建成区绿化覆盖率这一指标来看，湛江市为68.70%，为155个地级以上城市中的最高值，钦州市最低，为2.41%。2010年，湛江市建成区绿化面积达到5 565公顷，但建成区面积为81平方公里，因此综合计算得出，湛江市建成区绿化覆盖率比较高。在东部季风区南部的155个城市中，建成区绿化覆盖率最高的10个城市中江西省占4个，分别为上饶市、九江市、抚州市和景德镇市，其次为四川省和广东省，分别为2个。

从东部季风区南部155个城市绿地3项指标比较看出，经济发达程度和人口多少是决定绿地建设水平的关键。广东省绿地建设水平处于东部季风区南部15个省（区、市）第1位，而广西、云南、四川等省（区）由于经济欠发达，人口规模大，所以绿地建设水平相对落后于其他地方。

西北干旱区包括甘肃、宁夏、新疆、内蒙古4个省（区），地级以上城市28个，城市数量相对较少（表1-8）。这一区域地域辽阔，基本是干旱和半干旱区，人口分布稀少，城镇化发展不平衡，城镇基础设施建设较为滞后。青藏高原区包括青海和西藏两个省（区），由于西藏缺少地级以上城市绿地相关数据，因此以西宁市为这一区域的代表城市。从表1-8看出，2010年西北干旱区和青藏高原区29个地级以上城市人均绿地面积为38.34平方米，人均公园绿地面积为8.5平方米，建成区绿化覆盖率为35.7%。分别来看，29个地级以上城市中鄂尔多斯市和陇南市人均绿地面积和人均公园绿地面积分别为最大和最小，人均绿地面积为158.38平方米和0.41平方米，人均公园绿地面积为29.9平方米和0.34平方米。2010年，鄂尔多斯市建成区绿地面积和公园绿地面积分别为4121公顷和778公顷，在29个地级以上城市中均排第7位，2010年年末鄂尔多斯市辖区总人口为26.02万人，排第26位。因此，鄂尔多斯市是一个典型的建成区绿地面积和公园绿地面积广，但人口稀少的城市，人均绿地面积和公园绿地面积居西北干旱区和青藏高原区地级以上城市之首。2010年年末，陇南市辖区绿地面积为24公顷，公园绿地总面积仅为20公顷，均为西北干旱区和青藏高原区地级以上城市倒数第1位。建成区绿化覆盖率与建成区绿化覆盖面积和建成区面积有关，西北干旱区和青藏高原区29个地级以上城市中，建成区绿化覆盖率最大和最小的两个城市分别是鄂尔多斯市和平凉市，为70.72%和0.6%。2010年年末，鄂尔多斯市建成区绿化覆盖面积为7991公顷，排第2位，平凉市建成区绿化覆盖面积仅为12公顷，排倒数第1位。而从建成区面积来看，鄂尔多斯市建成区面积为113平方公里，平凉市为20平方公里，鄂尔多斯市的建成区绿化覆盖面积是平凉市的666倍，而建成区面积仅为平凉市的5.65倍。

表 1-8　2010 年西北干旱区和青藏高原区地级以上城市辖区绿地建设排序

城市名称	人均绿地面积/平方米	城市名称	人均公园绿地面积/平方米	城市名称	建成区绿化覆盖率/%
鄂尔多斯市	158.38	鄂尔多斯市	29.90	鄂尔多斯市	70.72
石嘴山市	147.95	石嘴山市	22.77	克拉玛依市	50.82
嘉峪关市	79.77	呼伦贝尔市	20.22	银川市	42.88
乌兰察布市	72.09	呼和浩特市	20.09	西宁市（青藏高原区）	40.97
乌鲁木齐市	67.20	乌兰察布市	19.44	酒泉市	40.68
克拉玛依市	59.21	银川市	16.40	石嘴山市	40.43
银川市	57.00	嘉峪关市	15.14	包头市	40.09
金昌市	53.67	金昌市	13.17	吴忠市	38.79
包头市	51.48	包头市	10.90	呼和浩特市	35.73
呼和浩特市	49.20	吴忠市	9.39	天水市	35.40
乌海市	40.91	乌鲁木齐市	8.83	乌鲁木齐市	34.77
呼伦贝尔市	32.60	克拉玛依市	8.40	嘉峪关市	34.74
通辽市	31.84	兰州市	8.15	赤峰市	34.23
酒泉市	31.48	西宁市（青藏高原区）	7.51	乌海市	33.94
吴忠市	28.87	酒泉市	7.50	巴彦淖尔市	32.74
固原市	27.24	张掖市	5.80	呼伦贝尔市	32.14
西宁市（青藏高原区）	26.37	中卫市	5.41	金昌市	32.11
中卫市	24.05	白银市	5.38	武威市	31.93
赤峰市	22.84	定西市	5.25	通辽市	31.50
白银市	22.35	乌海市	4.70	固原市	28.31
平凉市	21.46	巴彦淖尔市	4.47	张掖市	26.50
兰州市	21.11	通辽市	4.25	乌兰察布市	26.11
巴彦淖尔市	18.68	固原市	3.98	中卫市	26.03
张掖市	15.24	平凉市	3.32	定西市	25.91
定西市	14.08	赤峰市	3.08	兰州市	25.05
天水市	9.95	天水市	2.96	白银市	22.80
庆阳市	8.57	武威市	1.78	庆阳市	14.00
武威市	8.29	庆阳市	1.45	陇南市	1.64
陇南市	0.41	陇南市	0.34	平凉市	0.60
平均	38.34	平均	8.50	平均	35.70

西宁市是青藏高原区的代表城市，从统计数据来看，2010 年西宁市人均绿地面积为 26.37 平方米，人均公园绿地面积为 7.51 平方米，建成区绿化覆盖率为 40.97%。青藏高原区人均绿地面积和人均公园绿地面积均低于其他三个自然区平均水平，远远落后于东部季风区。

青藏高原区自然环境恶劣、高寒缺氧、植被稀疏、人口稀少、城镇规模小，城镇绿地建设和管理制约因素较多，因此城镇化发展水平和城镇绿地建设与管理必然滞后于其他地区。2008 年，青海省制定了《青海省省级园林城市标准》（表 1-9），从各项指标来看，均低于全国其他地区的标准。作为自然地理条件比较特殊的区域，青海省已经认识到城镇绿地生态功能、景观功能和经济社会效益的重要性。2010 年，西宁市开始创建国家园林城市，大力开展城镇绿地建设、治理和功能提升。

表 1-9 青海省省级园林城市基本指标表

基本指标	城市	东部农业区	其他地区
绿地率/%	设市城市	22	20
	其他城市	20	20
建成区绿化覆盖率/%	设市城市	25	23
	其他城市	23	20
人均公共绿地面积/平方米	设市城市	5.2	5
	其他城市	5	4.5

注：本表所列指标为动态标准，将随着各地建设发展情况逐步与国家标准接轨

3. 三大自然区绿地指标变异系数计算结果

根据 2010 年全国 286 个地级以上城市人均绿地面积、人均公园绿地面积、建成区绿化覆盖率等数据，按照季风区的划分（青藏高原区只有西宁市 1 个城市，所以不能开展计算），分别计算得出东部季风区北部、东部季风区南部和西北干旱区三大自然区各个指标的标准差和变异系数（表 1-10）。

表 1-10 2010 年三大自然区地级以上城市城镇绿地标准差和变异系数

三大自然区	人均绿地面积		人均公园绿地面积		建成区绿化覆盖率	
	标准差	变异系数	标准差	变异系数	标准差	变异系数
东部季风区北部	19.2	0.53	4.41	0.46	6.43	0.16
东部季风区南部	35.71	0.93	6.45	0.73	8.43	0.22
西北干旱区	36.94	0.96	7.73	0.87	13.09	0.37

在计算变异系数之前，需要先计算标准差。标准差是总体各单位标志值与其算术平均数离差平方和的算术平均数的平方根，其计算公式为

$$\sigma=\sqrt{\frac{1}{N}\sum_{i=1}^{N}(x_i-\bar{x})^2}$$

式中，σ 是一组数据的标准差，N 代表样本个数，x_i 表示各单位的标志值，$\bar{x}$ 表示各单位标志值的平均数。

$$C_V=\frac{\sigma}{\mu}=\frac{\sqrt{\frac{1}{N}\sum_{i=1}^{N}(x_i-\bar{x})^2}}{\mu}$$

式中，C_V 代表变异系数，σ 代表标准差，μ 代表算术平均数。

通过计算得出2010年三大自然区地级以上城市人均绿地面积、人均公园绿地面积和建成区绿化覆盖率三项指标标准差，然后计算标准差与各自然区地级以上城市算术平均数之比，得到各个等级规模城市三项指标的变异系数（表1-10）。2010年，东部季风区北部、东部季风区南部和西北干旱区三个自然区人均绿地面积变异系数分别为0.53、0.93和0.96。因此，比较看出，相对于东部季风区南部和西北干旱区而言，东部季风区北部地级以上城市的人均绿地面积差异性最小，而西北干旱区地级以上城市人均绿地面积的差异性在三大自然区中最大。在人均公园绿地面积这一指标中，东部季风区北部、东部季风区南部和西北干旱区三大自然区变异系数分别为0.46、0.73和0.87，东部季风区北部人均公园绿地面积变异系数远远小于其他两大自然区。从人均公园绿地面积和人均绿地面积这两项指标，可以看出同样的特征。而从建成区绿化覆盖率这一指标的变异系数来看，东部季风区北部、东部季风区南部和西北干旱区分别为0.16、0.22和0.37，东部季风区北部和东部季风区南部的差异性较小，而西北干旱区变异系数远远大于其余两大自然区。从三项指标总体来看，西北干旱区在这三大自然区中各项指标的变异系数最大，其次为东部季风区南部，说明西北干旱区和东部季风区南部地级以上城市的城镇绿地建设差异性最大。

4. 加权评价

人均绿地面积和人均公园绿地面积这两项指标受到城市人口规模的影响，建成区绿化覆盖率受到建成区面积的影响。因此，考虑不同自然区城市人口和建成区面积更能反映自然区内部各城市之间及不同自然区之间城镇绿地状况。为了进一步缩小不同评价区域之间的误差，便于减轻部分极值产生的误差，进一步开展比较研究，在计算过程中对人口、建成区面积进行加权处理，最后得到人均绿地面积、人均公园绿地面积和建成区绿化覆盖率变异系数。

1）加权变异系数计算公式

一是人均绿地面积和人均公园绿地面积的加权变异系数

$$C_v=\frac{1}{\overline{x}}\sqrt{\sum\left[(x_i-\overline{x})^2\frac{p_i}{P}\right]}$$

式中，C_v 表示加权变异系数，$\overline{x}$ 表示各单位标志值的平均数，x_i 表示各单位的标志值，p_i 表示各城市人口，P 表示人口总和。其中，绿地面积单位为平方米，人口单位为万人。

二是建成区绿化覆盖率加权变异系数

$$C_v=\frac{1}{\overline{x}}\sqrt{\sum\left[(x_i-\overline{x})^2\frac{d_i}{D}\right]}$$

式中，C_v 表示加权变异系数，$\bar{x}$ 表示各单位标志值的平均数，x_i 表示各单位的标志值，d_i 表示各城市建成区面积，D 表示建成区面积总和。其中，建成区面积单位为平方公里。

2）计算结果

加权后看出三大自然区地级以上城市的各项指标（表 1-11），人均绿地面积和人均公园绿地面积这两项指标相比较而言，东部季风区北部变异系数都最小，其次是西北干旱区和东部季风区南部，人均绿地面积加权变异系数分别为 0.51、0.78 和 0.84，人均公园绿地面积加权变异系数分别为 0.43、0.73 和 0.84。与加权之前不同，西北干旱区的人均绿地面积和人均公园绿地面积变异系数小于东部季风区南部，说明人口因素对人均绿地面积和人均公园绿地面积影响较大。通过对人口加权得出的变异系数，并考虑各个区域人口因素，可以看出东部季风区北部人均绿地面积和人均公园绿地面积的差异性最小，而东部季风区南部人均绿地面积和人均公园绿地面积差异性最大，西北干旱区处于中间。这是因为，东部季风区南部绿地面积、分布差异性较大，同时市辖区人口占全国总人口比重最大。尽管西北干旱区人口总量小，同时城镇绿地总体建设水平滞后，但内部差异较大，因此变异系数也较大，但小于东部季风区南部，而大于东部季风区北部。

表 1-11　2010 年三大自然区地级以上城市城镇绿地加权变异系数

三大自然区	人均绿地面积	人均公园绿地面积	建成区绿化覆盖率
东部季风区北部	0.51	0.43	0.17
东部季风区南部	0.84	0.84	0.26
西北干旱区	0.78	0.73	0.32

通过加权得到的建成区绿化覆盖率变异系数从小到大依次是东部季风区北部、东部季风区南部和西北干旱区，说明东部季风区北部地级以上城市建成区绿化覆盖率差异性最小，其次是东部季风区南部和西北干旱区。

（二）四大自然区各省（区、市）城镇绿地发展

1. 四大自然区分析

对 2000～2010 年的《中国城市统计年鉴》、《中国城市建设统计年鉴》进行基础数据整理，将 30 个省（区、市）归到东部季风区北部、东部季风区南部、西北干旱区和青藏高原区四大自然区。

1）人均绿地面积

东部季风区北部有 10 个省市，从历年人均绿地面积原始数据来看

（表 1-12），东部季风区北部人均绿地面积从 2000 年的 19.88 平方米上升到 2010 年的 35.20 平方米，年均增长 5.33%。10 个省市中，2010 年人均绿地面积最大的是北京市，为 53 平方米，最小的是陕西省，为 19 平方米。2000～2010 年，东部季风区北部人均绿地面积平均值在前 5 年高于全国平均水平，而后 5 年低于全国平均水平。10 个省市中，北京、河北、辽宁、黑龙江 4 个省市人均绿地面积超过自然区和全国平均水平。天津、山西、吉林、河南、陕西等省市人均绿地面积均低于自然区和全国平均水平。山东省 2004 年以前人均绿地面积低于自然区和全国平均水平，2005 年以后逐渐超过东部季风区北部省市，山东省历年人均绿地面积均低于全国所有省市人均绿地面积平均值。到 2010 年，东部季风区北部城市中超过全国平均水平的只有北京、河北、辽宁和黑龙江 4 个省市，而最低的陕西省人均绿地面积只有 19 平方米，相当于东部季风区北部所有省份平均的 53.98%和全国平均的 50.92%，也只有北京市的 35.85%。

表 1-12　东部季风区北部各省市人均绿地面积　（单位：平方米）

地区	2000 年	2001 年	2002 年	2003 年	2004 年	2005 年	2006 年	2007 年	2008 年	2009 年	2010 年
全国平均	19.41	20.74	21.41	24.02	25.11	26.42	28.60	30.59	32.81	35.18	37.31
自然区平均	19.88	21.17	21.57	23.65	25.23	26.52	27.76	28.66	30.26	33.47	35.20
北京市	36.71	40.62	41.36	44.94	45.11	39.96	47.18	40.54	40.55	52.52	53.00
天津市	11.07	11.86	13.45	17.45	18.63	20.45	21.21	19.91	20.77	21.63	24.00
河北省	21.23	23.52	23.70	27.87	29.22	30.77	30.24	31.86	30.98	38.14	41.00
山西省	12.07	12.25	13.54	14.74	14.98	17.75	18.57	19.82	22.52	23.52	26.00
辽宁省	32.28	33.79	29.54	31.48	34.96	35.95	37.44	37.41	37.84	40.24	44.00
吉林省	19.42	20.29	20.82	22.98	23.87	24.43	25.05	25.90	28.71	29.90	33.00
黑龙江省	24.32	24.61	25.60	26.53	31.05	36.40	34.05	38.07	40.95	43.43	46.00
山东省	16.74	17.48	19.30	22.24	24.82	28.90	29.35	33.23	35.66	38.60	41.00
河南省	14.79	13.99	17.40	18.43	18.21	20.34	21.21	23.08	25.71	26.30	25.00
陕西省	10.17	13.26	11.00	9.86	11.49	10.27	13.34	16.77	18.93	20.44	19.00

东部季风区南部有 15 个省（区、市），从历年数据来看（表 1-13），东部季风区南部人均绿地面积高于历年全国平均水平。东部季风区 15 个省（区、市）分别来看，广东省和江苏省人均绿地面积较多。2000 年，广东省人均绿地面积为 69.69 平方米，高于全国和自然区平均水平，到 2010 年，广东省人均绿地面积为 99 平方米，高于全国和自然区平均水平。江苏省人均绿地面积从 2000 年的 25.9 平方米增加到 2010 年的 59 平方米，均高于同期全国和自然区平均水平。其余 13 个省（区、市）中，上海、浙江、安徽、江西、湖南、重庆、四川、贵州、云南 9 个省市人均绿地面积低于同期全国和自然区平均水平，主要受人口因素影响，这些省市大多人口密集。而重庆、四川、贵州和云南等西部省份绿

地建设水平较低，湖北省大多数年份人均绿地面积高于全国平均水平，但低于自然区平均水平；广西壮族自治区2005年前低于全国和自然区平均水平，2006年以后一跃超过全国和自然区平均水平。历年来，四川省人均绿地面积最低，2010年只有20平方米，相当于东部季风区南部所有省（区、市）平均的52.67%和全国平均的53.6%，也只有广东省的20.2%。

表1-13 东部季风区南部各省（区、市）人均绿地面积 （单位：平方米）

地区	2000年	2001年	2002年	2003年	2004年	2005年	2006年	2007年	2008年	2009年	2010年
全国平均	19.41	20.74	21.41	24.02	25.11	26.42	28.60	30.59	32.81	35.18	37.31
自然区平均	20.22	21.65	22.89	25.92	26.49	27.71	30.10	32.71	34.96	36.64	37.97
上海市	9.58	11.70	14.77	19.11	20.59	22.37	23.58	24.29	25.92	28.57	28.49
江苏省	25.90	36.70	51.30	52.99	53.66	53.33	54.89	60.21	60.47	59.95	59.00
浙江省	17.72	16.22	17.57	19.64	21.83	25.20	26.33	28.31	31.49	34.33	35.00
安徽省	19.89	20.64	18.70	21.83	21.15	22.80	31.05	28.89	30.67	33.96	35.00
福建省	20.88	20.21	16.90	20.52	21.40	22.98	25.88	26.88	34.96	36.59	42.00
江西省	18.09	18.63	20.85	24.38	25.36	26.02	25.28	29.04	29.52	32.22	37.00
湖北省	21.44	20.78	26.78	27.00	27.30	27.30	32.87	37.42	38.31	38.25	41.00
湖南省	20.08	21.01	21.83	23.54	23.75	27.07	26.76	27.15	28.82	29.07	31.00
广东省	69.69	74.91	65.98	84.18	86.21	89.74	83.90	91.06	97.28	102.21	99.00
广西壮族自治区	20.23	20.51	20.18	23.30	22.49	21.45	38.57	40.97	40.74	40.91	43.00
海南省	13.90	16.30	16.35	16.23	17.03	17.85	18.67	19.91	22.47	22.71	22.00
重庆市	9.45	9.85	10.82	10.80	12.36	13.29	11.80	15.85	17.70	19.54	27.00
四川省	7.96	8.17	10.01	13.00	14.55	14.73	15.53	16.32	18.02	18.69	20.00
贵州省	14.21	14.75	17.84	18.49	15.75	17.42	19.09	24.43	24.76	23.82	25.00
云南省	14.31	14.41	13.46	13.85	13.96	14.04	17.30	19.95	23.23	28.72	25.00

西北干旱区包括内蒙古、甘肃、宁夏和新疆4个省区，青藏高原区只有青海省。从数据来看（表1-14），西北干旱区各省区绿地发展起点低，但增长速度较快。2000～2010年，西北干旱区和青藏高原区人均绿地面积从17.29平方米上升到42.96平方米，年均增长8.63%；2000年，西北干旱区和青藏高原区人均绿地面积低于全国平均水平2.12平方米，而到了2010年，高于全国平均5.65平方米。2010年，西北干旱区4个省区中除甘肃省以外，其他3个自治区都高于全国平均水平。宁夏回族自治区人均绿地面积最大，为59平方米；甘肃省人均绿地面积最小，为18平方米。青海省作为青藏高原区唯一一个纳入比较的省份，2000年人均绿地面积为10.98平方米，低于全国平均水平8.43平方米；2010年低于全国平均水平11.31平方米。经过11年的发展，人均绿地面积增长了12.17平方米，相对其他地区历年人均绿地面积来看，增长缓慢。

表 1-14　西北干旱区和青藏高原区各省区人均绿地面积　（单位：平方米）

地区	2000 年	2001 年	2002 年	2003 年	2004 年	2005 年	2006 年	2007 年	2008 年	2009 年	2010 年
全国平均	19.41	20.74	21.41	24.02	25.11	26.42	28.60	30.59	32.81	35.18	37.31
自然区平均	17.29	18.17	18.01	20.22	21.94	23.64	27.48	29.95	34.27	39.84	42.96
内蒙古自治区	20.83	20.74	20.78	20.19	23.01	26.45	27.70	31.25	33.47	37.37	42.00
甘肃省	8.77	7.99	8.39	8.67	11.88	14.00	15.86	14.26	17.12	16.72	18.00
宁夏回族自治区	24.78	26.79	23.34	27.07	25.98	28.35	39.45	45.26	50.39	54.66	59.00
新疆维吾尔自治区	14.78	17.15	19.51	24.95	26.87	25.74	26.89	29.03	36.10	50.60	52.84
青海省（青藏高原区）	10.98	13.06	11.39	14.20	15.94	17.30	18.95	20.76	20.30	23.15	26.00

注：青藏高原区只有青海省，西藏自治区缺乏基础统计数据

2）建成区绿化覆盖率

总体来看（表 1-15），东部季风区北部 10 个省市之间建成区绿化覆盖率差异性较小。2000 年，全国建成区绿化覆盖率为 29.4%，同年，东部季风区北部省市建成区绿化覆盖率为 30.06%，略高于全国平均水平，从 2003 年以后东部季风区北部省市建成区绿化覆盖率处于波动之中，但是与全国平均水平相比差异性不大，部分年份高于全国平均水平，部分年份低于全国平均水平，到 2010 年东部季风区省市建成区绿化覆盖率略低于全国平均水平。从东部季风区北部 10 个省市 2000 年建成区绿化覆盖率来看，北京、河北、辽宁、吉林、山东、河南等省市高于全国和自然区平均水平，到 2010 年只有北京、河北两个省市高于全国和自然区平均水平。而山西、黑龙江、陕西等省市历年来建成区绿化覆盖率低于全国和自然区平均水平，但差异不大。

表 1-15　东部季风区北部建成区绿化覆盖率　（单位：%）

地区	2000 年	2001 年	2002 年	2003 年	2004 年	2005 年	2006 年	2007 年	2008 年	2009 年	2010 年
全国平均	29.40	30.10	30.44	32.52	32.28	35.00	35.09	36.97	37.87	39.89	41.33
自然区平均	30.06	30.70	30.78	33.06	33.74	34.90	35.43	35.60	36.58	38.33	39.95
北京市	42.30	38.00	30.94	40.90	40.21	38.00	44.34	37.37	37.15	47.68	55.10
天津市	25.00	26.10	27.30	31.04	35.02	36.00	35.10	34.93	37.50	30.31	32.04
河北省	30.10	33.50	34.68	36.48	36.93	38.00	37.87	38.50	40.59	41.90	44.25
山西省	23.30	24.40	25.38	27.17	28.00	31.00	32.88	33.15	35.60	35.18	36.80
辽宁省	33.10	33.80	34.30	36.12	37.43	39.00	39.48	39.19	39.50	40.14	40.98
吉林省	31.50	31.60	32.25	34.77	34.60	36.00	31.80	30.86	29.30	36.90	39.35
黑龙江省	26.00	26.10	28.29	28.89	28.12	30.00	30.09	32.00	34.74	36.67	36.49
山东省	32.60	32.00	32.57	35.48	36.61	38.00	38.15	39.46	39.95	41.50	41.17
河南省	32.40	31.50	31.76	32.54	33.19	34.00	34.05	35.33	36.31	37.07	36.85
陕西省	24.30	30.00	30.32	27.23	27.29	29.00	30.50	35.25	35.20	35.93	36.44

总体来看（表 1-16），东部季风区南部省（区、市）建成区绿化覆盖率比较高。2000 年，东部季风区南部的 15 个省（区、市）建成区平均绿化覆盖率为 30.13%，高于全国平均水平 0.73 个百分点；从 2004 年开始，就低于全国平均水平。尽管东部季风区南部省（区、市）建成区绿化覆盖率都在呈现上升趋势，但是上升幅度低于全国平均水平。到 2010 年，东部季风区南部省（区、市）建成区平均绿化覆盖率为 36.44%，低于全国平均水平 4.89 个百分点。2010 年，广东省建成区绿化覆盖率达到 51.3%，为 15 个省（区、市）中最高；广西壮族自治区建成区绿化覆盖率为 32.96%，为 15 个省（区、市）中最低。2010 年，上海、江苏、江西、广东、海南、四川 6 个省市建成区绿化覆盖率高于全国平均水平，其中广东省建成区绿化覆盖率高于全国平均水平近 10 个百分点。

表 1-16　东部季风区南部建成区绿化覆盖率　（单位：%）

地区	2000 年	2001 年	2002 年	2003 年	2004 年	2005 年	2006 年	2007 年	2008 年	2009 年	2010 年
全国平均	29.40	30.10	30.44	32.52	32.28	35.00	35.09	36.97	37.87	39.89	41.33
自然区平均	30.13	30.79	31.07	31.63	32.02	34.20	35.38	36.51	37.68	39.49	36.44
上海市	20.90	25.80	36.59	47.26	36.03	37.00	37.55	37.58	40.62	42.95	44.00
江苏省	35.90	32.60	35.54	37.26	39.23	41.00	42.85	43.45	41.91	42.16	42.23
浙江省	26.50	28.80	29.64	30.70	31.25	33.00	35.07	35.73	37.61	38.31	38.60
安徽省	29.10	29.00	27.35	28.92	28.94	28.00	33.74	37.28	37.11	38.53	38.40
福建省	33.90	35.00	35.25	34.10	36.71	38.00	39.53	37.08	38.37	38.89	40.68
江西省	29.50	28.50	30.72	36.17	33.11	37.00	39.47	44.12	44.38	44.22	47.32
湖北省	36.80	36.90	36.21	35.80	36.76	37.00	30.09	38.46	39.74	41.83	36.91
湖南省	31.90	30.30	29.76	29.82	33.86	36.00	37.19	36.36	37.28	36.76	38.33
广东省	29.50	31.30	30.87	32.73	30.70	40.00	40.03	41.80	44.57	48.99	51.30
广西壮族自治区	34.90	36.90	31.86	30.49	32.05	32.00	33.27	35.34	32.66	33.49	32.96
海南省	46.20	47.10	47.52	30.43	42.02	51.00	47.93	31.86	34.58	44.29	42.69
重庆市	21.80	22.10	17.40	18.06	22.35	22.00	23.46	31.83	35.91	42.57	40.58
四川省	22.00	22.10	24.25	26.87	30.11	31.00	33.71	35.02	35.88	37.21	46.39
贵州省	26.90	27.40	26.35	31.39	25.21	32.00	32.06	29.67	30.29	27.55	40.14
云南省	26.20	28.10	26.73	24.47	21.95	18.00	24.80	32.13	34.24	34.64	35.61

西北干旱区由于受到干旱缺水及地广人稀等因素的影响，主要城市都修建在绿洲或是水土条件比较好的区域，尽管近年来发展速度较快，但城镇化发展和城镇基础设施建设比较滞后。总体来看（表 1-17），2000～2010 年，西北干旱区和青藏高原区的 5 个省区建成区绿化覆盖率均低于全国平均水平。2000 年，西北干旱区建成区平均绿化覆盖率为 20.50%，低于全国平均水平近 9 个百分点；到 2010 年达 33.85%，但仍低于全国平均水平 7.48 个百分点。2000 年，内蒙古自治区建成区绿化覆盖率高于自然区平均水平，到了 2007 年增长速度开始下降，建成区绿化覆盖率低于自然区平均水平。宁夏回族自治区建成区绿化覆盖率一直高于自然区平均水平，但低于全国平均水平。青海省 2000 年建成区绿

化覆盖率为 17.50%，低于全国平均近 12 个百分点，到 2010 年达到 40.97%，年均增长 8.04 个百分点，但仍低于全国平均水平 0.36 个百分点。青藏高原区造林绿化难度较大，尽管起步晚，但是发展很快，如果借助一些现代手段，很快就能赶上全国平均水平。

表 1-17 西北干旱区和青藏高原区建成区绿化覆盖率 （单位：%）

地区	2000 年	2001 年	2002 年	2003 年	2004 年	2005 年	2006 年	2007 年	2008 年	2009 年	2010 年
全国平均	29.40	30.10	30.44	32.52	32.28	35.00	35.09	36.97	37.87	39.89	41.33
季风区平均	20.50	23.93	23.82	24.53	22.96	26.25	26.93	30.11	30.23	32.48	33.85
内蒙古自治区	26.40	24.50	25.85	27.97	26.38	28.00	28.73	28.49	30.10	30.31	33.40
甘肃省	12.10	16.10	14.91	19.51	12.45	27.00	26.32	26.26	27.13	27.77	26.59
宁夏回族自治区	24.50	26.70	26.59	24.24	25.16	22.00	28.49	32.03	36.78	36.37	38.38
新疆维吾尔自治区	19.00	28.40	27.92	26.38	27.83	28.00	24.19	33.64	26.91	35.47	37.04
青海省（青藏高原区）	17.50	21.30	22.51	24.92	27.73	30.00	34.50	35.05	35.61	38.72	40.97

注：青藏高原区只有青海省，西藏自治区缺乏基础统计数据

2. 自然区对比

1）人均绿地面积

将四大自然区 2000～2010 年人均绿地面积与全国平均绿地面积进行比较（表 1-18），可以看出，2000 年全国人均绿地面积为 19.41 平方米，青藏高原区和西北干旱区都低于全国平均水平，东部季风区北部和东部季风区南部略高于全国平均水平。从 2006 年开始，东部季风区北部人均绿地面积增长速度放慢，开始低于全国平均水平，西北干旱区从 2008 年起增长速度明显加快，超过全国平均水平。到了 2010 年，东部季风区南部和西北干旱区人均绿地面积高于全国平均水平，但青藏高原区人均绿地面积仍低于全国平均水平 11.31 个百分点。

表 1-18 2000～2010 年四大自然区人均绿地面积 （单位：平方米）

地区	2000 年	2001 年	2002 年	2003 年	2004 年	2005 年	2006 年	2007 年	2008 年	2009 年	2010 年
全国平均	19.41	20.74	21.41	24.02	25.11	26.42	28.60	30.59	32.81	35.18	37.31
东部季风区北部	19.88	21.17	21.57	23.65	25.23	26.52	27.76	28.66	30.26	33.47	35.20
东部季风区南部	20.22	21.65	22.89	25.92	26.49	27.71	30.10	32.71	34.96	36.64	37.97
西北干旱区	17.29	18.17	18.01	20.22	21.94	23.64	27.48	29.95	34.27	39.84	42.96
青藏高原区（青海省）	10.98	13.06	11.39	14.20	15.94	17.30	18.95	20.76	20.30	23.15	26.00

从 2000～2010 年四大自然区人均绿地面积变化趋势来看（图 1-5），2000 年，

东部季风区北部和东部季风区南部人均绿地面积与全国平均水平差异不大。2002～2008年，东部季风区南部人均绿地面积一直高于全国平均水平，而东部季风区北部城市在2005年前与全国平均水平相当，从2006年开始低于全国平均水平。2008年以后，西北干旱区人均绿地面积增长较快，超过了东部季风区南部、东部季风区北部和全国平均水平，一跃成为四大自然区的首位。2000～2004年，四大自然区人均绿地面积的差异相对不大，2000年东部季风区南部与青藏高原区之间差距为9.24平方米，到2004年达10.55平方米，而从2004年开始差距逐渐拉大，2006年达到11.15平方米，2008年达到14.66平方米，2010年仍达11.97平方米。2010年，青藏高原区与西北干旱区之间人均绿地面积差距达到16.96平方米。

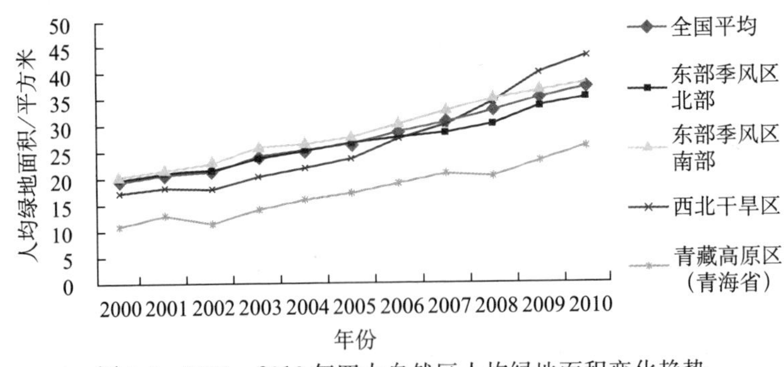

图1-5 2000～2010年四大自然区人均绿地面积变化趋势

2）人均公园绿地面积

从2005～2010年四大自然区人均公园绿地面积发展趋势来看（表1-19），2005年，四大自然区与全国平均水平差异较小，其中东部季风区南部和西北干旱区略低于全国平均水平。受到人口增长速度和公园绿地增长速度不一致的影响，到2007年，四大自然区人均公园绿地面积形成一个交结点，趋于同一水平，2008年以后，东部季风区北部、东部季风区南部人均公园绿地面积与全国平均水平一起增长，西北干旱区和青藏高原区逐渐落后，到2010年分别低于全国平均水平0.93公顷和1.93公顷。

表1-19 2005～2010年四大自然区人均公园平均面积 （单位：公顷）

地区	2005年	2006年	2007年	2008年	2009年	2010年
全国平均	6.45	6.93	7.57	8.04	9.24	9.44
东部季风区北部	6.93	7.46	7.77	8.17	9.16	9.68
东部季风区南部	6.21	6.61	7.46	7.98	9.34	9.38
西北干旱区	5.64	6.66	7.37	7.90	8.84	8.51
青藏高原区	6.57	7.38	7.29	7.00	6.19	7.51

3）建成区绿化覆盖率

建成区绿化覆盖率既受建成区面积影响，也受绿地数量影响，从2000～2010

年数据可以看出全国四大自然区建成区绿化覆盖率的变化（表 1-20，图 1-6）。2000 年，全国建成区平均绿化覆盖率为 29.4%，与东部季风区南部、东部季风区北部差异性不大，东部季风区北部和东部季风区南部建成区绿化覆盖率高于全国平均水平。西北干旱区和青藏高原区建成区绿化覆盖率远低于全国平均水平。2000～2010 年，东部季风区南部和全国平均水平之间差距不大，围绕全国平均水平上下波动。2000～2004 年，东部季风区北部建成区绿化覆盖率高于全国平均水平，2005 年以后低于全国平均水平。西北干旱区建成区绿化覆盖率一直低于全国平均水平，2010 年在四大自然区中建成区绿化覆盖率最低，为 33.85%。2000～2010 年，全国建成区平均绿化覆盖率增长 11.93 个百分点，年均增长 3.14%。虽然西北干旱区建成区绿化覆盖率为四大自然区最低，但增长比较快，这期间增长了 13.35 个百分点，年均增长 4.66%。青藏高原区建成区绿化建设起步晚，但是后发速度较快，2003 年首次超过西北干旱区，并且增长速度加快，到 2010 年超过其他三个自然区，达 40.97%，仅低于全国平均水平 0.36 个百分点。青藏高原区建成区绿化覆盖率在 2000～2010 年 11 年间增长了 23.47 个百分点，年均增长 8.04%。2000～2010 年的 11 年间，青藏高原区建成区绿化覆盖率年均增长率最高，其次为西北干旱区、东部季风区北部、东部季风区南部。

表 1-20　2000～2010 年四大自然区建成区绿化覆盖率　（单位：%）

地区	2000 年	2001 年	2002 年	2003 年	2004 年	2005 年	2006 年	2007 年	2008 年	2009 年	2010 年
全国平均	29.40	30.10	30.44	32.52	32.28	35.00	35.09	36.97	37.87	39.89	41.33
东部季风区北部	30.06	30.70	30.78	33.06	33.74	34.90	35.43	35.60	36.58	38.33	39.95
东部季风区南部	30.13	30.79	31.07	31.63	32.02	34.20	35.38	36.51	37.68	39.49	39.81
西北干旱区	20.50	23.93	23.82	24.53	22.96	26.25	26.93	30.11	30.23	32.48	33.85
青藏高原区（青海省）	17.50	21.30	22.51	24.92	27.73	30.00	34.50	35.05	35.61	38.72	40.97

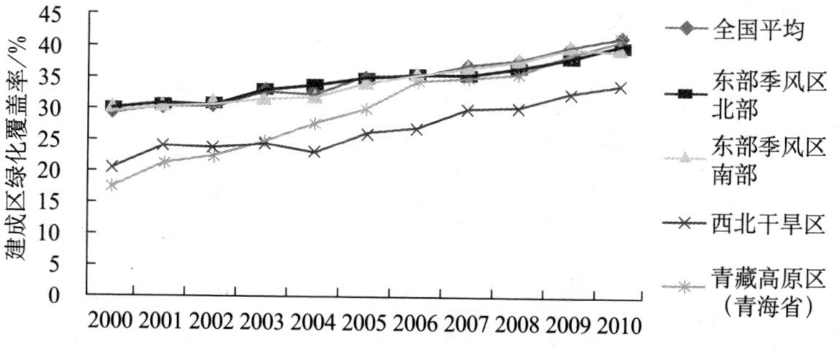

图 1-6　2000～2012 年四大自然区建成区绿化覆盖率比较

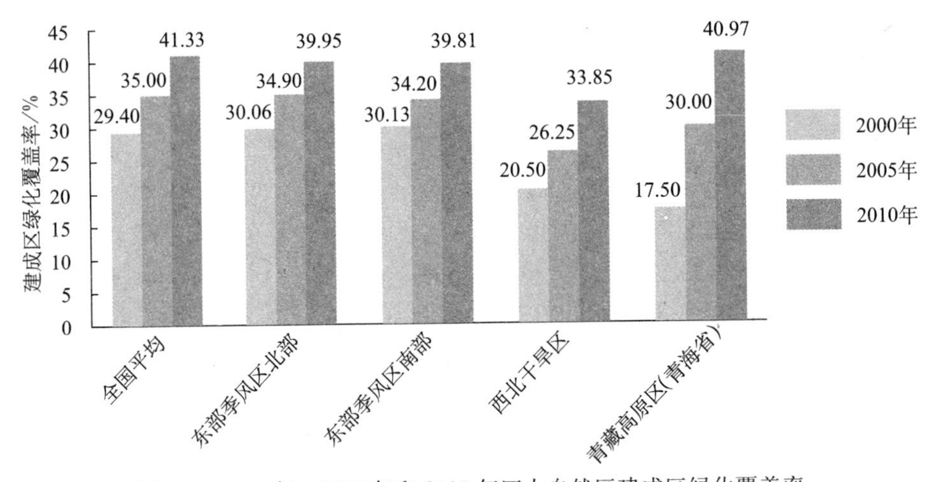

图 1-7　2000 年、2005 年和 2010 年四大自然区建成区绿化覆盖率

2000～2010 年是我国城镇绿地发展最快的时期，从主要年份的数据来看，可以发现全国和各自然区建成区绿化覆盖率的变化特征（图 1-7）。2000～2010 年，全国建成区平均绿化覆盖率是每隔 5 年增长约 6 个百分点，东部季风区北部建成区绿化覆盖率是每隔 5 年增长约 5 个百分点，东部季风区南部建成区绿化覆盖率在前 5 年增长了约 4 个百分点，后 5 年增长了约 5 个百分点，这两大自然区 5 年的增长水平都未超过全国平均水平。西北干旱区基本上每 5 年增长约 6 个百分点，青藏高原区在前 5 年增长较快，2000～2005 年增长了 12.5 个百分点，2005～2010 年增长了约 10 个百分点。

三、七大地理分区城镇绿地发展

（一）数据收集和处理

按照国土自然气候区划与区域经济特点，以及我国通常习惯的地理区位划分标准，中国内地 31 个省（市、区）划分为七大区域，即华北、东北、华东、华中、华南、西南和西北（图 1-8）。为了进一步缩小研究区域，减少地理、经济、自然因素对城镇绿地研究结果的影响，将 286 个地级以上城市按所在省份归入七大区域（表 1-21）。最后得到，华北区包括 33 个城市；东北区包括 34 个城市；华东区包括的城市最多，有 68 个；华中区包括 53 个城市；华南区包括 37 个城市；西南区和西北区城市最少，分别为 31 个和 30 个。相比四大自然区划分，分七大区域来对城镇绿地开展划分和归类，并分别对各区域地级以上城市人均绿地面积、人均公园绿地面积和建成区绿化覆盖率进行标准差和变异系数计算、分析，可进一步减小各地区内部差异，便于区分我国区域之间绿地建设水平。

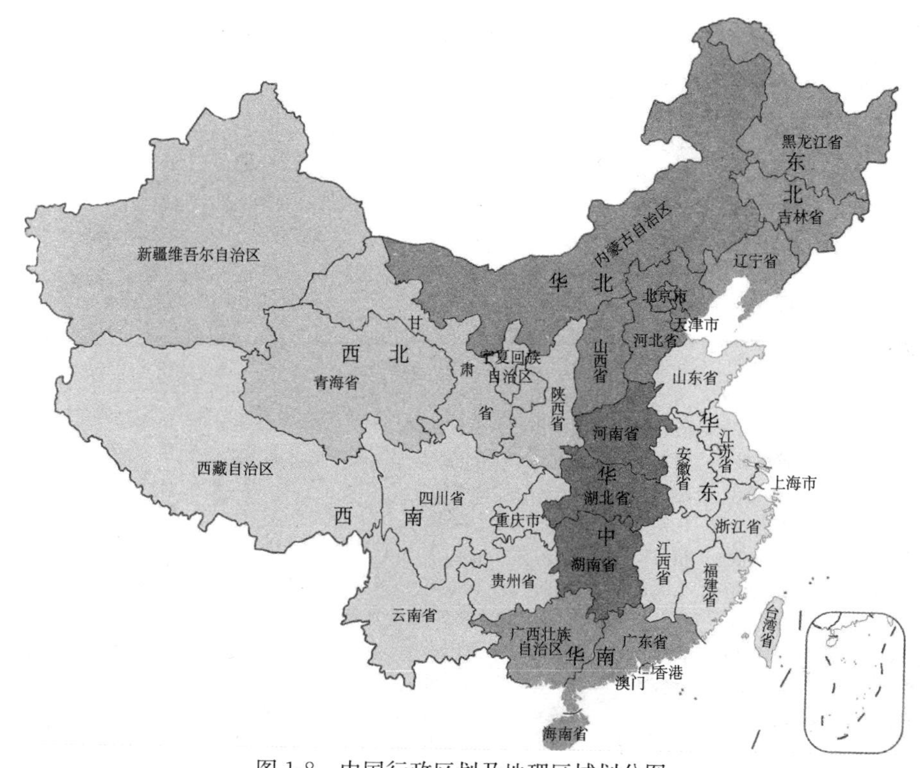

图 1-8　中国行政区划及地理区域划分图

表 1-21　全国地级以上城市七大区域归属

华北	东北	华东		华中		华南	西南	西北
北京市	沈阳市	济南市	嘉兴市	南昌市	娄底市	广州市	重庆市	兰州市
天津市	大连市	青岛市	湖州市	景德镇市	郑州市	韶关市	成都市	嘉峪关市
石家庄市	鞍山市	淄博市	绍兴市	萍乡市	开封市	深圳市	自贡市	金昌市
唐山市	抚顺市	枣庄市	金华市	九江市	洛阳市	珠海市	攀枝花市	白银市
秦皇岛市	本溪市	东营市	衢州市	新余市	平顶山市	汕头市	庐州市	天水市
邯郸市	丹东市	烟台市	舟山市	鹰潭市	安阳市	佛山市	德阳市	武威市
邢台市	锦州市	潍坊市	台州市	赣州市	鹤壁市	江门市	绵阳市	张掖市
保定市	营口市	济宁市	丽水市	吉安市	新乡市	湛江市	广元市	平凉市
张家口市	阜新市	泰安市	合肥市	宜春市	焦作市	茂名市	遂宁市	酒泉市

续表

华北	东北	华东		华中		华南	西南	西北
承德市	辽阳市	威海市	芜湖市	抚州市	绵阳市	肇庆市	内江市	庆阳市
沧州市	盘锦市	日照市	蚌埠市	上饶市	许昌市	惠州市	乐山市	定西市
廊坊市	铁岭市	莱芜市	淮南市	武汉市	漯河市	梅州市	南充市	陇南市
衡水市	朝阳市	临沂市	马鞍山市	黄石市	三门峡市	汕尾市	眉山市	银川市
太原市	葫芦岛市	德州市	淮北市	十堰市	南阳市	河源市	宜宾市	石嘴山市
大同市	长春市	聊城市	铜陵市	宜昌市	商丘市	阳江市	广安市	吴忠市
阳泉市	吉林市	滨州市	安庆市	襄阳市	信阳市	清远市	达州市	固原市
长治市	四平市	菏泽市	黄山市	鄂州市	周口市	东莞市	雅安市	中卫市
晋城市	辽源市	上海市	滁州市	荆门市	驻马店市	中山市	巴中市	乌鲁木齐市
朔州市	通化市	南京市	阜阳市	孝感市		潮州市	资阳市	克拉玛依市
晋中市	白山市	无锡市	宿州市	荆州市		揭阳市	贵阳市	西宁市
运城市	松原市	徐州市	巢湖市	黄冈市		云浮市	六盘水市	西安市
沂州市	白城市	常州市	六安市	咸宁市		南宁市	遵义市	铜川市
临汾市	哈尔滨市	苏州市	亳州市	随州市		柳州市	安顺市	宝鸡市
吕梁市	齐齐哈尔市	南通市	池州市	长沙市		桂林市	昆明市	咸阳市
呼和浩特市	鸡西市	连云港市	宣城市	株洲市		梧州市	曲靖市	渭南市
包头市	鹤岗市	淮安市	福州市	湘潭市		北海市	玉溪市	延安市
乌海市	双鸭山市	盐城市	厦门市	衡阳市		防城港市	保山市	汉中市
赤峰市	大庆市	扬州市	莆田市	邵阳市		钦州市	昭通市	榆林市
通辽市	伊春市	镇江市	三明市	岳阳市		贵港市	丽江市	安康市
鄂尔多斯市	佳木斯市	泰州市	泉州市	常德市		玉林市	思茅市	商洛市
呼伦贝尔市	七台河市	宿迁市	漳州市	张家界市		百色市	临沧市	
巴彦淖尔市	牡丹江市	杭州市	南平市	益阳市		贺州市		
乌兰察布市	黑河市	宁波市	龙岩市	郴州市		河池市		
	绥化市	温州市	宁德市	永州市		来宾市		
				怀化市		崇左市		
						海口市		
						三亚市		

(二) 结果及分析

1. 人均绿地面积

通过表 1-22 和图 1-9 可以看出我国七大地理区域 2000～2010 年地级以上城市人均绿地面积的基本情况。2000 年，全国人均绿地面积为 19.41 平方米，同一时期七大地理区域中，华东、华中、西南和西北四个地区人均绿地面积低于全国平均水平，其中西南地区人均绿地面积最小，只有 11.48 平方米，低于全国平均水平 7.93 平方米，而华南地区人均绿地面积最大，达 34.61 平方米，高于全国平均水平 15.2 平方米。

表 1-22　2000～2010 年七大区域地级以上城市人均绿地面积　（单位：平方米）

地区	2000 年	2001 年	2002 年	2003 年	2004 年	2005 年	2006 年	2007 年	2008 年	2009 年	2010 年
华北	20.38	21.80	22.57	25.04	26.19	27.08	28.98	28.68	29.66	34.64	37.20
东北	25.34	26.23	25.32	27.00	29.96	32.26	32.18	33.79	35.83	37.86	41.00
华东	18.45	20.49	23.09	26.06	27.24	29.26	31.85	33.64	36.53	38.67	40.08
华中	18.60	18.60	21.71	23.34	23.66	25.18	26.53	29.17	30.59	31.46	33.50
华南	34.61	37.24	34.17	41.24	41.91	43.01	47.05	50.65	53.50	55.28	54.67
西南	11.48	11.80	13.03	14.04	14.16	14.87	15.93	19.14	20.93	22.69	24.25
西北	13.90	15.65	14.73	16.95	18.43	19.13	22.90	25.22	28.57	33.11	34.97
全国平均	19.41	20.74	21.41	24.02	25.11	26.42	28.60	30.59	32.81	35.18	37.31

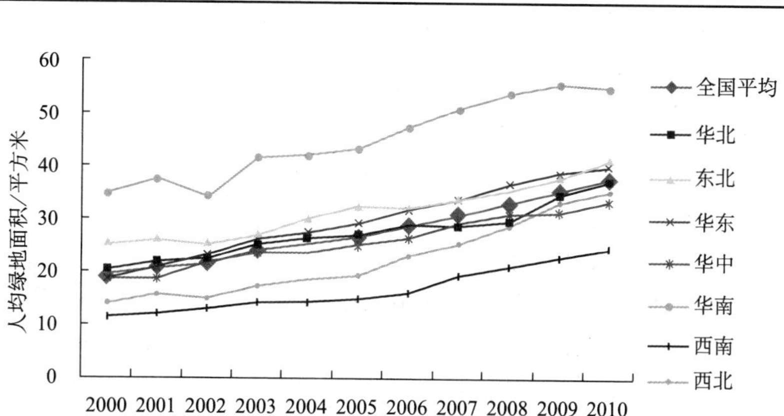

图 1-9　2000～2010 年七大区域地级以上城市人均绿地面积

从这 11 年的发展趋势来看（图 1-9），在七大区域中，华南地区人均绿地面积一直位居第一，其次是东北、华东、华北、华中和西北，西南地区一直处于最末位。2000 年，华北地区人均绿地面积超过全国平均水平，从 2007 年开始低于全国平均水平；而华东地区 2002 年以前人均绿地面积低于华北地区和全国平均水平，后期发展较快，2003 年起超过华北地区和全国平均水平，到 2010 年达到 40.08 平方米。

2010 年全国人均绿地面积为 37.31 平方米，从图 1-10 看出，七大区域中，东北、华东和华南超过全国平均水平，而华北、华中、西南和西北低于全国平均水平。其中，华南地区人均绿地面积远远高于其他六个地区，高出全国平均 17.36 平方米，是西南地区的 1.25 倍。经过多年的发展，华北和西北地区人均绿地面积逐渐接近全国平均水平。

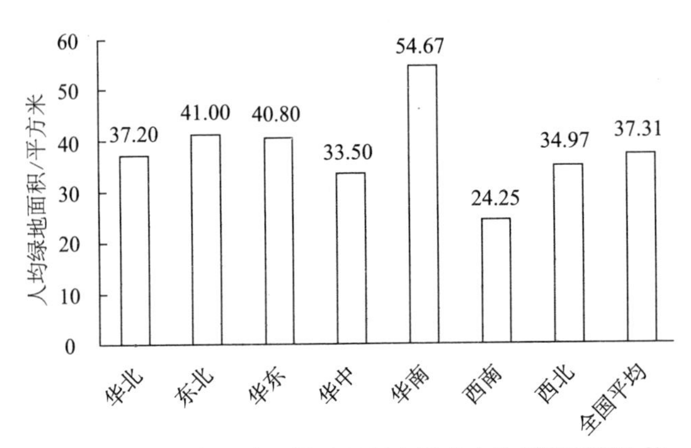

图 1-10　2010 年七大区域地级以上城市人均绿地面积比较

从 2000～2010 年全国七大区域地级以上城市公园绿地面积和市辖区人口占全国比重来看（表 1-23）。七大区域出现以下几种比较明显的特征：一是公园绿地面积占全国公园绿地面积比重与市辖区人口占全国市辖区人口比重都较大且差异不大，如东北、华东、华中地区，受此影响，人均公园绿地面积处于全国中等水平。二是公园绿地面积所占比重大于人口所占比重，因此得到的人均公园绿地面积较大，如华南地区。三是公园绿地面积所占比重较小，而人口所占比重较大，人均公园绿地面积较小，如华北和西南地区。四是公园绿地面积所占比重和人口所占比重都小，人均公园绿地面积较小，如西北地区。历年来，华北地区市辖区人口占全国市辖区人口的比重一直都保持在 12%～14%，而公园绿地面积占全国比重保持在 8%～12%，二者所占全国比重差异不大，因此人均公园绿地面积在七大区域中居于中等位置。东北地区市辖区人口占全国市辖区人口比重都保持在 10%～13%，而公园绿地面积占全国比重保持在 10%～20%，二者占全国比重有一定的差异，影响人均绿地面积。华南地区市辖区人口占全国市辖区人口比重都保持在 9%～14%，而公园绿地面积占全国比重保持在 23%～29%，公园绿地面积比重是人口比重的 2～2.5 倍，受此影响人均绿地面积在七大区域中最高。西南地区市辖区人口占全国市辖区人口比重都保持在 11%～14%，而公园绿地面积占全国比重保持在 5%～9%，人口比重大于公园绿地面积比重，因此人均绿地面积处于七大区域最低水平。西北地区大部分年份公园绿地面积占全国比重都保持在 3%～5%，人口占全国比重保持在 5%～8%，二者都较小，受此影响人均绿地面积也较少。

表 1-23　2005～2010 年七大区域公园绿地面积比重和市辖区人口比重（单位：%）

地区	公园绿地面积比重						市辖区人口比重					
	2005 年	2006 年	2007 年	2008 年	2009 年	2010 年	2005 年	2006 年	2007 年	2008 年	2009 年	2010 年
华北	7.83	8.14	7.93	8.11	8.04	9.44	12.68	12.76	12.81	12.76	12.70	13.38
东北	12.08	11.30	11.14	11.20	10.71	10.97	10.70	10.96	10.95	10.78	10.76	10.69
华东	30.50	31.60	31.09	31.30	28.84	28.97	28.62	28.85	28.72	28.78	29.00	29.30
华中	12.75	12.71	12.57	12.15	11.23	12.05	15.58	14.84	14.83	14.87	14.67	15.21
华南	17.95	15.60	18.14	17.81	21.13	16.98	13.74	12.54	12.55	12.55	12.67	12.79
西南	7.50	8.05	7.93	8.49	8.57	9.77	11.83	13.14	13.12	13.10	13.05	11.54
西北	4.23	4.90	5.01	5.12	4.88	5.14	6.85	6.91	7.01	7.15	7.15	7.09

2. 人均公园绿地面积

2002 年，建设部颁布了《城市园林绿地分类标准》（GJJ/T85—2002），将公园绿地正式纳入考评标准，此后，人均公园绿地面积被纳入各部门统计当中。通过整理收集的数据，得出我国七大区域 2005～2010 年人均公园绿地面积数据（表 1-24，图 1-11）。2005～2010 年，七大区域中，华北、东北、华东、华南四个地区人均公园绿地面积高于全国平均水平。其中，华南地区人均公园绿地面积一直处于领先地位，从 2005 年的 8.42 平方米增加到 2010 年的 12.53 平方米，在 2009 年一度达到 15.4 平方米。西北地区人均公园绿地面积一直处于最低水平，在 2005 年仅为 3.98 平方米，约为全国平均水平的 61.71%，为华南地区的 47.27%，不到其一半；随后，西北地区人均公园绿地面积增长有所加快，到 2010 年，西北地区人均公园绿地面积增长到 6.85 平方米，约为全国平均水平的 72.56%，为华南地区的 54.67%，与全国平均水平和华南地区差距进一步缩小。其间，七大区域中西南地区人均公园绿地面积增长幅度最大，增长了 95.35%，近一倍，其次为华北地区，增长了 49.21%，而东北地区增长幅度最小，为 33.1%。

表 1-24　2005～2010 年七大区域人均公园绿地面积　（单位：平方米）

地区	2005 年	2006 年	2007 年	2008 年	2009 年	2010 年
华北	7.62	8.60	8.34	8.77	10.66	11.37
东北	7.28	7.15	7.70	8.36	9.20	9.69
华东	6.87	7.60	8.19	8.75	9.19	9.33
华中	5.28	5.94	6.42	6.57	7.07	7.48
华南	8.42	8.62	10.94	11.42	15.40	12.53
西南	4.09	4.25	4.58	5.22	6.07	7.99
西北	3.98	4.91	5.41	5.76	6.30	6.85
全国平均	6.45	6.93	7.57	8.04	9.24	9.44

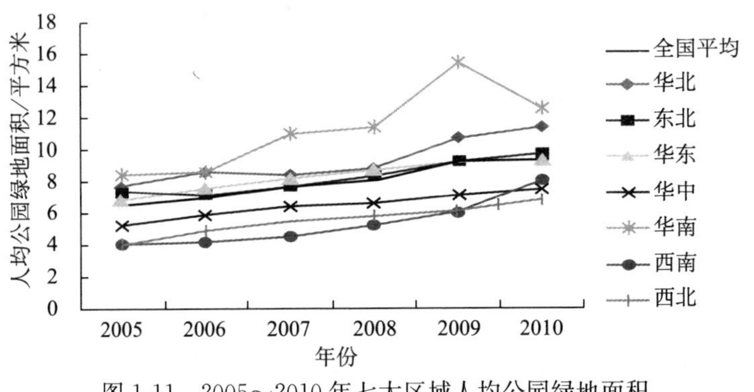

图 1-11　2005～2010 年七大区域人均公园绿地面积

3. 建成区绿化覆盖率

建成区绿化覆盖率是城市绿化覆盖中的乔木、灌木、草坪等所有植被的垂直投影面积占建成区面积的比率，反映了园林绿化对改善城市小气候和温度湿度的重要支撑作用。结合表 1-25 和图 1-12 来看，2003～2010 年，全国七大区域建成区绿化覆盖率都呈现出稳定发展的势头，部分地区起点较高、发展速度较缓慢，而部分地区起步晚，但发展速度较快。华北、东北、华东和华中四个地区建成区绿化覆盖率起点一致，发展速度和发展水平相当。与全国平均水平比较，这一时期除了东北、华中和西北等地区明显低于全国平均水平以外，其余四个区域建成区绿化覆盖率均高于或与全国平均水平相当。这一时期，建成区绿化覆盖率增长最快的是西南地区，增长了 21.3 个百分点，从 2003 年的第 6 位上升为第 2 位；其次是华南地区，增长了 15.19；而西北地区增长最慢，只增长了 4.52 个百分点。

表 1-25　2003～2010 年七大区域建成区绿化覆盖率　(单位:%)

地区	2003 年	2004 年	2005 年	2006 年	2007 年	2008 年	2009 年	2010 年
华北	34.61	34.84	35.24	35.56	35.23	35.76	38.99	43.42
东北	33.32	33.53	34.99	34.52	34.87	35.45	38.27	39.14
华东	35.13	35.19	35.92	38.19	39.12	39.60	40.65	40.84
华中	33.22	34.26	35.58	34.43	37.70	38.62	39.35	38.92
华南	32.22	31.18	39.39	38.52	40.17	42.05	45.83	47.41
西南	25.08	26.65	26.97	29.35	33.05	35.02	36.98	46.40
西北	24.28	20.28	27.09	28.11	31.73	31.63	33.80	28.80
全国平均	32.52	32.28	35.00	35.09	36.97	37.87	39.89	41.33

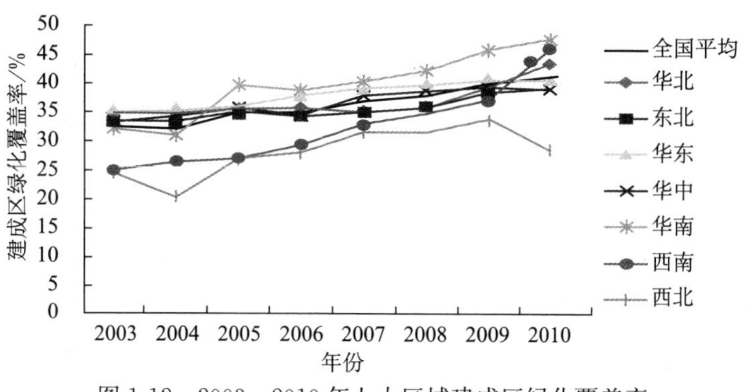

图 1-12 2003～2010 年七大区域建成区绿化覆盖率

2003～2010 年，各地区建成区面积和建成区绿化覆盖面积占全国的比重如表 1-26 和表 1-27 所示。对比来看，七大区域中华北、东北、华东、华中、华南五个地区自身的建成区面积和绿化覆盖面积占全国比重差异不大。2003～2010 年，华北地区建成区面积占全国比重为 14%～17%，而建成区绿化覆盖面积占全国比重为 14%～18%；东北地区建成区面积占全国比重为 12%～14%，而建成区绿化覆盖面积占全国比重为 11%～14%；华中地区建成区面积占全国比重为13%～15%，而建成区绿化覆盖面积占全国比重也为 13%～15%。这三个地区建成区面积与建成区绿化覆盖面积比重相当，并且占全国比重处于中等偏上水平，建成区绿化覆盖率也处于中等偏上水平。

表 1-26 2003～2010 年七大区域建成区面积比重 （单位：%）

地区	2003 年	2004 年	2005 年	2006 年	2007 年	2008 年	2009 年	2010 年
华北	16.26	15.36	15.58	15.20	15.39	15.08	15.28	14.29
东北	13.50	13.03	13.25	13.21	12.98	12.68	12.27	12.48
华东	26.47	26.76	28.95	28.37	28.36	28.57	28.90	29.40
华中	13.89	13.20	13.51	14.08	14.01	13.91	14.08	14.27
华南	14.46	15.19	13.30	13.53	13.99	14.28	13.60	13.63
西南	9.23	8.62	9.16	8.95	9.03	8.86	9.07	9.28
西北	6.18	7.85	6.25	6.66	6.25	6.61	6.79	6.66

表 1-27 2003～2010 年七大区域建成区绿化覆盖面积比重 （单位：%）

地区	2003 年	2004 年	2005 年	2006 年	2007 年	2008 年	2009 年	2010 年
华北	17.31	16.58	15.81	15.29	14.69	14.28	14.96	15.01
东北	13.84	13.53	13.34	12.90	12.27	11.90	11.79	11.81
华东	28.60	29.17	29.94	30.65	30.06	29.95	29.50	29.05
华中	14.19	14.01	13.84	13.71	14.31	14.23	13.91	13.43
华南	14.33	14.67	15.08	14.74	15.23	15.90	15.65	15.64
西南	7.12	7.11	7.12	7.43	8.08	8.21	8.43	10.41
西北	4.61	4.93	4.87	5.29	5.37	5.54	5.76	4.64

华南地区建成区面积占全国比重为12%～16%，建成区绿化覆盖面积占全国比重为13%～16%，部分年份建成区绿化覆盖面积所占比重超过建成区面积所占比重，因此得到建成区绿化覆盖率也较大。西南地区和西北地区多年来建成区面积和建成区绿化覆盖面积占全国比重都较小，但多数年份建成区面积所占比重超过建成区绿化覆盖面积所占比重，受此影响建成区绿化覆盖率低于其余五个地区。西南地区2010年建成区绿化覆盖面积所占比重首次超过建成区面积所占比重，因此建成区绿化覆盖率一跃超过其他六个地区，也超过全国平均水平。

4. 变异系数

绿地指标变异系数反映各个地区之间城镇绿地建设与管理差异程度。从2010年七大区域地级以上城市城镇绿地变异系数来看（图1-13），就人均绿地面积这一项而言，西南地区变异系数最小，为0.50，西北地区最大，为1.04，最大值是最小值的2倍多。这说明西南地区地级以上城市人均绿地面积差异性较小，西北地区地级以上城市差异性最大。从人均公园绿地面积这一指标来看，东北地区变异系数最小，为0.32，其次为西南地区，为0.69，华南地区变异系数最大，为0.96。这说明华南地区地级以上城市人均公园绿地面积差异性非常大，与人均绿地面积变异系数相比较，西南地区地级以上城市虽然人均绿地面积差异性较小，但是不注重公园绿地的培育和打造，造成各城市之间人均公园绿地面积差异性较大。相比而言，东北地区人均绿地面积和人均公园绿地面积变异系数均比较小，说明东北地区地级以上城市城镇绿地建设和管理已经比较成熟，各城市之间差异性不大。从建成区绿化覆盖率这一指标来看，华东地区变异系数最小，为0.11，而华南地区变异系数最大，为0.36，说明华东五省一市地级以上城市建成区绿化覆盖率差异性最小。尽管西北地区自然地理特征相似，在七大区域中地级以上城市数量最少，但地级以上城市绿化建设差异性较大，人均绿地面积变异系数在七大区域中最大。在绿洲、平原等水热条件较好的地区，城镇绿地发展自身条件较好，城镇绿地建设和管理水平较高；反之，受到干旱缺水、地形限制，城镇绿地建设和管理水平较差。

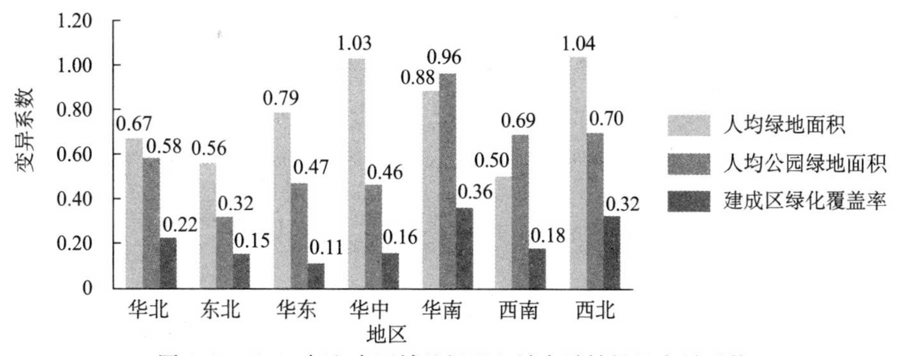

图 1-13　2010 年七大区域地级以上城市城镇绿地变异系数

四、不同规模等级城市的绿地发展

(一) 数据来源和处理

为了研究城镇绿地建设与城市规模之间的关系，以城市市辖区人口规模为标准，将我国 286 个地级以上城市划分为小城市、中等城市、大城市、特大城市和巨大型城市四个等级（表 1-28）。其中，特大城市和巨大型城市有 21 个，占地级以上城市总数的 7.34%；大城市有 105 个，占 36.71%；中等城市 110 个，占 38.46%；小城市有 50 个，占 17.49%。

表 1-28　全国地级以上城市按照人口规模划分

特大城市和巨大型城市（21 个）	大城市（105 个）		中等城市（110 个）		小城市（50 个）
重庆市	太原市	宝鸡市	葫芦岛市	邵阳市	白银市
上海市	淄博市	包头市	衡阳市	阳泉市	张家界市
北京市	淮安市	齐齐哈尔市	渭南市	攀枝花市	南平市
深圳市	青岛市	内江市	孝感市	荆门市	玉溪市
天津市	南宁市	常德市	本溪市	阳江市	六盘水市
广州市	昆明市	漯河市	银川市	绵阳市	衡水市
西安市	石家庄市	抚顺市	连云港市	鹤岗市	辽源市
南京市	苏州市	江门市	锦州市	驻马店市	娄底市
成都市	长沙市	钦州市	金华市	德阳市	定西市
武汉市	无锡市	巴中市	韶关市	池州市	景德镇市
汕头市	乌鲁木齐市	惠州市	蚌埠市	运城市	延安市
沈阳市	常州市	益阳市	广元市	清远市	石嘴山市
郑州市	襄阳市	大庆市	营口市	随州市	铜陵市
哈尔滨市	宁波市	茂名市	咸阳市	德州市	通化市

续表

特大城市和巨大型城市（21个）	大城市（105个）		中等城市（110个）		小城市（50个）
杭州市	枣庄市	河源市	保山市	朔州市	固原市
佛山市	贵阳市	天水市	绥化市	绍兴市	铁岭市
长春市	合肥市	莱芜市	张家口市	威海市	宁德市
济南市	莆田市	广安市	巢湖市	赣州市	黄山市
徐州市	南昌市	宜昌市	牡丹江市	九江市	达州市
唐山市	南通市	日照市	新余市	马鞍山市	许昌市
大连市	临沂市	扬州市	鸡西市	滨州市	酒泉市
	兰州市	绵阳市	安顺市	鹤壁市	上饶市
	阜阳市	赤峰市	湘潭市	北海市	中卫市
	南充市	永州市	秦皇岛市	四平市	丽水市
	贵港市	呼和浩特市	宣城市	盘锦市	吴忠市
	福州市	聊城市	遵义市	咸宁市	克拉玛依市
	南阳市	乐山市	开封市	晋中市	黄冈市
	六安市	抚州市	萍乡市	白山市	怀化市
	宿州市	贺州市	眉山市	龙岩市	崇左市
	吉林市	荆州市	焦作市	松原市	庆阳市
	潍坊市	济宁市	嘉兴市	承德市	百色市
	东莞市	芜湖市	临汾市	陇南市	潮州市
	淮南市	淮北市	东营市	朝阳市	雅安市
	厦门市	岳阳市	昭通市	七台河市	晋城市
	烟台市	资阳市	泰州市	三亚市	河池市
	商丘市	湖州市	衢州市	巴彦淖尔市	临沧市
	洛阳市	安阳市	佳木斯市	漳州市	梅州市
	盐城市	鄂州市	宜宾市	汉中市	乌兰察布市
	亳州市	来宾市	伊春市	商洛市	云浮市
	海口市	保定市	株洲市	吉安市	思茅市
	宿迁市	宜春市	廊坊市	汕尾市	三门峡市
	泰安市	柳州市	阜新市	防城港市	三明市
	大同市	珠海市	丹东市	沧州市	吕梁市
	台州市	镇江市	通辽市	十堰市	呼伦贝尔市
	湛江市	平顶山市	铜川市	滁州市	鄂尔多斯市
	菏泽市	泉州市	桂林市	肇庆市	鹰潭市
	遂宁市	武威市	辽阳市	周口市	嘉峪关市
	自贡市	西宁市	安庆市	乌海市	金昌市
	中山市	新乡市	长治市	沂州市	黑河市
	邯郸市	玉林市	郴州市	榆林市	丽江市
	信阳市	安康市	邢台市	张掖市	
	鞍山市		黄石市	梧州市	
	庐州市		揭阳市	白城市	
	温州市		舟山市	平凉市	
			曲靖市	双鸭山市	

（二）结果及分析

1. 人均绿地面积

从 2010 年不同规模城市人均绿地面积情况来看（图 1-14），四个规模等级城市中，特大城市和巨大型城市、小城市人均绿地面积超过全国平均水平，而大城市和中等城市略低于全国平均水平。四个规模等级城市中，特大城市和巨大型城市人均绿地面积最大，为 41.82 平方米，远远高于其他三个等级城市水平；中等城市人均绿地面积最小，为 35.89 平方米。

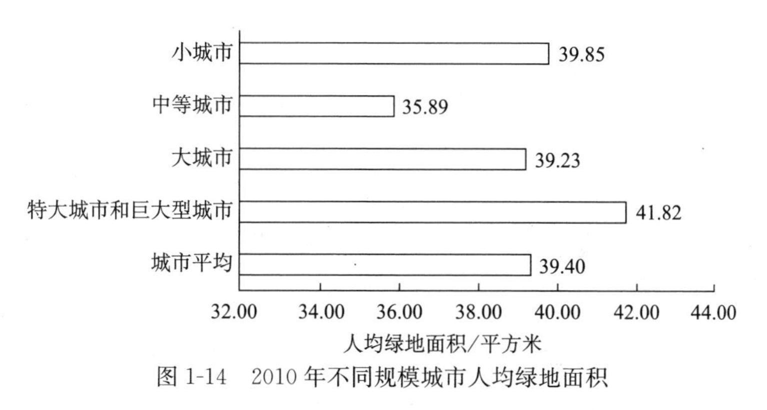

图 1-14　2010 年不同规模城市人均绿地面积

2. 人均公园绿地面积

从四个不同规模城市人均公园绿地面积情况来看（图 1-15），2010 年，小城市特大城市和巨大型城市人均公园绿地面积与大城市、中等城市之间形成鲜明对比。其中，特大城市和巨大型城市人均公园绿地面积为 10.74 平方米，高于全国平均水平，居四个等级规模城市之首；其次为小城市，人均公园绿地面积为 9.3 平方米，略低于全国平均水平；而大城市和中等城市人均公园绿地面积则低于全国平均水平，尤其是大城市，人均公园绿地面积仅为 7.81 平方米。

3. 建成区绿化覆盖率

2010 年、全国建成区平均绿化覆盖率为 41.33%，从不同规模等级城市建成区绿化覆盖率来看（图 1-16），2010 年，286 个地级以上城市建成区平均绿化覆盖率为 37.67%，低于全国平均水平 3.66 个百分点。四个等级规模城市中只有小城市建成区绿化覆盖率超过全国平均水平，而大城市和中等城市较少，分别为35.64%和34.32%，其中中等城市建成区绿化覆盖率分别低于全国平均水平和286个地级城市平均水平7.01个百分点和3.35个百分点。

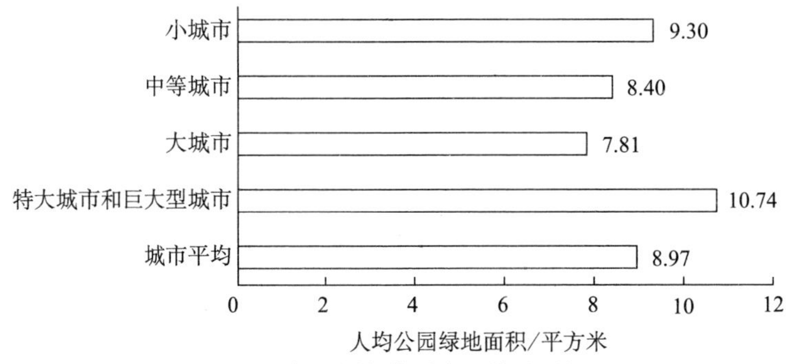

图1-15 2010年不同规模城市人均公园绿地面积

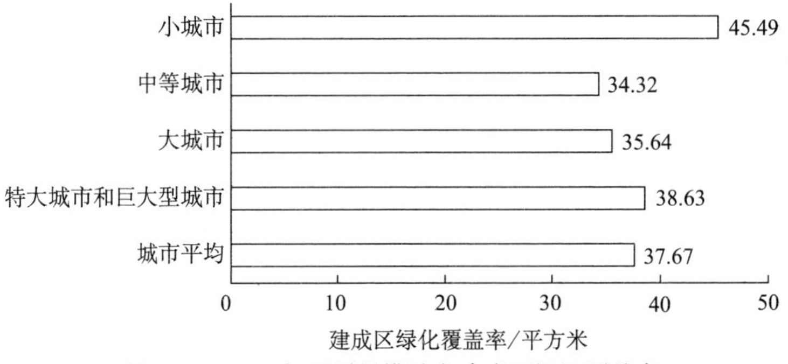

图1-16 2010年不同规模城市建成区绿地覆盖率

结合以上三个图分析，小城市、特大城市和巨大型城市城镇绿化建设和管理水平普遍高于大城市和中等城市。小城市由于绿地规模较小，便于实施精细化管理，而特大城市和巨大型城市发展历史较长，基础设施建设比较成熟，城镇绿地建设和管理规范化、标准化水平较高，因此各项指标位于全国其他规模城市前列。中等城市和大城市正处于上升发展期，绿地建设还处于不断发展和完善中，随着人口不断涌入，建成区面积不断扩张，因此没有足够的能力去建设和管理城镇绿地。

4. 各规模城市绿地变异系数比较

从表1-29看出，2010年特大城市和巨大型城市、大城市、中等城市和小城市等四个规模城市人均绿地面积变异系数分别为0.46、0.83、0.73和0.98。四个规模城市人均绿地面积变异系数中，小城市变异系数最大，其次为大城市和中等城市，特大城市和巨大型城市变异系数最小。2010年，特大城市和巨大型城市、大城市、中等城市和小城市人均公园绿地面积变异系数分别为0.30、0.60、0.55和0.64，出现和人均绿地面积变异系数同样的情况。由于公园绿地是城市绿地中的一部分，人均绿地面积和人均公园绿地面积都受到人口规模因素的影响，所以可以判断，人口规模越大的城市，城市之间绿地建设和管理差异性越小，人口规模越小的城市，城市之间绿地建设和管理差异性就越大。从建成区绿化覆盖率这一指标来看，2010年，特大城市和巨大型城市、大城市、中等城市和小城市的建成区绿化覆盖率变异系数分别为0.21、0.19、0.25和0.25，中等城市和小城市变异系数相等，都大于其他两个等级规模城市，而特大城市和巨大型城市、大城市这两个等级规模城市变异系数只相差0.02。这说明，城市越大城市绿地建设与管理越标准化，也越来越完善，城市之间绿地建设和管理差异性越小。在《中国低碳生态城市发展报告2012》城市宜居生态发展评价中位于第一象限（第一象限中的是城市宜居生态发展评价得分最高即“优地指数”最高的城市）的大多为直辖市、经济发达的大中城市，如杭州、厦门、深圳、广州等，这些城市经济发展到一定的阶段，政府注重生态环境保护，用低消耗的建设方式实现经济转型，努力向资源节约、环境友好的发展方式转变，并取得了较好成效（叶青等，2012）。该报告得出的结果与本书研究变异系数得出的结果具有一致性。

表1-29　2010年不同规模地级以上城市绿地指标变异系数

四类规模城市	人均绿地面积	人均公园绿地面积	建成区绿化覆盖率
特大城市和巨大型城市	0.46	0.30	0.21
大城市	0.83	0.60	0.19
中等城市	0.73	0.55	0.25
小城市	0.98	0.64	0.25

第四节　中国城镇绿地发展特殊性

发展速度快、城镇分布区域广泛、经济社会发展水平不一致，是我国城镇化发展的特殊情况，受此影响我国城镇绿地发展道路也较为特殊。

一、中国城镇化空前发展，但城镇建设和管理差异性较大

（一）城镇化发展受到行政性计划的影响

首先，中国的城镇发展基本上以政府力量推动为主，政府把握着城镇化发展的产业规划、土地分配、体制改革等权力及未来经济发展的指向。城镇化发达的中心一般而言也是当地政治、经济中心。城镇规模的扩展主要以政府决策为导向，政府投资的重点区一般就会成为新的城镇化发展区。其次，城镇化发展所需的建设资金，如用于基础设施建设、社会功能完善的资金，都是由政府投入的，而社会化参与程度较低。再次，尽管中国特色的户籍管理体制已经逐渐开放，但在城镇立足的门槛依然很高，限制了农村人口向城镇的流入，也限制了人口在不同城市之间的流动。最后，在城乡二元结构影响下，农村与城镇之间分隔仍然较为明显，尤其是社会福利待遇，仍然是城乡分离局面，造成城镇化发展基础不牢，后劲不足。

（二）城镇化与产业发展、现代化之间不协调

城镇化的本质，就是就业方式、居住方式、交往方式的一种改变，它涉及经济、社会、文化等一系列的变革，呈现了经济形态从小农经济过渡到工业经济、从自给自足型经济转向开放型经济等一系列变化。而在目前考核体制下，各级政府片面强调城镇化率，在城镇工业、服务业、公共设施和社会福利达不到支撑力度的时候却将大批农村人口赶上楼房或赶进城镇。沿海地区工业化发展超前于城镇化，城市功能不完善；而内陆地区城镇化发展超前于工业化和现代化，工业发展还处于初级阶段，或者是缺乏工业支撑条件，服务业也缺乏发展载体、吸引力和经济支撑，城镇化后劲不足。一般而言，城镇化率每提高 1 个百分点，GDP 就增加 1.5～2 个百分点，这是城镇化与工业化相互匹配的结果，城镇化发展应当与产业发展、现代化发展相适应，而不是人口简单积聚的产物。

（三）城镇建成区摊饼式发展，造成市政设施缺位或浪费

一些地区的城镇化发展陷入首位度误区，造成大城市、中小城市都追求规

模效应，认为只有把城镇规模扩大才能产生经济效应，没有很好地处理各级城市的功能分配和产业分工，因而城镇规模与人口结构、产业发展脱节。一些地区通过吞并周边农村来实现城镇化发展，城镇周边土地都被用于城镇规模扩大，城镇规模无限扩大，造成城镇建设和管理维护成本攀升，一些小城市根本无力承受每年用于市政建设和提供公共产品的巨额负担。这会导致部分城镇基础设施和服务的缺失，有的地区举债将大量资金用于城镇化配套的设施建设和维护，但是城镇人口和经济发展无法支撑整个城镇规模发展，造成大量设施和服务浪费。

二、城镇绿地在城镇发展中的地位和功能提升

（一）园林绿地在城镇建设和管理中的地位越来越明显

建成区绿化覆盖率逐年上升，加上一些屋顶绿化和城镇周边自然绿地保护，绿地在城镇建设和发展中的地位和作用越来越明显。尽管城市建成区面积在不断扩大，人口也在不断增加，但是城镇园林绿地面积和人均占有面积也在不断增加，说明园林绿化建设速度远远超过城镇人口增长速度和建成区扩大速度。

从1980～2008年我国城市建设投资与维护费用中园林绿化所占比重来看（图1-17），图左边的坐标为园林绿化维护费用占城市维护支出比重，右边的坐标为园林绿化建设投资占城市建设投资比重。城镇园林绿化效益发挥具有滞后性，因此建设和维护不需要每年连续进行。总体来看，1980～2008年，园林绿化建设比重变化呈W形，尤其是1984～2008年，呈明显先下降后上升的趋势。如果某一年投资金额较多而接下来的几年就较少；用于园林绿化建设资金所占比重较大，那么用于园林绿化维护资金所占比重就较小，如1980～1990年，反之也成立。1981～2008年，城市固定资产投资中用于园林绿化的比重从4.62％上升到8.82％。1980～2008年，每年城市维护资金支出用于园林绿化的额度一直处于波动中上升，城市维护资金中用于园林绿化的比重从16.15％上升到39.17％。在2001年的时候达75.03％，2003年达87.17％。但从总体发展趋势来看，用于园林绿化建设的资金越来越多，园林绿化在城镇建设中作用也越来越重要。

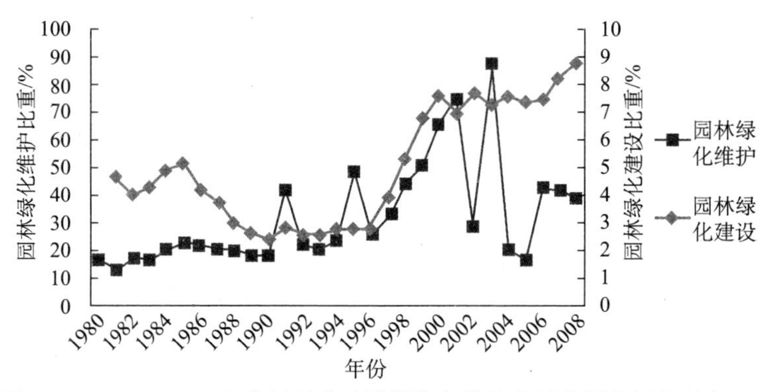

图 1-17 1980～2008 年我国城市建设投资与维护费用中园林绿化所占比重

(二) 城镇园林绿地承担的功能越来越多

随着对城镇生态环保重视程度的逐渐加深，城镇园林绿地承担的功能逐渐凸显，绿地的地位也逐渐上升。园林绿地从城镇基础设施的一部分转变为整个城市发展的目标、方向或城市发展目标的重要载体。森林城市、山水园林城市、生态园林城市、低碳生态城市、生态文明城市，已经成为我国各级城市发展的目标。由此可见，对城镇生态环境发展的重视达到一个空前高度，人们对绿地的认识也达到前所未有的程度，而园林绿地是实现这些目标的主要载体。如何实施对绿地的建设和管理，成为一个非常重要的环节。城镇绿地除了具有明显的生态功能，还具有重要的景观功能和社会功能。生态功能包括保持水土、涵养水源、吸收二氧化碳、释放氧气、维持大气成分稳定、调节气温、增加空气湿度、改善城市小气候、净化空气、吸尘减噪、维持城市生态的稳定、提高其抗干扰能力等；景观功能包括营造自然景观、软化城市景观、形成独特的城市风貌；社会功能包括提供减灾防灾和紧急避难场所，为城市居民提供休闲活动的空间，满足人民回归自然的需要，开展环保教育。

参考文献

《北京市地方志》编纂委员会．2004．北京志·市政卷·环境保护志．北京：北京出版社．

曹扶生．2003．打造上海的“绿色名片”——伦敦绿化发展及对上海的启示．上海综合经济，(3)：48．

《城市园林绿地规划》编写组．1982．城市园林绿地规划．北京：中国建筑工业出版社．

程世抚．1957．关于绿地系统的三个问题．建筑学报，(7)：11-13，38．

崔晶，曹荣林．2008．生态城市视角下的生态基础设施建设．山西建筑，34（16）：28-29．

董玉峰，娄美珍．2009. 借鉴国外城市绿化建设经验探讨大兴新区发展建设思路．绿化与生活，(1)：10-14.
冯彩云．2002. 我国城市绿化的现状与发展方向．科技建议，(2)：15-18.
国家统计局城市社会经济调查司．2012. 中国城市统计年鉴 2011. 北京：中国统计出版社．
黄庆喜．1992. 美国城市园林绿地管窥．中国园林，8 (3)：57-61.
江苏省植物研究所．1977. 城市绿化与环境保护．北京：中国建筑工业出版社．
姜允芳．2006. 城市绿地系统规划理论与方法．北京：中国建筑工业出版社．
康慕谊．1994. 城市生态学与城市环境．北京：中国计量出版社．
李晖，王兴宇，范宇，等．2009. 基于整体系统观念的人居环境绿地系统体系构建．城市发展研究，16 (12)：10-14.
李嘉乐．2001. 风景园林工作必须坚持“三个代表”原则．中国园林，(6)：19-22.
李远航．2007. 城市环境与城市生态面临的问题和出路．农业与技术，27 (1)：23-27.
刘滨谊，姜允芳．2002. 论中国城市绿地系统规划的误区与对策团．城市规划，2 (2)：76-78.
刘海龙，李迪华，韩西丽．2005. 生态基础设施概念及其研究进展综述．城市规划，(9)：70-75.
刘璐．2010. 园林绿地系统规划塑造城市地域性特色初探．西南大学硕士学位论文．
刘颂，刘滨谊．2010. 城市绿地空间与城市发展的耦合研究——以无锡市区为例．中国园林，(3)：14-18.
柳尚华．1999. 中国风景园林当代五十年：1949～1999. 北京：中国建筑工业出版社．
全国绿化委员会办公室．2011. 2010 年中国国土绿化状况公报．国土绿化，3：2-7.
《上海园林志》编纂委员会．2000. 上海园林志．上海：上海社会科学院出版社．
斯蒂格利茨・J. E. 2005. 公共部门经济学．郭庆旺，杨志勇，刘晓路译．北京：中国人民大学出版社．
苏俏云．2000. 以“人”为本规划城市园林绿地系统——论中国城市园林绿地建设．华南师范大学学报（自然科学版），(4)：90-94.
孙辉．2010. 城市公共物品供给中的政府与第三部门合作关系——以上海市社区矫正为例．上海：同济大学出版社．
孙筱祥，胡绪渭．1958. 杭州花港观鱼公园规划设计．建筑学报，(5)：19-24.
王宝民，李劲为，田华．2010. 中国城镇化发展现状与发展趋势．中国经贸导刊，(18)：39-40.
王名扬．1997. 法国行政法．北京：中国政法大学出版社．
吴江晨，吴子敏．2011. 生态城镇化是科学发展的必然抉择．中国改革报．理论版．
吴人韦．1998. 国外城市绿地的发展历程．城市规划，22 (6)：39-43.
吴人韦．1999. 城市绿地的分类．中国园林，(6)：3-14.
奚洁人．2007. 科学发展观百科辞典“国家园林城市（区）评选”．上海：上海辞书出版社．
许菊芬．2007. 小城镇绿地系统规划初探．西南大学硕士学位论文．
杨士弘．2001. 城市生态环境学．北京：科学出版社．

叶青，李芬，鄢涛．2012. 优地指数——动态考核生态城市发展进程——中国城市生态宜居发展指数报告（2012）概述．建设科技，(12)：18-22.

余深道．1982. 都市美化设计——新加坡花园城市．北京：淑馨出版社．

俞孔坚，叶正，李迪华，等．1998. 论城市景观生态过程与格局的连续性——以中山市为例．城市规划，22 (4)：14-17.

张浪．2009. 特大城市绿地系统布局结构及其构建研究．北京：中国建筑工业出版社．

张利华，张京昆，黄宝荣．2011. 城市绿地生态综合评价研究进展．中国人口·资源与环境，21 (5)：140-147.

张式煜．2002. 上海城市绿地系统规划．城市规划汇刊，(6)：14-17.

张卫宁．2003. 谨防“景观热”下的居住环境异化．中国房地产，(6)：29-30.

赵纪军．2009a. 新中国园林政策与建设 60 年回眸（二）“苏联经验”．风景园林，(2)：98-102.

赵纪军．2009b. 新中国园林政策与建设 60 年回眸（三）“绿化祖国”．风景园林，(3)：91-95.

赵纪军．2009c. 新中国园林政策与建设 60 年回眸（一）“中而新”．风景园林，(1)：102-105.

赵济．1995. 中国自然地理（第三版）．北京：高等教育出版社．

中国日报网．2012. 专家称中国城市空气质量状况较差　发展方式需改进．http：//www. chinadaily. com. cn/hqcj/zxqxb/2012-09-11/content _ 6980263. html [2013-10-06]．

中国社会科学院城市发展与环境研究所．2012. 中国城市发展报告（2012）．北京：中国城市出版社．

中国统计局．1986～2012. 中国统计年鉴（1986～2012）．北京：中国统计出版社．

中华人民共和国环境保护部．2012. 2011 年中国环境状况公报．http：//jcs. mep. gov. cn/hjzl/zkgb [2012-05-25]．

中华人民共和国建设部．2000. 国家园林城市标准．中国园林，3：6-7.

中华人民共和国住房和城乡建设部．2010. 关于印发《国家园林城市申报与评审办法》、《国家园林城市标准》的通知．http：//www. mohurd. gov. cn [2010-08-13]．

中华人民共和国住房和城乡建设部．2011. 中国城市建设统计年鉴（2010）．北京：中国计划出版社．

中华人民共和国住房和城乡建设部．2012. 中国城市建设统计年鉴（2011）．北京：中国计划出版社．

周彦峰．2007. 小城镇绿地系统规划研究．东北林业大学硕士学位论文．

邹波，张利华．2012. 城市绿地有效供给问题的经济学分析．发展研究，(5)：105-108.

Forman R T T. 1995. Land Mosaics：the Ecology of Landscapes and Regions. London：Cambridge University Press.

Karen S W. 2003. Growing with Green Infrastructure. Doylestown：Heritage Conservatory.

Makhzoumi J M. 2005. Landscape ecology as a foundation for landscape architecture：application in Malta. Landscape and Urban Planning，50：167-177.

Rowntree R A，Nowak D J. 1991. Quantifying the role urban forests in removing atmospheric carbon dioxide. Journal of Arboriculture，17：269-275.

Walmsley A. 2006. Greenways：Multiplying and Diversifying in the 21st Century. Landscape and Urban Planning，76：252-290.

第二章 我国城镇绿地研究的多元视角

城镇绿地是自然科学与社会科学领域多学科交叉发展起来的综合性研究课题。在自然科学方面涉及风景园林学、风景建筑学、生态学、植物学、园艺学、环境保护学、林学、医药学、系统工程学、林业生态工程学、地理学；在社会科学方面涉及政治学、经济学、心理学、美学、文学、城市规划学、生态经济学及绘画学等文化领域的学科（方海兰等，2002）。因此，从多元视角出发，开展综合性的研究与分析是科学研究的主要发展方向，是未来提升园林绿化管理水平的需要，也丰富园林绿化研究理论的重要途径。因此，本书从发展理论、生态学理论、经济学理论出发，从可持续发展、城乡一体化、景观生态学、城市生态学、公共物品和生态系统服务价值等方面，分析城镇园林绿化与这些理论的联系，以及这些思想如何在现代园林绿化实践中体现。

第一节 发展理论

一、可持续发展理论

（一）可持续发展思想起源

可持续发展思想，最早起源于中国古老、朴素的人与自然和谐发展观，在中国传统农业发展道路上就开始萌发，但是系统化、理论化的可持续发展思想的形成和实践主要源于西方国家工业化。现代可持续发展思想的形成和发展以几部重要著作的发表为标志。1960 年，《寂静的春天》的发表，为人类敲响了生态危机的警钟（卡逊，1979）。《寂静的春天》对生态系统与人类活动展开了大量的实证研究。1968年，奥雷奥利·佩切伊（Aurelio Peccei）创立罗马俱乐部（The Club of Rome），并于1972年发表报告《增长的极限》，进一步引起公众对生态问题的关注。1987年，布伦特兰发表报告《我们共同的未来》（*Our Common Future*），第一次阐述了可持续发展的概念——既满足现代人的需求又不损害后代人满足需求的能力，得到国际社会的广泛共识。1992年6月，有史以来规模最大的联合国环境与发展大会（UNCED）在巴西里约热内卢召开，大会通过了两个纲领性文件，即《里约环境与发展宣言》（即《地球宪章》）和《21世纪议程》，标志着可持续发展从理论探讨走向实际行动。

1.《寂静的春天》——较早地引发了人类对生态环境问题思考

20世纪中叶，全球环境污染日趋凸显，特别是西方国家公害事件不断发生，环境问题频频困扰人类。20世纪50年代末，美国海洋生物学家蕾切尔·卡逊（Rachel Karson）潜心研究了美国使用杀虫剂所产生的种种危害，并于1962年出版了《寂静的春天》一书，书中揭示了各种致命化学物质对空气、土地、河流及海洋的污染，以及人类活动造成的污染对生态系统的巨大影响。该书较早地引发了人类对自身活动的反思和对生态环境问题的惊醒和思考。

2.《增长的极限》——引起世界反响的“严肃忧虑”

1968年，几十位来自世界各国的科学家、经济学家和教育家齐聚罗马，成立了一个非正式的国际协会——罗马俱乐部。罗马俱乐部的主要任务是关注、探讨与研究人类发展共同面临的问题，如人类面临的社会、经济与环境等诸多问题，并力求在现有全部知识的基础上推动采取能扭转不利局面的新态度、新政策和新制度。以麻省理工学院梅多斯（Dennis L. Meadows）为首的研究小组受罗马俱乐部的委托，对长期流行于西方的高增长理论进行了研究，在1972年提交了罗马俱乐部成立后的第一份研究报告——《增长的极限》。该报告深刻地阐明了环境保护的重要性及资源生态与人口发展之间的基本联系。《增长的极限》这一研究报告的发布，引起了国际社会特别是学术界的强烈反响。尽管该报告密切关注人口、资源和环境等问题，但其反增长情绪受到大量尖锐的批评，因此，围绕发展与环境问题引发了一场激烈的、旷日持久的争论。尽管《增长的极限》的结论和观点存在一些明显的缺陷，但是，该报告所表现出的对人类前途的“严肃的忧虑”，唤起了人类自身的觉醒，极大地促进了可持续发展思想的发展。

3.联合国人类环境会议——将世界环境问题正式提出

之前，对生态环境问题的研究和讨论主要是在民间组织和学术研究层面上的，世界各国政府还未正式介入。1972年，联合国人类环境会议在斯德哥尔摩召开，来自世界113个国家和地区的代表齐聚一堂，共同讨论环境对人类的影响。这是环境问题第一次将世界各国政府召集在一起，环境问题也成为国际政治事务上的重要议程。大会通过的《人类环境宣言》宣布了37个共同观点和26项共同原则。《人类环境宣言》第一次向全球呼吁："我们现在已经到这样一个时刻，世界各地在决定自己的行动时，必须更加审慎地考虑它们对环境产生的后果，由于无知或不关心，我们的活动可能给生活和幸福所依靠的地球环境造成巨大的和无法挽回的损失。"联合国人类环境会议将生态环境问题提升到世界各国政府责任高度并将其作为人类发展必须解决的问题。联合国人类环境大会的意义在于唤起了世界各国政府对环境问题，特别是对环境污染问题的觉醒和关注。联合国人类环境会议的召开，将全世界各国人民都统一号召起来，为人类共同面临的环境问题挑战共同奋斗。

4.《我们共同的未来》——可持续发展思想的重要飞跃

联合国于1983年3月成立了以挪威首相布伦特兰（G. H. Brundland）夫人为主席的世界环境与发展委员会（WCED），负责制定长期的环境对策，研究能使国际社会更有效地解决环境问题的途径和方法。经过三年多的深入研究和充分论证，该委员会于1987年向联合国大会提交了一份研究报告——《我们共同的未来》。该报告将注意力集中于人口、粮食、物种和遗传资源、能源、工业和人类居住等方面。该报告系统探讨了人类面临的一系列重大经济、社会和环境问题，提出了可持续发展的概念。布伦特兰夫人鲜明、创新的科学观点和敏锐的发现，把人们的思想从单纯考虑环境保护引导到把环境保护与人类发展切实结合起来，实现了人类有关环境与发展思想的重要飞跃。

5. 联合国环境与发展大会——可持续发展的重要里程碑

1992年6月，在巴西里约热内卢召开了联合国环境与发展大会。从1972年联合国人类环境会议第一次将生态环境问题提上政府议程，到1992年这20年间，国际社会对全球环境的关注已由单纯的环境问题逐步转移到环境与发展二者之间的关系上来。这次大会有来自183个国家的代表团和70个国际组织的代表参加了会议，其中有102位国家元首或政府首脑发表重要讲话。会议通过了《里约环境与发展宣言》和《21世纪议程》两个纲领性文件。《里约环境与发展宣言》提出了实现可持续发展的27条基本原则；《21世纪议程》则是指导全球实施可持续发展战略的行动计划，它通过建立21世纪世界各国人类活动各个方面的行动规则，为保障人类共同的未来提供一个全球性的战略框架。此外，世界各国政府代表还签署了联合国《气候变化框架公约》等国际文件及有关国际公约。自此，可持续发展得到世界最广泛和最高级别的政治承诺。

（二）可持续发展的核心思想

布伦特兰夫人在《我们共同的未来》中对可持续发展下了一个定义，即认为可持续发展是既满足当代人的需要，又不对后代满足其需要的能力构成危害的发展。该定义强调了两个基本观点：一是人类要发展，尤其是穷人要发展；二是发展有限度，不能危及后代人的生存和发展，包含了可持续发展的公平性（fairness）原则、持续性（sustainable）原则和共同性（common）原则。这一定义被认为是目前影响最大、流传最广泛的定义。这一阐述实际上已成为国际通用的对可持续发展的权威解释，它既体现发展经济的目标，又体现如何协调人类发展与自然资源及环境保护之间的矛盾，目的是使人类子孙后代能够永续发展。

在此基础上，《里约环境与发展宣言》又将可持续发展阐述为"人人都享有与自然和谐共处来过上健康而富有的生活的权力"。它强调了四个原则：一是公平性原则，包括"代际公平"、"代内公平"等方面。实现"代际公平"，要确保人类所拥有的自然资源保持在相对稳定的水平上，使上一代人和下一代人都能享受到同样的资源数量和质量；"代内公平"指当代人都能平等地通过获得资源、有平等的发展机会。二是协调性原则，要求人们在开展生产活动来发展经济和满足生活的时候，根据生态系统持续性的条件和限制因子，而不能超越资源和环境的承载能力。三是质量原则，通过提高单位生产效率，减少资源浪费，尽可能以较低的资源消耗来提高人民生活质量和经济运行的效率。四是发展原则，它是可持续发展的核心原则，即通过发展提高当代人福利水平，必须具有长远的发展眼光。

总体来说，可持续发展理论的核心思想可以归结如下：①全球资源，尤其是不可再生资源是有限的，一旦出现全球性资源短缺，世界各国经济发展将受到严重影响。②我们必须承认，容纳人类活动带来的污染的环境容量极其有限，技术在强化和支撑经济发展中作用也是极其有限的。这两个限制构成了经济增长的最终极限。因此，我们应尽量采用对环境产生最小伤害的技术来满足人们对物质增加和良好环境的双向追求。③可持续发展要求我们构建一个公平的再分配机制，在横向上包括同代人分配资源的机会与权力的公平，在纵向上包括不同代际资源分配的公平性，即我们不但要满足当代人发展的需求，还要对子孙后代的发展需求负责。④为了满足子孙后代的发展需求，必须要重视对生物遗传资源的保护，为保证人类传宗接代提供物质基础。它的实质就是反对人类对环境的冒进行为。

《中国21世纪议程》中提出："中国可持续发展建立在资源的可持续利用和良好的生态环境基础上，国家保护整个生命支持系统的完整性，保护生物多样性，解决水土流失和荒漠化等生态环境问题，保护自然资源，保护资源可持续供给能力，避免侵害脆弱的生态系统，发展和改善城乡生态环境。"

可持续发展是一种建立在资源的可持续利用和保护良好的生态环境基础之上的发展模式。人与人之间关系的基本准则是平等原则，它包括代内与代际两个层面，涵盖了当代人与后代人的利益关系。因此，可持续发展最终目的是达到生态、环境、人口、经济和社会五位一体的平衡状态，实现当代人与后代人两个层面利益关系的统一，以及通过技术发展和管理创新使人类生态环境系统与经济社会系统各因素相互制约、从对立走向统一。

（三）可持续发展在城镇绿地建设中的表现

1984年，联合国教科文组织在《人与生物圈计划》（MAB）报告中提出了生态城市规划的五项原则：①生态保护战略；②生态基础设施；③居民生活标准；④文化历史的保护；⑤将自然引入城市。1992年6月，联合国环境与发展大会在巴西里约热内卢召开，中国政府代表团出席会议，并签署了《生物多样性公约》，宣布我国"经济建设、城乡建设和环境建设同步规划、同步实施、同步发展"的方针。我国在同年提出创建"园林城市"。

城市土地的日益稀缺和地价高昂，城市规划中用于园林绿化的土地越来越少，同时一些已规划的绿地建设得不到落实，现有的绿化模式带来人力、财力和资源的高额消耗，使得许多城市对发展园林绿化望而生畏（张华如，2007）。在城镇规模不断扩大，但是可用于绿化建设面积有限的条件下，需要开展可持续的土地分配模式，提高绿化土地的利用率。2007年，建设部出台了《关于建设节约型城市园林绿化的意见》（建城〔2007〕215号），该意见要求"在有效整合城市土地资源的前提下，尽最大可能满足城市绿化建设用地的需求；加强城市绿化隔离带、城市道路分车带和行道树的绿化建设，推广立体绿化，在一切可以利用的地方进行垂直绿化，推广屋顶花园和墙面绿化；优先使用成本低、适应性强、本地特色鲜明的乡土树种；大力推广节水型绿化技术，实施自然生态建设"。倡导节地型绿化并不是要片面缩减绿地面积，而是要用足用好规划绿地，充分发挥其生态、美化与游憩功能和综合环境效益（刘家麒，2007）。

因此可以理解，可持续发展的城镇绿地建设就是要在现有的绿色空间条件下提升绿地质量，扩充绿地绿容，实施立体绿化，培育自然生态型森林公园，推广资源节约型绿化设施，减少人为活动对绿地的干扰，实施科学的管控模式。

二、城乡一体化发展理论

（一）城乡一体化发展思想来源

马克思认为，当人类经济社会发展到一定阶段以后，城乡的分离和差异悬殊，又会产生不利于社会生产力发展的因素，从而使城乡两大经济社会结构失衡。作为经济理论的城乡一体化，是有关学者针对当今世界工业化进程中出现的“二元结构”提出来的。发展经济学家阿瑟·刘易斯根据发展中国家或地区的经济特点，在《劳动无限供给下的经济发展》一文中提出：工业化的迅速发展使发展中国家或地区的经济由两个不同的经济部门组成，一是传统部门，二是现代部门，从而构成一种“二元经济结构”。

在城市学和城市规划学界，英国城市学家埃比尼泽·霍华德最早提出城乡一体化思想，他在1898年出版的《明日：一条通向真正改革的和平道路》中首次提出了田园城市理论，倡导“用城乡一体的新社会结构形态来取代城乡对立的旧社会结构形态”，他认为，“城市本身具有的吸引人的磁力导致城市人口聚集，应该建设一种城乡结合，兼有城市和乡村优点的理想城市，即‘田园城市’”。霍华德的田园城市思想始终坚持城市外围要有相当面积的永久性绿地（城乡土地面积比例为1∶6），他用图解的形式描述了田园城市结构，对城市规模、布局结构、人口密度、城市绿化及城市群的建立等问题作了详细的规划。在城市的发展上，强调把城市与外围乡村当做一个整体来分析，对资金来源、土地分配、城市财政收支和田园城市的经营进行科学管理，使城乡协调发展。

我国学者费孝通从社会学和人类学角度出发，研究认为大力发展农村非农业和农村小城镇，形成以大城市为中心、以农村乡镇企业为主体的城乡一体化发展网络，是实现城乡协调发展的必由之路。

区域生态经济学者认为，城乡一体化并不是城乡之间无差异性，而是一种区域生态群落的合理分布，是生产生活活动空间的合理分布。城乡一体化应是这样的一种境界：城市没有制度上的堡垒，乡村没有政策上的栅栏，城乡一体化是一种区域生态经济良性平衡系统的高境界。我国规划界提出的城乡一体化注重从物质规划和具体操作的角度推进城乡一体化发展。

(二) 城乡一体化理论内涵

西方城市化发展实践证明，当城市化水平低于30%时，城市文明与农村文明处于分隔状态，城市文明是一种在“围城”里的文明，农村远离城市文明；当城市化水平在30%～50%时，城市文明逐渐开始向农村传播，城市文明传播率呈加速增长趋势；当城市化水平达到50%时，城市文明在农村的普及率将达70%；当城市化水平达到70%时，城市文明普及率将达100%，城市文明几乎全部渗透到农村，即基本实现了城乡一体化发展。

一般认为，城乡一体化发展有五个明显标志。①打破体制鸿沟：打破城乡之间在户籍制度，以及教育、医疗、社会保障等方面的体制分割和障碍。②经济产业发展的链接和融合：建立城乡产业关联和链接，农业经营和工商业经营相互依存和共同发展。③社会的趋同：打破“重城市、轻农村”、城乡二元分割的局面，城乡居民生活方式逐渐趋同，交通、通信等城市公共物品向农村延伸，农业社区的生产、生活方式与城市相近；交通、通信的改善，地域性群体的重组，也使传统的农村封闭式结构不复存在。④空间的融合：由于城市建成区面积不断扩大和向郊区延伸，路网等交通基础设施逐渐完善，城乡之间在地域空间上逐渐拉近，同时农村社区居民随着城镇化发展向区域中心聚集。⑤生态系统链接统一：生态、环境学者从生态环境的角度，认为城乡一体化是对城乡生态环境的有机结合，保证自然生态过程畅通有序，促进城乡健康、协调发展。

从系统的观点来看，城市和乡村是一个整体，其间人流、物流、信息流自由合理地流动；城乡经济、社会、文化相互渗透、相互融合、高度依赖，城乡差别很小，各种时空资源得到高效利用。在这样一个系统中，城乡的地位是相同的，但城市和乡村在系统中所承担的功能将有所不同。杨荣南等（1998）认为，农业现代化、城乡经济一体化、基础设施的革新、城乡生活水平与生活质量提高、城乡生态环境美化是城乡一体化实现的条件。

城乡一体化发展在我国还有一个新的名词，即统筹城乡发展。统筹城乡发展的实质是把城市和乡村的经济和社会发展及自然环境作为整体统一规划，通盘考虑，彻底打破城乡二元结构，形成城乡互动共进、融合发展、协调有序的格局（王君，2003）。统筹城乡发展就是把城市和农村的经济和社会发展作为整体来规划和考虑，把城市和农村存在的问题统筹解决。统筹城乡发展的实质是通过城乡产业融合，不断增强城市对农村的带动作用，形成相互促进、融合发展的格局（李敏，2000）。

（三）城乡绿色网络空间建设的意义

随着建成区面积不断扩大，城镇建设用地紧张，迫切需要构建开放、流动、均匀的城乡绿地格局，将城乡之间的绿地系统打造成以有生命的绿色植物群落为基本单元、以生态修复为主要功能的节约型动态绿地系统。建设部于2002年颁布的《城市绿地系统规划编制纲要（试行）》（建城〔2002〕240号）明确指出要"构筑以中心城区为核心，覆盖整个市域，城乡一体化的绿地系统"，表明城市绿地系统规划必须跳出传统意义上的城市规划。2006年年初，建设部部长汪光焘指出："统筹城乡规划建设要坚持大中小城市和小城镇协调发展的原则，从规划上将城乡空间布局统筹考虑，节约用地，降低能源、资源消耗。"（韦薇等，2010）2003年10月召开的十六届三中全会中指出，要按照"五个统筹"的要求推进改革和发展，其中"统筹城乡发展"被列在首位。2008年1月开始实行的《城乡规划法》表明，原有的《城市规划法》已不适应我国现实的需要，我国需要打破原有的城乡分割规划模式，进入城乡统筹规划的新时代（刘泉，2008）。

事实证明，城郊绿地系统在维护城市整体生态系统、塑造城市景观、提供休闲游憩空间、保护历史遗产等方面都有重要作用，因此不仅要关注城市中心区内部的绿地，更要关注城市外围大环境地区的绿化生态建设。绿地是重要的城乡资源之一，强调城乡资源的合理分配和公平享用，要求绿地系统规划不仅要从空间和生态环境的角度强调绿地资源布局的合理性，还要保证绿地资源分配和享用的公平性（刘颂等，2009）。

城乡绿色空间强调城乡之间绿地的有机结合，强调自然山水和自然过程的连续性。在空间尺度上，绿色空间不再局限于城市或乡村的范围，将绿地的范围延伸到了城乡一体的区域范围；在组成要素上，包括城市内的各类园林绿地及乡村的森林、农田林网和果园等；在空间结构上，强调绿地之间的相互连接，形成网络化的城乡绿地系统结构，形成"绿地中的城市"。

虽然城市周围的农田区不是城市绿地分类中的一种，但却因绿色植物的生长而为城市提供了更为广阔的绿色空间，可以将其看做城市绿地的一种延伸（张浪，2009）。然而，从目前国内研究来看，在绿地概念方面，对绿地系统区域化和网络化已有所认识，提出了城乡一体化绿地、城乡一体化绿地系统等概念（刘滨谊等，2005），但仅停留在就城市论城市，就乡村论乡村的阶段（周心琴等，2005；李锋等，2004）。在绿地系统的规划方面，虽在区域化和网络化上有所实践，例如，在某些大城市周边建设了环城绿色控制带和防护林带（Li et al.，2005；Jim et al.，2003），但建设的内容仍然是以城市各类园林绿地和近郊风景名胜区的绿地为主。因此，对城乡绿色网络空间的研究需要从概念、规划和建设上打破城乡界线，增强城市与乡村绿色空间融合，实现区域化和、网络化的思想还处在起步阶段（刘滨谊等，2007；王保忠等，2006；刘滨谊等，2005；周干峙，2005）。对此，深入开展城市与乡村绿地区域化、网络化的研究就具有十分重要和必要的意义。

传统绿地建设往往将绿地与其他城乡用地并置，使绿地孤立于城市之中，结果必然是绿地不断被蚕食而日渐消亡（刘滨谊等，2010）。因此，只有构建城乡一体化的绿地规划用地模式，将绿地作为一个整体而严格独立出来并加以保护，才能避免城镇规划建设对绿地的吞噬、造成绿地破碎化，才能发挥绿地生态效益，产生直接和间接经济效益。

中国绿地生态网络研究的前沿问题发源于中国绿化特有的国情，那就是中国仍有大量空间区域有待城镇化，那些正待城镇化的乡村地带为合理超前的绿地生态网建设提供了广阔天地（刘滨谊等，2010）。城乡一体化绿地网络系统规划布局及构建，是城镇化过程中基本生态设施建设和生态园林城镇建设的主要景观格局模式，是实现城镇化可持续发展和生态园林建设的重要途径和内容。城乡一体化绿地网络系统用绿色廊道将城中心区的公园、街头绿地等破碎的点状斑块与城郊苗圃、农地、河流、滨水绿带和山地等自然保护地连接成一体化的网络，构成一个点面结合的自然、多样、高效、有一定自我维持能力的绿地空间生态系统。而绿廊交织构成的网络具有更重要的生态意义，它为实现城市景观性质的再次转换，彻底地改变城市环境，实现“花园城市”、“生态城市”的目标提供了可能（童道琴，2004）。

第二节　生态学理论

一、城市生态学理论

（一）城市生态学思想的起源和发展

城市生态学理论正式形成于20世纪20年代，但城市生态学的思想渊源却很长，主要源于19世纪后半叶的生态城市建设理念。20世纪20年代以后，生态城市建设理念通过芝加哥学派的发展，形成了城市生态学理论，并发展为一门学科。

1. 生态城市建设思想渊源

生态城市建设理念主要经历了四个发展阶段：一是萌芽阶段，即19世纪后半叶的公园运动及公园体系阶段；二是初期发展阶段，即20世纪初到20世纪50年代的城市绿地系统规划阶段；三是20世纪60～70年代的引入生态思想的城市绿地系统规划阶段；四是20世纪80年代以后的生态化运动阶段。

19世纪末，英国社会活动家霍华德（Edward Howard）提出追求城市与自然平衡的“田园城市”理论，他主张建设一种兼有城市和乡村优点的理想城市——“田园城市”（黄光宇等，2002；黄肇义等，2001）。1892年，雷蒙·恩温（Rymond Unwen）提出“卫星城镇”理论，建议用一圈绿化带将现有的城市围住，使其不再向外发展，而把过于集中的人口分散到卫星城中去，卫星城与母城之间一般以农田或绿化带相间隔。1918年，芬兰建筑师沙里宁（Eero Saarinen）提出“有机疏散”理论，主张把城市的人口和工作岗位合理地分散到远离城市中心的地方，腾出大面积的地方开辟绿地。

1984年，苏联生态学家亚尼科斯基（O. Yanitsky）认为，“生态城市是一种理想城市模式，其中技术与自然充分融合，人的创造力和生产力得到最大限度的保护，物质、能量、信息高速利用，生态良性循环”（宋平，2000）。美国生态学家瑞吉斯特认为，“生态城市追求人类和自然的健康与活力，即生态健全的城市，是紧凑、充满活力、节能并与自然和谐共存的聚居地”（Register，1987）。

1987年，瑞吉斯特在论著中提出了创建生态城市的原理（鲁敏等，2002；理查德·瑞吉斯特，2002；黄肇义等，2001；Roseland，1997）。1993年，瑞吉斯特又提出12条生态城市设计原则（理查德·瑞吉斯特，2002）。1996年，瑞吉斯特领导的城市生态组织提出了更加完整的建立生态城市十原则（鲁敏等，2002；黄肇义等，2001）。

2. 城市生态学创立和发展

1916年，美国芝加哥学派创始人帕克发表著名论文《城市：关于城市环境中人类行为研究的几点意见》，他将生物群落学的原理和观点用于研究城市社会，取得了可喜的成果，奠定了城市生态学的理论基础（鲁敏等，2002）。1945年，芝加哥人类生态学派创建了城市生态学。帕克将城市生态学定义为研究城市人类活动与周围环境之间关系的一门科学。

20世纪的60年代末到70年代初，城市生态学得到大规模发展，联合国教科文组织的“人与生物圈”计划提出从生态学角度研究城市居民区，指出城市是一个以人类活动为中心的人类生态系统，开始将城市作为一个生态系统来研究，并出版了《城市生态学》（*Urban Ecology*）杂志，提出生态城市这一崭新的城市概念和发展模式（沈清基，1998）。进入 20 世纪 70 年代以后，随着世界性环境危机的加剧，城市发展进程受到了空前的挑战，生态学原理与方法在城市规划中得以广泛推广与应用。

（二）城市生态学的内涵

城市是一类复合生态系统，包括社会、经济、自然三个子系统，各子系统互为环境、相辅相成。物质流、能量流、信息流、货币流和人口流是城市的基本生态流，起到维持生态系统功能的作用。城市生态学以城市生态系统为研究对象，利用生态学的原理、方法去研究城市生态系统的结构、功能、演替动力及空间组合规律，研究自我调节与人工控制对策；目的是通过对系统结构、功能、行为的研究，最终为城市生态系统的发展、调控、管理提供决策依据。城市环境问题，本质上是各网络生态流不畅带来的资源耗竭和滞留问题。城市生态系统服务功能是城市生态系统诸多功能中为人类社会服务的部分，其服务主体包括为人类社会提供生产生活所需的气、水、土、生、矿。由城市人口与城市环境（生物要素和非生物要素）相互作用而形成的复杂网络系统，从生态学角度又可被称为城市生态系统。

城市生态学是一门以生态学的概念、理论和方法研究城市生态系统的结构、功能和行为的生态学分支学科，采用系统思维方式，并试图用整体、综合、有机、协同等观点去研究城市生态系统。城市生态学理论主要从生态学和系统学的视角重新审视人类城市，其内容包括城市生态系统的结构、生态流、演替及功能等问题。

由马世骏等学者提出的社会-经济-自然复合生态系统理论明显拓宽了城市生态系统的内涵及外延，将城市生态系统的结构与功能的分析与人类的社会及经济活动紧密相连，从而使城市生态学成为以生态学为主，以相关学科为补充，多学科相辅相成的一门典型的交叉学科。

（三）城市生态学在城镇绿地建设中的实践

从城市生态学的角度来看，城镇绿地的发展主要依赖绿地生态系统自身的稳定性，进而维护系统的稳定性，即保持绿地系统的自我恢复、自我调节的功能，从而使城市绿地成为一种人工创造的自然生物群落的再现（张华如，2007）。1988 年，我国正式开始生态城市试点。随后，全国各地在生态城、生态县、生态示范区、生态村、生态小区等层次上建立了一些很有推广价值的示范点，对生态城市理论的发展产生了较大的推动作用。

2011年9月26日，全球绿色城市高峰论坛在西安召开，发表了《全球绿色城市宣言》，该宣言认为，用绿色的发展理念规划城市未来，改善城市生态环境，提高居民幸福指数，是城市发展的必然趋势。城市生态理论运用于实践主要表现为绿色城市的建设和生态城市发展。生态城市实践表现为城市规划和居民践行绿色的生活方式。例如，我国开展的绿色奥运、绿色北京行动等，都是“绿色城市”建设的重要内涵。

二、景观生态学理论

（一）景观生态学起源

德国区域地理学家卡尔·特罗（Care Troll）在1937年撰写的《航空像片判图和生态学的土地研究》一文中，首先提出了“景观生态学”一词，并将其定义为研究某一景观中生物群落之间错综复杂的因果反馈关系的学科（Forman，1995）。从20世纪80年代开始，景观生态学把土地镶嵌体作为对象，将景观生态学确定为一门有别于系统生态学和地理学的学科。以1981年“第一届国际景观生态学大会”在荷兰的举行及1982年“国际景观生态学协会”（IALE）的成立和美国景观生态学派的崛起等事件为标志，景观生态学才真正意义上实现了全球性的研究热潮（贾宝全等，1999）。1984年，Naveh和Lieberman出版了他们的景观生态学专著——《景观生态学：理论与应用》（*Landscape Ecology：Theory and Application*），该书是世界范围内景观生态研究领域的第一本专著。1987年，国际性杂志《景观生态学》的出版，使景观生态学研究人员从此有了独立发表自己研究成果、进行学术思想交流的园地。1986年，Forman和Godron在合著的*Landscape Ecology*一书中认为，景观生态学的重要任务是探讨生态系统——如林地、草地、灌丛、走廊和村庄异质性组合的结构、功能、变化和方法。20世纪90年代以后，景观生态学研究更是进入了一个蓬勃发展的时期，许多专家和学者在自己研究的基础上对景观生态学的研究对象和基本理论进行了深入讨论。国际景观生态学会对景观生态学的最新定义是：景观生态学是对不同尺度上景观空间变化的研究，包括景观异质性的生物、地理和社会的原因与系列，它无疑是一门连接自然科学和相关人类科学的交叉学科（刘忠伟等，2001a）。

景观生态学理论传入我国以后得到快速发展。肖笃宁等认为，景观生态学以生态学理论框架为依托，吸收现代地理学和系统科学之所长，研究景观和区域尺度的资源、环境经营与管理问题，具有综合整体性和宏观区域性的特色，并以中尺度的景观结构和生态过程关系研究见长，它包括自然景观和人文景观两部分（肖笃宁等，1997；肖笃宁等，1988）。刘忠伟等（2001b）认为，景观生态学依托生态学的基本理论，吸收了现代地理学和系统科学的长处，研究由不同生态系统组成的景观结构、功能和演化及其与人类社会的相互作用，探讨景观优化利用与管理保护的原理和途径。张浪（2009）认为，景观生态学以生态学的理论框架为依托，吸收现代地理学与系统科学之所长，研究景观的结构（空间格局）、功能（生态过程）和演化（空间动态），研究景观和区域尺度上的资源、环境经营管理。

（二）景观生态学基本理论

景观是一个由不同土地单元镶嵌组成的，是具有明显视觉特征的地理实体。它处于生态系统之上、大地理区域之下的中间尺度，兼具经济价值、生态价值和美学价值（杨小波等，2000）。

景观生态学理论从根本上强调景观的主体功能和重要性，将景观认定为高于生态系统的自然系统，它的载体是一个空间异质性的区域；在空间异质性、层次性结构和空间时间尺度上突破了传统生态学的概念框架，景观生态学理论方法研究的最终目的是改善与恢复生态环境，为更好经营和管理生态环境资源、实现可持续发展提供服务（李乐修等，2000）。Forman 和 Gordon（1986）认为，斑块是指“在外观或性质上与周围环境存在差异，同时又具有一定内部均质性的空间区域，如植物群落、湖泊、草原、农田、居民区等，廊道是指景观中与相邻环境不同的线性或带状结构，基质是指斑块和廊带所在的背景区域，也是景观中分布最广、连续性最大的背景结构”。

景观生态学将景观看做一种由能量和物质流动连接起来的生态系统的镶嵌体，为研究使用规模的景观提供了关键的概念基础。景观生态学重视景观的生态整体性和空间异质性，注重运用景观生态规划、设计和管理等手段，合理处理生产与生态、资源开发与保护、经济发展与环境质量、开发速度、规模、容量、承载力等问题（徐煜，2008）。

（三）景观生态学在城镇绿地中的应用

一般认为，景观生态学强调斑块-廊道-基质理论，景观基本结构是由斑块（patch）、廊道（corridor）和基质（matrix）组成。斑块-廊道-基质理论从生态学角度对城市绿地系统规划进行全新阐述，对绿地系统的结构进行剖析；斑块的大小、数目、形状及位置都会对物种的生存和保护产生较大的影响；斑块面积越大，能支持的物种数量就越多，物种的多样性和生产力水平也随绿地面积的增加而增加。李成等（2009）认为，景观生态学为城市绿地系统的规划提供了理论基础，并可以帮助评价和预测可能带来的生态学结果。鲁敏等（2010）认为，景观生态学的发展为城市绿地系统规划和建设提供了新的理论依据和空间模式，它把水平功能流，特别是生态流与景观空间格局之间的关系作为研究对象，强调水平过程与景观格局之间的相互关系，把斑块-廊道-基质作为分析任何一种景观的空间模式。季淮（2009）认为，景观生态学在城市绿地规划和建设中的应用主要体现在三个方面：一是从具体分析来看，它明晰了城市与自然、资源、环境等几个要素之间的相互作用机制；二是从总体角度将城市视为一个自然-经济-社会复合生态系统，对城市发展和调控进行全面把握；三是参与生态学目前最关心的领域研究。

王乐（2009）认为，根据景观生态学的斑块-廊道-基质理论，可将城市绿地系统中的公园、花园、广场等点状空间看成城市基质上的斑块，而各种道路绿化用地、防护林带等，则可以看做城市基质上的廊道。这样在绿地规划和建设时，才能统筹规划，合理地分布不同等级的绿地斑块，并利用绿地系统廊道将斑块加以连通，形成一个有机整体，以发挥最大生态效益。

唐东芹等（1999）认为，绿化改造形成绿廊后能很好地改善城市环境，这在景观生态学中可以看做对绿廊特有的分割、屏障过滤和连通性能的反映；而绿廊交织构成的绿地生态网络具有更重要的意义，它为城市景观绿地性质的再次转换和彻底地改变城市环境，建设“花园城市”、“生态城市”提供了可能。

构建城市景观生态系统能够在经济快速发展的同时，保护好城市周围天然的山体及河流，使它们和市区组成统一的生态系统，把绿色的山和蓝色的水渗透到城市之中的框架，使城市处在绿色生态圈的保护之中，促进城市生态系统的物质循环和能量流动（俞夏榛，2008）。

建立和维持绿地斑块之间的连接，构建科学、合理、稳定的城市综合绿地生态网络体系及其规划布局，不仅成为城市基本生态设施建设和城乡一体化的生态园林建设的主要景观格局模式，而且具有生态、美学、经济、社会等多方面的功能，对生物多样性的保护起着重要作用（孔繁花等，2008；张庆费，2002）。

在城市范围内，公共绿地、居住区绿地、生产防护绿地、道路绿地等都是以缀块的形式存在的，河流、道路绿地等可以起到廊道的作用，而整个城市就是这个景观单元的基质。从景观生态学的角度来看，在设置生态绿地的位置时要从景观整体格局出发，注意在关键性的局部和连接点即景观生态战略点开辟绿地斑块，保证整个城市绿地景观的生态效应（任海等，2000）。

费中方等（2006）通过案例研究证明，道路绿化带及河流绿化带属于人类塑造的一种特殊的绿廊，成为城市中人流、物流、能流的运输通道；绿化改造形成绿廊后能很好地改善城市环境，这在景观生态学中可视做绿廊特有的分割、屏障过滤、连通性能的反映。在对城市绿地系统作分析与评价时，选取的指标都与景观有着紧密的联系。例如，多样性指数反映景观元素或生态系统在结构、功能及随时间变化方面的多样性；优势度指数反映计算要素在景观中所占的权重；均匀度指数描述不同景观类型在区域内的分配均匀程度，它与优势度呈负相关；连接度指数描述景观中景观类型的团聚程度；破碎度指数是景观重要的属性特征（季淮，2009）。

第三节　经济学理论

一、公共物品理论

（一）公共物品理论思想的起源和发展

早在1793年，哲学家休谟就给公共物品下了一个直观的定义，他认为公共物品是不会对任何人产生突出的利益，但对整个社会来讲则是必不可少的。19世纪末，意大利和奥地利学者就将边际效用价值理论运用到公共财政学研究中，并论证了政府和财政在市场经济运行中具有的合理性、互补性，以此形成了公共产品理论。1919年产生的林达尔均衡理论被认为是公共产品理论最早的成果之一，林达尔认为公共产品价格并非取决于某些政治选择机制和强制性税收，恰恰相反，每个人都面临着根据自己意愿确定的价格，并均可按照这种价格购买公共产品总量。

现代经济对公共物品理论的研究始于萨缪尔森，他认为公共物品是指每个人对某种产品的消费不会导致其他人对该产品消费的减少（Samuelson，1954）。萨缪尔森在1954年和1955年分别发表《公共支出的纯粹理论》和《公共支出理论的图式探讨》，提出并部分解决了公共产品理论涉及的一些核心问题，他在《公共支出的纯粹理论》一文中为公共产品下了定义，即“每一个人对这种产品的消费并不减少任何他人对这种产品的消费”，该定义成为经济学中关于纯粹的公共产品的经典定义（萨缪尔森等，1992）。在此基础上，经Musgrave等（1959）的进一步研究和完善，逐步形成了公共物品的两大特性，即消费的非竞争性与非排他性。

布坎南在1965年的《俱乐部经济理论》中首次讨论了非纯公共产品，公共产品的概念得以拓宽。他认为只要是通过集体或社会团体决定的，为了某种原因通过集体组织来提供的繁荣物品或服务，便是公共产品。1969年，萨谬尔森对林达尔均衡理论进行了批评，他指出："因为每个人都有将其真正边际支付愿望予以支付的共同契机，所以林达尔均衡理论产生的公共产品供给均衡水平将会远低于最优水平。"1973年，桑得莫（A. Sandom）发表的《公共产品与消费技术》着重从消费技术的角度研究了混合产品。20世纪70年代以后，公共产品理论的发展主要集中在通过设计机制来保证决策者最高效率地提供公共产品。

斯蒂格利茨（1997）在其著作《经济学》中指出，"公共物品"是这样一种物品，在增加一个人对它的分享时，并不导致成本的增长，而排除任何个人对它的分享都要花费巨大成本。世界银行（1997）在《1997年世界发展报告》中给公共物品下了更明确的定义：公共物品的概念是指非竞争性的和非排他性的货物。目前，被广泛接受的公共物品的概念是萨缪尔森的观点，他认为所谓的公共产品就是成员在分配集体享用的消费品时，社会全体成员可以同时享用该产品，而每个人对该产品的消费都不会减少其他社会成员对该产品的消费，公共物品是那些具有公共性的事物。

因此，从经济物品分类来看，公共物品具有广义和狭义之分。广义的公共物品就包括纯公共物品和准公共物品，是指那些具有非排他性或非竞争性的物品。狭义的公共物品是指纯公共物品，即那些既具有非排他性又具有非竞争性的物品。现实中大量的物品是介于纯公共物品和纯私人物品之间的，经济学上一般统称为准公共物品（Reiter et al.，1999）。

（二）公共物品特征与供给

公共物品一般带有公益性、非盈利性、效用不可分性、非竞争性、非排他性和正外部性的特征。根据普遍意义上对公共物品的理解，可以总结出公共物品具有的三个基本特性：非竞争性、非排他性、不可分割性（彭蕾蕾，2011）。

所谓公共物品的非竞争性，是指某人对公共物品的消费并不会影响别人同时消费该产品及其从中获得的效用，即在给定的生产水平下，为另一个消费者提供这一物品所带来的边际成本为零。公共物品的非竞争性是由利益的不可分割性决定的，这就使得一名消费者的边际成本为零，因此只要排除任何一个能从其中享受边际利益的人，都会违背帕累托最优原则。

公共物品的非排他性包含三层含义：一是任何人都不可能不让别人消费它，即使有些人有心独占对它的消费，但在技术上是不可能的，或者虽然在技术上是可能的，但成本也很高；二是任何一个人都不得不消费它，即使有些人可能不情愿，但却无法对这种消费加以拒绝；三是任何人都可以恰好消费相同的数量。

公共物品的不可分割性，是指对于一种物品的消费，分割或分开消费并收费是不可能的，或者成本太高。因而私人供给者就不会有提供这种物品的积极性，也无人愿意去竞争供给。

从目前的研究来看，公共物品的供给方式主要有政府供给、私人供给、自愿供给和联合供给。布坎南等（2000）认为，由于市场存在失灵问题，公共物品和有益物品应由政府提供，而政府供给的主要手段是税收融资（Michael et al.，2001）。公共物品私人供给的实质是所有参与交易的人通过某种集体决策规则，就为其共享和共同消费的物品数量达成一致（沈满洪等，2009）。Auster（1977）认为，完全垄断者一般不可能生产出最优水平的公共物品，并且在长期均衡中，公共物品的竞争性生产方式恰恰能够实现此类物品的最优供给。

（三）公共物品分类及配置问题

1. 公共物品的分类

公共物品具体包括三类：一是具有非排他性和非竞争性的事物，即纯公共物品；二是具有非竞争性但有排他性的事物，即俱乐部物品；三是具有非排他性但有竞争性的事物，即公共池塘资源（表 2-1）。布坎南于 1965 年提出了俱乐部物品的概念，他认为俱乐部物品是指相互的或集体的消费所有权的安排。我国学者陈振明（2003）将公共物品按照三种方法来划分：第一种是将其分为纯公共物品和准公共物品，那些凡是能严格满足消费上的非排他性等特征的物品就是纯公共物品；第二种是将公共物品分为有形公共物品和无形公共物品，有形公共物品是指看得见、摸得着的公共物品，而无形公共物品主要是政府所提供的一些看不见的服务；第三种是将其全国性的公共物品和地方性的公共物品。曹现强和王佃利（2005）把公共物品划分为四类：纯公共物品、俱乐部物品、拥挤性公共物品和混合物品。

表 2-1 公共物品的分类

公共产品的特点		排他性	
		有	无
竞争性	有	私人物品	公共池塘资源
	无	俱乐部物品	纯公共物品

公共物品可分为纯公共物品和非纯公共物品。纯公共物品完全满足非排他性和非竞争两个特性，由于不存在价格信号，纯公共物品无法通过市场机制进

行资源配置；然而准公共物品并不严格满足这两个特性，如有些非纯公共物品具有部分非排他性或排他的成本很高，而且在达到某一消费数量后就具有竞争性。

2. 公共物品的资源配置问题

一是公共物品的外部性。外部性有正负之分，正外部性是指某种经济行为给外部造成积极影响，使他人减少成本，增加收益；而负外部性的作用正好相反（仇保兴，2005）。当一个人从事一种影响旁观者福利，而对这种影响既不付出代价又得不到报酬的活动时，就产生了外部性；如果对旁观者的影响是不利的就称为负外部性，如果这种影响是有利的，就称为正外部性（曼昆，2009）。

二是“搭便车”问题。“搭便车”问题首先由奥尔森提出，他认为“搭便车”是指参与者不需要支付任何成本而可以享受到与支付者完全等价的物品效用。“搭便车”包含两种情形：一是个人在享受到组织提供的某种权利后，丝毫未履行个人对组织的义务；二是在此时此处享受到组织提供的权利后，并没有在此时此处履行个人的义务，而是在其他时间或地点才履行义务。

三是公地悲剧问题。哈丁（Hardin，1968）最早提出公地悲剧问题，他认为这是一个悲剧，即“每个人都被锁定进一个系统，这个系统迫使他在一个有限的世界上无节制地增加他自己的牲畜，在一个信奉公地自由使用的社会里，每个人追求他自己的最佳利益，毁灭是所有的人趋之若骛的目的地”。公地悲剧常被形式化为囚徒困境的博弈。在囚徒困境的博弈中，每一个参与者都有自己的一个占优策略，但参与博弈双方的占优策略构成了博弈的均衡格局，然而最终博弈均衡结果并不一定是帕累托最优。相反，个人理性的博弈选择却导致了集体行动的悖论。因此，奥斯特罗姆认为，公地悲剧、囚徒困境和合成谬误是在公共事物治理中面临的三大难题，而且这三大问题都是“搭便车”问题。他认为，如果所有人都参与“搭便车”，那就没有了集体利益；如果其中一些人提供集体物品，而另一些人选择“搭便车”，那么就会导致集体物品的供给达不到最优水平。

（四）城镇绿地的公共物品属性

相关专家研究认为，环境物品也是主要的公共物品。环境物品作为公共物品，同样也具有两个基本特征：第一，消费的非排他性是指自己消费不能阻止任何其他人免费消费该环境物品，例如，即使某人自己出资治理了城市的大气污染，他也不可能阻止其他居民免费“搭车”。第二，消费的非竞争性是指某人对某环境物品的消费完全不会减少或干扰他人对此物品的消费，如大气环境，某人呼吸新鲜空气不会影响他人对新鲜空气的吸收（周自强，2005）。绿地是以绿色植被为特征、人与自然和谐相处的人工自然环境，是居民进行室外游憩、交往和交通集散的城市空间系统，具有突出的生态、景观、经济、社会效益，因此也是不可多得的环境公共物品。董小林等（2012）认为绿化工程是实体性的环境公共物品。

周小和（2003）认为，绿色植物对城市环境具有吸碳放氧、净化空气、调节气候等多种直接的环境效益，这种环境效益具有非排他性和非竞争性的特点。绿地还具有间接的社会效益，即绿地能够维持城镇空间的优美、洁净、舒适的工作生活环境，满足人们的精神需求与日益增长的文化生活需求，在一定范围内也具有非排他性和非竞争性的特点。

城镇绿地的经济学属性是介于纯粹的公共物品与私人物品之间的这样一类典型的准公共物品，一般情况下它具有消费的非竞争性，例如，一些公共开放性的公园在非节庆时人流不多，但是一旦入园人数多了就造成拥挤，从而对公园绿地消费形成一定的竞争性。作为免费的城市公园，由于不收取门票，具有受益的非排他性，每个人对绿地的消费不会导致其他人的消费而减少，社会成员即使不承担绿地的供应成本，也能“自动”享受到由此带来的积极效应或它所提供的产品和服务。从非竞争性来看，不拥挤的城镇绿地具有非竞争性，而拥挤的绿地具有一定的竞争性；从非排他性来看，收取门票的城镇绿地是排他的，而不收取门票的是不排他的。因此，城镇绿地具有不完全的非排他性和非竞争性（李黎，2003）。

城镇绿地作为公共物品的外部性特征主要表现为正外部性，绿地的生态功能效益既为其所有者享用，亦为其他人所享用，其他人享用这部分效益时无须支付费用。例如，土地开发商、事业单位、企业、团体和个人等在承担绿地供给成本后，对生态环境改善所带来的利益并不能独享，而广大市民则无需通过市场交换就能获得生态环境改善、景观美化等效益。大型公园及绿地的建成改善了局部生态环境，为附近居民提供了清新的空气、舒适的绿视效果，而受益的居民不需要付出任何代价，这就是绿地的正外部性。城镇绿地的外部效应众多，国内外有专家提出了“绿化经济链”新理论，认为以绿地为主体的生态环境的改善，必将同时改善该区域的经济发展环境，使经济充满活力；通过有效的经营和管理，可以将环境优势转变为经济优势，带动周边商业、地产、旅游、会展等行业发展，提升整个城市或区域的软环境实力和形象，更好地吸引外资，实现周边有形和无形的资产增值。寇怀云等（2006）的研究表明，绿地的建设会使周边房地产迅速升值，这是公共绿地外部正效应最明显的体现。公共产品具有非排他性和非竞争性两个基本特征，必然导致所谓的“搭便车”问题，因此在实际中某些人虽然参与了公共绿地的消费，却不愿意支付其产生的费用。

二、生态系统服务价值理论

（一）生态系统服务价值理论思想来源

美国学者 Marsh（1864）在其著作《人与自然》中对“资源无限”这个长期以来的错误认识提出了质疑与批评，他认为空气、水、土壤和各种动植物都是大自然赐予我们的宝贵财富，生态系统对人类的生存与生活具有重要的服务功能。直至 1949 年，Leopold（1949）才开始深入地思考生态系统的服务功能，认识到人类自己不可能替代生态系统服务功能。20 世纪 30 年代，英国学者 Tansley 提出生态系统的概念，他认为“生物与环境形成一个自然系统，正是这种系统构成了地球表面上具有大小和类型的基本单元，这就是生态系统”（欧阳志云等，2000）。1970 年，联合国大会发表的《人类对全球环境的影响报告》中首次提出生态系统服务功能的概念，同时列举了生态系统对人类的环境服务功能（Holder，1974）。

20 世纪 70 年代以后，生态系统服务功能得到了全面的科学表达及系统化的定量研究。国际科学联合会环境问题科学委员会（SCOPE）于 1991 年组织会议，主要讨论了如何定量研究生物多样性，促进了生态系统服务价值研究方法的发展，并使这一领域逐渐成为生态学研究的新热点（Tilman et al.，1997；Sehulze et al.，1993）。

20 世纪 90 年代，Daily 和 Costanza 著作的出版和发表，将生态系统服务价值这一领域的研究推向了一个新的高潮。1997 年，美国生态学会组织 Daily 负责的研究小组，编著了《生态系统服务功能》一书，系统阐述了生态系统服务功能研究的内容与评价方法，同时还对不同地区森林、湿地、草地、海岸等近 20 个实例的生态系统服务价值开展评价。Costanza 等（1997）13 人在 *Nature* 杂志上发表了 *The value of the world's ecosystem services and naturalcapital* 一文，指出生态系统的公益价值和产生这种公益价值的自然资本的积累对支持和维持地球生命系统功能具有至关重要的作用，它们直接和间接地为人类提供福利，因此是全球经济总价值的重要组成部分。

20 世纪 90 年代，生态系统服务价值研究取得了突破性进展。Daily（1997）在其著作 *Nature's Service：Societal Dependence on Natural Ecosystem* 中，首次提出生态系统服务功能是指自然生态系统及其物种通过提供如海产品、牧草、木材、生物燃料、自然纤维、药材、工业产品及其原料等产品来维持和满足人类生存和生活的能力。Costanza 等（1997）指出，生态系统服务功能就是指生态系统对人类的功效，他们还将全球生态系统服务划分为大气调节、气候调节、干扰调节、水调节、水供给、侵蚀控制和沉积物保持、促进土壤发育、保持营养循环、废物处理、受粉、生物控制、庇护所、食物生产、原材料、基因资源、休闲娱乐功能、文化功能等 17 类主要服务功能。联合国千年生态系统评估小组（Millennium Ecosystem Assessment，2005）认为，生态系统服务功能是指人们从生态系统获取的效益。

在我国，欧阳志云等（1999）学者对生态系统服务功能作了基本界定，认为它是指生态系统与生态过程所形成的，用以维持人类生存的自然环境条件与效用。

从目前绿地生态效益研究方法来说，主要是通过植被生态功能的再生产费用及植被带来的效益等途径进行评估，中国采用的主要方法有费用支出法、机会成本法、影子价格法、旅行费用法、模拟市场法、效益替代法及能值分析法等。

（二）生态系统服务价值内涵

谢高地等（2008）指出，生态系统服务已经成为一种稀缺资源。生态系统服务免费使用的年代可能即将结束（Tallis，2005）。因此，我们必须承认一个事实，那就是所有的资源都有枯竭的可能。生态系统服务价值是一种特殊的产品，如果对生态系统的使用或破坏大于大自然的产出能力或修复功能，人类就会面临资源枯竭的危险，因此生态资源的有偿使用将成为必然。

生态系统不仅为人类生活提供了基本的食品、医药和其他生产原料，同时还提供了一系列的相关服务，包括保存生物进化所需要的物种与遗传资源、固定二氧化碳、合成有机质、调节区域气候、循环水及营养物质、形成与保护土壤、净化污染物、创造物种赖以生存与繁育的条件，以及创造和维护生物多样性所形成的自然景观及其具有的教育、文化、美学、科学价值等。因此，生态系统的这些功能虽不以直接的生产与消费价值表现出来，但它可以为生物资源直接价值的产生与形成创造环境。

在世界上，几乎已经找不到纯粹的自然生态系统，都或多或少地打上了人类活动的烙印。生态系统服务研究的对象是生态系统与人类之间的关系，因此生态系统服务的研究不能仅仅局限在自然生态系统范围内，因为社会经济系统生产和消费的产品价值，不仅来自生态系统提供的资源，还来自生产劳动。生态系统服务功能是有价值的。

关于生态系统服务价值的分类问题，不同学者有不同的看法。联合国千年生态系统评估小组（Millennium Ecosystem Assessmnt，2003）根据与人类财富的关系将生态系统服务分为供给服务、调节服务、文化服务和支持服务四大类共 25 个子类。孙刚等（1999）将生态系统服务功能价值分为四类：①直接使用价值；②间接使用价值；③选择价值；④存在价值。李金昌（1999）在环境价值分类中，将环境价值（TEV）分为使用价值（UV）和非使用价值（NUV）。使用价值又分为直接使用价值（DUV）和间接使用价值（IUV）；非使用价值又分为存在价值（EV）、遗赠价值（BV）和选择价值（OV）。欧阳志云等（2000）将生态系统服务价值总结为四个方面：直接利用价值、间接利用价值、选择价值和存在价值。

（三）城镇绿地系统的生态服务价值

美国耗资 15 亿美元，建造了“生物圈 2 号”来模拟地球的生态系统，经过四年的试验，最后被迫宣告失败。其主要原因是内部湿度失调，氧气、二氧化碳严重失衡，饮用水和适当的食物也未能实现自给，这再次证明，脱离了自然生态系统，人类是无法生存的。生态环境作为一种资源，其价值往往表现为生态环境对人们生态需要的满足，特别是随着经济的发展和人们生活水平的提高，城镇绿地的生态环境价值也会不断得到提高。

城镇绿地系统作为城镇建设过程中一类重要设施，目前已经被公认具有生态效益、经济效益、社会效益和景观效益。城镇绿地生态系统的社会效益主要是指它可以给居民带来愉悦、舒适的享受，有益于人们身心健康，同时为娱乐、教育、美学发展提供便利。城镇绿地的经济效益主要包括直接经济效益和间接经济效益两部分。直接经济效益是指城镇绿地中的花卉、苗木及林副产品带来的有形资产；间接经济效益是指依托绿地或由于绿地建设改善环境而给房地产、旅游、文化体育等产业发展带来的收益，它可以在国民经济中体现出来。一般来说，从目前研究来看，城镇绿地系统的生态效益主要是指它在净化空气、涵养水源、防风固沙、保持水土及为小动物提供栖息地等方面的效益。

随着生态经济学、环境经济学的发展，以及对生态系统服务价值研究的深入，借助经济学的分析工具，在生态学与经济学之间架起一座桥梁，用货币度量绿地生态系统产生的社会效益、经济效益和生态效益。以这种建立在生态功能基础上的货币估量方法作为城镇绿地生态价值衡量的标准，能够说明绿地系统的功能具有十分重要的意义。我国部分学者直接根据绿地系统生态功能的产出量，如吸收二氧化碳并释放氧气的数量、涵养水源的数量、营养循环的数量等，来估算绿地的生态经济价值。田刚等（2004）按照 Costanza 划分的 17 种生态系统服务类型，并在此基础上作了适当的调整，对北京地区的人工树林、人工草地、人工景观和人工湿地分别进行了价值估算，结果显示：北京地区的人工草地和人工景观水面的边际净效益皆为负值，因此不应大力提倡建设；北京地区种草不如植树，兴造人工景观水面不如建设人工湿地。陈波等（2009）运用生态经济学方法，对杭州市西湖风景区绿地系统维持碳氧平衡、净化空气、涵养水源、土壤保持、降低气温等生态服务功能进行价值评估，得出杭州市西湖绿地生态服务功能总价值约为6145亿元/年。张侃等（2006）运用CITYgreen模型，以1994～2004年杭州市数据为基础，对人工绿地、人工林地与天然林地的生态服务价值进行估算，结果表明，10年间，杭州市绿地生态服务价值年度增长率为111.92%。

第四节　总　　结

城镇绿地资源作为一种环境资源，既具有自然资源的特质，又是一种高度人工化的产物。特别是随着城镇化和工业化进程的不断加快，城镇生态环境问题日益突出，绿地在改善城市人居环境方面发挥着越来越重要的作用。研究这种特殊的资源，需要的理论基础和研究视角比较宽泛，它既是生态学的研究范畴，同时也是发展学和经济学应该深入研究的课题。为了进一步探讨城镇绿地价值的内涵，我们结合可持续发展理论、城乡一体化理论、城市生态学理论、景观生态学理论、公共物品理论和生态系统服务价值理论，对城镇绿地不同功能开展分析研究。这些研究证明了城镇绿地具有多方面的属性特征，但本质性在于生态功能。城镇绿地是一个复合性的系统，因此强调多方面的协调性，可以运用这些理论开展研究，并用综合评价来指导城镇绿地规划和管理实践的开展。

一、城镇绿地具有多方面的属性特征，本质在于生态功能

城镇绿地系统是一个多元的复合系统，因此必然具有生态、经济与社会全方位的服务功能。城镇绿地系统是由绿地生态系统和绿地经济社会系统相互作用、相互影响、相互交织形成的具有一定结构和功能的复合系统。在土地开发利用过程中，人们按照对绿色空间的特殊需求，对城镇绿地进行规划、建设。在这个过程中可以充分利用自然资源网络系统，使绿色植物的初级产品沿着食物链的各个营养级被多层次利用，将生态系统的物质流、能量流、信息流与经

济系统的商品流、价值流、经济信息流相互链接，从而实现生态、经济、社会因子互相协调的良性循环，获得最高的生态效益、经济效益和社会效益。因此，城镇绿地系统在物质循环、能量转换、价值交换和信息传递的过程中融合为一个有机整体。在城镇绿地系统中，绿地经济社会系统必然融合在绿地生态系统中，绿地生态系统是前者的基础。城镇绿地系统具有调节气候、改良土壤、保持水土、防风固沙、涵养水源、美化环境、净化空气、防止噪音等多种生态服务功能。城镇是一个人口高度密集、环境高度敏感和生态极为脆弱的空间，城镇绿地的生态功能是其存在和发展的本质属性，只有通过合理地发挥城镇绿地的生态功能，才能使居民在有限的生活空间中拥有一个清洁优美的生活环境和生态环境。

二、城镇绿地是具有复合性系统特征，强调多方面的协调稳定性

绿地系统是：由大面积的郊区田园、林地、果园、居民点或建筑群形成的景观斑块，并用公路、乡镇街道、铁路沿线绿化等形成的绿色廊道及城市周边沿河道、山体、高压走廊等绿化带相连接形成的绿地生态网络。其具有系统稳定性、结构整体性、功能协调性和区域差异性等特征，是一个多元的复合系统，各子系统不是孤立的，而是相互联系的。因此，在进行决策时，必须研究绿地各个系统及子系统之间的关系和规律，研究绿地各个子系统之间的内在联系，这样才能使绿地系统的整体的生态、经济社会功能发挥到最佳状态。依据系统论的观点，系统的结构决定系统的功能（靖学青，1997）。城镇绿地系统结构的稳定性是相对而言的。一是其系统内部生态系统的结构越复杂，食物链越多，则系统越稳定；二是对绿地系统的管理和经营结构越完善，其运行机制越健全，那么城镇绿地系统才能实现稳定的良性循环。城镇绿地作为城镇重要的基础设施和景观美化载体，需要在遵从其自身生长规律的前提下，采用人工的手段对其实施一定的调控，满足人类对城镇绿地系统的景观美化需要，将自然选择和与人工培育措施结合起来，使其能够更加合理地布局空间结构和生态结构，同时给予一定经济和社会手段，用一定政策和法治手段加以管理和刺激。由于受到不同自然地理差异的影响及不同光、热、水、气等自然地理条件的影响，不同区域发育形成的绿地也具有较大差异性。因此，在对城镇绿地的开发、规划、建设、管理过程中，必须因地制宜。

三、开展理论创新和提升，以综合评价引导城镇绿地规划管理

城镇绿地的价值和功能已被相关理论和实证研究所证明。城镇绿地的属性特征决定了它的理论要求的全面性，随着城镇化发展和对城镇生存环境的改善，绿地被赋予了更多的功能，原有的理论不能完全解释新的现象，如一些创意和文化现象。因此，需要开展理论创新和提升，综合运用城市规划学、园林学、林学、生态学、地理学、经济学、管理科学等多学科的专业理论，指导城镇绿地建设实践，将相关实践方法和研究成果运用于城镇绿地生态系统的研究，推动这一复杂的、人类赖以生存的生态系统的演进与发展。研究绿地各项功能、耦合机制、形成机理和相关联系，可以更好地解释和分析各项功能。评价和考核标准是指导城镇绿地规划、建设和管理的重要导向。一个科学的绿地系统评价体系，是人们从事健康、合理、有效的绿地规划、建设、管护行为的意识导向和关键。而目前城镇地表和环境日益复杂，城镇人居生活质量日益提高，人们对园林绿化生态功能、景观美化和经济社会综合效益提升更为迫切，对多角度思考和构建绿地综合评价体系提出更高的要求。并且，需要借助现代技术手段，开展城乡绿地一体化研究，提高城镇绿地生物多样性和分布均匀度，促进绿地美化景观，增强绿地系统整体生态功能。

参考文献

保罗·A. 萨缪尔森，威廉·D. 诺德豪斯 . 1992. 经济学 . 萧琛译 . 北京：中国发展出版社.

曹现强，王佃利 . 2005. 公共管理学概论 . 北京：中国人民大学出版社.

陈波，卢山 . 2009. 杭州西湖风景区绿地生态服务功能价值评估 . 浙江大学学报（农业与生命科学版），35（6）：686-690.

陈振明 . 2003. 公共管理学 . 北京：中国人民大学出版社.

董小林，马瑾，王静，等 . 2012. 基于自然与社会属性的环境公共物品分类. 长安大学学报（社会科学版），14（2）：64-66.

方海兰，陈新 . 2002. 以标准化规范化为契机，提高园林绿化的质量水平 . 中国园林，（2）：65-67.

费中方，赵文龙 . 2006. 景观生态学原理在城市园林建设中的应用——以兰州部分城市绿地为例 . 甘肃林业科技，31（4）：56-60.

黄光宇，陈勇 . 2002. 生态城市理论与规划设计方法 . 北京：科学出版社 .

黄肇义，杨东援．2001. 国内外生态城市理论研究综述．城市规划，25（1）：59-66.
季淮．2009. 景观视角下的城市生态研究动向分析．安徽农学通报，15（19）：208，209.
贾宝全，杨洁泉．1999. 景观生态学的起源与发展．干旱区研究，16（3）：12-17.
靖学青．1997. 区域国土资源评价的系统分析方法．自然资源学报，12（4）：370-376.
卡逊．1979. 寂静的春天．吕瑞兰，李长生译．北京：科学出版社．
孔繁花，尹海伟．2008. 济南城市绿地生态网络构建．生态学报，28（4）：1711-1719.
寇怀云，朱黎青. 2006. 城市绿地外部经济效应的基础研究．中国园林，(11)：77-79.
李成，周振东．2009. 基于景观生态学的济南市城市绿地规划建设分析研究．山东林业科技，(3)：96-98.
李锋，王如松．2004. 城市绿色空间生态服务功能研究进展．应用生态学报，15（3）：527-531.
李金昌．1999. 要重视森林资源价值的计量和应用．林业资源管理，(5)：43-46.
李乐修，岳力．2000. 非污染生态影响评价中景观生态学的理论探讨．辽宁城乡环境科技，(5)：37，45.
李黎．2003. 谁为公园付费？——从公共物品理论看公园的供给和收费．当代财经，(11)：37-40.
李敏．2000. 城市绿地系统规划与人居环境规划．北京：中国建筑工业出版社．
理查德·瑞吉斯特．2002. 生态城市——建设与自然平衡的人居环境．王如松，胡聃译．北京：社会科学文献出版社．
刘滨谊，王鹏．2010. 绿地生态网络规划的发展历程与中国研究前沿．中国园林，(3)：1-5.
刘滨谊，温全平．2007. 城乡一体化绿地系统规划的若干思考．国际城市规划，22（1）：84-89.
刘滨谊，张国忠．2005. 近十年中国城市绿地系统研究进展．中国园林，(6)：25-28.
刘家麒．2007. 用足用好规划绿地 实现节地型园林绿化建设．北京园林，(23)：9-10.
刘泉．2008-01-02. 我国首次立法把村庄纳入规划——改变城乡二元结构规划格局　进入城乡统筹规划管理时代．人民日报海外版，05.
刘颂，姜允芳．2009. 城乡统筹视角下再论城市绿地分类．上海交通大学学报（农业科学版），27（3）：272-278.
刘忠伟，王仰麟．2001a. 生态旅游及其景观生态学透视．人文地理，16（3）：11-15.
刘忠伟，王仰麟，陈忠晓．2001b. 景观生态学与生态旅游规划管理．地理研究，20（2）：206-212.
鲁敏，杨东兴，刘佳，等．2010. 济南绿地生态网络体系的规划布局与构建．中国生态农业学报，18（3）：601-605.
鲁敏，张月华，胡彦成，等．2002. 城市生态学与城市生态环境研究进展．沈阳农业大学学报，33（1）：76-81.
曼昆．2009. 经济学原理（第五版）．梁小民译．北京：北京大学出版社．
欧阳志云，王如松．2000. 生态系统服务功能、生态价值与可持续发展．世界科技研究与发展，22（5）：45-50.

欧阳志云，王效科，苗鸿．1999. 中国陆地生态系统服务功能及其生态经济价值的初步研究．生态学报，19（5）：607-612.
彭蕾蕾．2011. 公共物品的内涵和外延综述．中国市场，（2）：22-23.
千年生态系统评估小组．2005. 生态系统与人类福祉：生物多样性综合报告．北京：中国环境科学出版社．
仇保兴. 2005. 中国城市化进程中的城市规划变革．上海：同济大学出版社.
任海，邬建国，彭少麟，等．2000. 生态系统管理的概念及其要素．应用生态学报，11（3）：455-458.
沈满洪，谢慧明．2009. 公共物品问题及其解决思路——公共物品理论文献综述．浙江大学学报（人文社会科学版），（10）：45-56.
沈清基．1998. 城市生态与城市环境．上海：同济大学出版社．
世界银行．1997. 1997 年世界发展报告．蔡秋生等译．北京：中国人民大学出版社．
斯蒂格利茨．1997. 经济学．北京：中国人民大学出版社．
宋平．2000. 生态城市：21 世纪城市发展目标——以南京市为例．地域研究与开发，19（3）：26-30.
孙刚．1999. 生态系统服务及其保护策略．应用生态学报，10（3）：365-368.
唐东芹，傅德亮．1999. 景观生态学与城市园林绿化关系的探讨．中国园林，15（3）：40-43.
田刚，蔡博峰．2004. 北京地区人工景观生态服务价值估算．环境科学，25（5）：5-9.
童道琴．2004. 城市园林绿地系统的景观生态学分析．中国林业，（13）：34.
王保忠，王彩霞，李明阳．2006. 21 世纪城市绿地研究新动向．中国园林，5：50-52.
王君．2003-11-11. 为全面建设小康社会提供体制保障——中国社会科学院学习贯彻十六届三中全会精神座谈会综述．人民日报，12.
王乐．2009. 景观生态学与城市绿地建设．山西建筑，35（29）：336-338.
韦薇，赵兵．2010. 关于城乡一体化绿地系统规划问题．广东园林，（5）：20-22.
邬建国．2000. 生态景观学——格局、过程、尺度与等级．北京：高等教育出版社．
肖笃宁，李秀珍．1997. 当代景观生态学的进展和展望．地理科学，17（4）：356-363.
肖笃宁，苏文贵，贺红士．1988. 景观生态学的发展和应用．生态学杂志，7（6）：43-48.
谢高地，甄霖，鲁春霞，等．2008. 一个基于专家知识的生态系统服务价值化方法．自然资源学报，23（5）：912-919.
徐煜．2008. 景观生态学理论及其在自然保护区建设中的应用．林业勘查设计，（4）：27-29.
杨荣南，张雪莲．1998. 城乡一体化若干问题初探．热带地理，（1）：12-17.
杨小波，吴庆书．2000. 城市生态学．北京：科学技术出版社．
俞夏榛．2008. 城市生态学的基本理论、实践与应用展望．现代城市，3（1）：36-40.
詹姆斯・M. 布坎南，理查德・A. 马斯格雷夫．2000. 公共财政与公共选择：两种截然对立的国家观．类承曜译．北京：中国财政经济出版社．
张华如．2007. 城市绿地可持续发展的思路与对策研究．合肥工业大学学报（自然科学版），30（12）：1695-1697.
张侃，张建英，陈英旭，等．2006. 基于土地利用变化的杭州市绿地生态服务价值 CITYgreen

模型评价．应用生态学报，17（10）：1918-1922.
张浪．2009. 特大型城市绿地系统布局结构及其构建研究．北京：中国建筑工业出版社．
张庆费．2002. 城市绿色网络及其构建框架．城市规划汇刊，(1)：75-78．
周干峙．2005. 统筹城市和区域整合城市和乡村．城市规划，9（2）：18，19.
周小和．2003. 城市公共绿地建设的经济学分析．上海经济研究，(9)：67-72.
周心琴，陈丽，张小林．2005. 近年我国乡村景观研究进展．地理与地理信息科学，21（2）：77-81.
周自强. 2005. 公共物品概念的延伸及其政策含义．经济学动态，(9)：25-28.
Auster P D. 1977. Private markets in public Goods. Quarterly Journal of Economics，91（3）：419-430.
Costanza R，Arge R，Groot R，. et al. 1997. The value of the world' s ecosystem services and natural capital. Nature，253-260，386.
Daily G C. 1997. Nature's Service：Societal Dependence on Natural Ecosystems. Washington：Island Press.
Forman R T T，Gordon M. 1986. Landscape Ecology. New York：John willy& Sons.
Forman R T T. 1995. Land Mosaics：The Ecology of Landscape and region. London：Cambridge University Press.
Hardin G. 1968. The tragedy of the commons. Science，162：1243-1248.
Holder J P，Ehrlieh P R. 1974. Human population and global environment. American Scientist，62：282-297.
Jim C Y，Chen S. 2003. Comprehensive green space planning based on landscape ecology principles in compact Nanjing city，China. Landscape and Urban Planning，65：95-116.
Leopold A. 1949. A Sandy County Almanac & Sketches from Here and There. New York：Cambridge University Press.
Li F，Wang R S，Paulussen J，et al. 2005. Comprehensive concept planning of urban greening based on ecological principles：A case study in Beijing，China. Landscape and Urban Planning，72：325-336.
Marsh G P. 1864. Man and Nature. New York：Charles Scribner.
Michael M S，Hatzipanayotou P. 2001. Welfare effects of migration in societies with indirect taxes，income transfers and public good provision. Journal of Development Economics，64（1）：1-24.
Millennium Ecosystems Assessment. 2003. Ecosystems and Human Well-being：A framework for assessment. Washington：Island Press.
Musgrave R A. 1959. Theory of Public Finance. New York：Mc Graw Hill.
Register R. 1987. Ecocity Berkeley：Building Cities for a Healthy Future. USA：North Atlantic Books.
Reiter M，Alfons J W. 1999. Public goods，club goods，and the measurement of crowding. Journal of Urban Economics，46（1）：69-79.

Roseland M. 1997. Dimensions of the Future：An Ecocity Overview Eco-city Dimensions. New York：New Society Publishers.

Samuelson P. 1954. The pure theory of public expenditures. The Review of Economics and Statistics，36：387-389.

Sehulze E D，Mooney H. 1993. Biodiversity and ecosystem function. Berlin：Springer-Verian.

Tallis H，Kareiva P. 2005. Ecosystem services. Current Biology，15（18）：746-748.

Tilman D，Knops J. 1997. The influence of functional diversity and composition on ecosystem processes. Science，277（5330）：1300-1302.

第三章 我国城镇绿地综合评价研究进展

第一节 基本概念和研究方法

一、基本概念

（一）城镇绿地与城市绿地

1. 定义及解释

“绿地”在《辞海》中释义为“配合环境创造自然条件，适合种植乔木、灌木和草本植物而形成一定范围的绿化地面或区域”，或指“凡是生长植物的土地，不论是自然植被或人工栽培的，包括农林牧生产用地及园林用地”。绿地是指由绿色植物覆盖的地方，在某种意义上是植被科学中植被的通俗名称（宋永昌，2001）。

城镇绿地是在城镇规划建设区域内用以栽植树木花草和布置设施，基本上由绿色植物所覆盖并赋予一定的功能和用途的场地。具体对应的人均公共绿地、人均绿地、绿地率、建成区绿化覆盖率等指标，针对的范围为集中城市化中心城和郊区城镇两部分组成，郊区城镇包括新城、中心镇和一般镇。李小兰等（2011）认为，城镇绿地既包括纳入城镇建设用地指标的绿化用地，也包括非建设用地的自然林地、田园、草场、果园等其他用地。《村镇规划标准》将小城镇的绿地分为公共绿地、专用绿地、居住街坊绿地、街道绿地、生产防护绿地、风景游览绿地六部分（王雨村等，2007）。

在国外很少直接提“城市绿地”，而是将城市绿地作为城市开放空间的重要组成部分，将城市绿地看做城市中保持着自然景观的地域。因此，国外开放的空间包括城市绿地。美国将开放空间定义如下：城市内一些保持着自然景观的地域，或者是自然景观得到恢复的地域，通常是一些游憩地、保护地、风景区，这些开放的空间具有教育和娱乐价值、自然资源保护价值、历史文化价值与风景价值（Heckscher，1984）。英国伦敦规划咨询委员会（London Planning Advisory Committee，1992）将公共开放空间定义如下：所有确定的及不受限制的公共道路并能用开放空间等级制度加以分类而不论其所有权如何的公共公园、共有地、杂草丛生的荒地及林地。

城市绿地的解释有狭义和广义之分。杨赉丽（1995）认为，狭义的城市绿地也就是有关专家提出的城市园林绿地（城市中所有的园林植物种植地块和园林种植，占大部分用地），广义的城市绿地包括园林绿地和农林生产绿地。而其他相关学者认为，广义的城市绿地是指城市规划区范围内的各种绿地，包括城市的公共绿地、单位附属绿地、居住区绿地、生产绿地、防护绿地及风景林地六类；狭义的城市绿地指面积较小、设施较少或没有设施的绿化地段，不包括屋顶绿化、垂直绿化、阳台绿化和室内绿化，还有那些郊区以物质生产为主的林地、耕地、牧草地、果园和竹园，以及在城市规划中不列入绿地的水域。

2. 城镇绿地与城市绿地的区别与联系

绿化是衡量城市文明程度、城市综合服务功能水平的重要标志，是现代城市进步的象征。绿化系统是城市中唯一有生命的基础设施，是城市社会、经济持续发展的重要基础。国内外的实践和经验表明，使城市贴近自然，融入自然，日益成为未来城市绿化发展的主旋律。在国外一般不称“城市绿地”或“城镇绿地”，绿地是敞开空间的概念，或是绿色空间，因为开敞空间的规划都是以绿地为主体展开的。

随着我国城镇化的快速发展，人口、资源、环境之间的矛盾日益紧迫，城镇化建设导致土地资源浪费。在城镇建设经济成本居高不下的情况下，建设用地迅速膨胀，生态景观绿地急剧减少。当前城市建设中未能将绿地向郊区延伸，构建开放、流动、均匀的城镇绿地格局，实现城乡一体化发展，防止城镇建设像“铺摊饼”似的无限制地蔓延而造成城镇规划建设的外围隔离绿地减少。与城市绿地概念相比，城镇绿地所包含的绿地范围更广，除了城镇用地规划的六类绿地以外，还包括暂时闲置土地上的植被，建筑物上依附的植物，近郊农田、山坡及一些试验田等上的植被。这些自然状态或半人工状态下的绿地更有利于实现防风固沙、涵养水源、净化空气、调节气候、为动物提供栖息地等生态系统功能。根据现行的《城市绿地分类标准》（CJJ/T85—2002）中其他绿地即G5

类分类标准，对城市生态环境质量、居民休闲生活、城市景观和生物多样性保护有直接影响的绿地，包括水源保护区、风景名胜区、森林公园、郊野公园、自然保护区、城市绿化隔离带、风景林地、野生动植物园、湿地，还有垃圾填埋场恢复绿地等。它所包含的范围非常广，是改善人居环境功能质量，确保绿地系统景观、生态、防护等作用的重要保障。而城镇集聚区域、市域及县域等区域范围内的绿地组成不仅指以上绿地部分，还包括大面积农业园区和水域，如山林、原野、观光农场、江河、湖沼等。

将“城镇绿地”和“城市绿地”两个关键词输入中国学术期刊网络出版总库，搜索1979～2012年有关文章发表情况。从结果来看，总共有4169篇文章题目当中包含“城市绿地”关键词，而只有138篇文章题目中包含“城镇绿地”关键词。说明在学术研究上，人们习惯于用“城市绿地”这一称谓，而在一些政府文件、行业标准中，既有使用“城市绿地”称谓的，也有使用“城镇绿地”的。但是在最近几年中央部门和地方政府颁布的文件和统计标准中，“城镇绿地”称谓使用频率逐渐增多。例如，2012年北京市两会的园林绿化报告中使用了“城镇绿化面积”这一称谓，《2010年中国国土绿化状况公报》显示：“到2009年年底，全国城镇人均公园绿地面积为10.66平方米。”2010年通过并颁布的《陕西省城镇绿化条例》、2012年审议通过的《辽宁省城镇绿化条例》、2009年颁布试行的《四川省园林城镇评选办法》、2011年通过实施的《昆明市城镇绿化条例》、2010年颁布的《大兴安岭地区城镇园林绿化管理办法》、2010年实施的《海口市城镇园林绿化条例》、国家质量监督检验检疫总局和国家标准化管理委员会颁布的《城镇绿地养护规范》等法规、文件中都使用了“城镇绿地”这一称谓。尤其是在上海、杭州、深圳、天津、北京等城镇化水平较高的地区，基本实现“城镇绿地”统一称谓。“城镇绿地”这一称谓更能体现绿地系统对整个城市在生态维护、环境改善方面的重要功能。多项研究表明，城市市区绿地90%以上都是人工培育的。受到城市特殊地理条件的限制，人工绿地并未能发挥完全的生态效益，人工绿地生态功能比郊区自然或半人工状态下的绿地能发挥的生态功能更少，因此称城市绿地，只是对绿地景观效益的重视，而对绿地生态功能重视程度不够。

本书认为，城镇绿地的外延更广，城镇绿地从分类、面积、空间布局等方面来看都应该包括城市绿地。因此，本书使用“城镇绿地”这一称谓，更加体现绿地的实际功能和范围广度，不仅局限于通常统计的六类绿地。城镇绿地的称谓打破了城乡二元化分隔中只有中心城区园林才称为绿地的局限，将城市中心区绿地与城郊区、城乡结合部的城关镇、郊区镇和一般镇等节点绿地生态系统结合起来，将屋顶绿化、闲置土地绿地、果园、水沟岸堤绿地等都包括进来，注重从实际功能发挥角度来诠释绿地，迎合构建和发展城乡一体化的生态空间系统的趋势。

（二）绿地生态系统

生态系统（ecosystem）最早是由 Tansley 提出的，他认为生态系统既包括生物有机体，又包括无机环境（欧阳志云等，2007）。Odum（1969）认为，生态系统是由生命有机体和无机物相互作用并开展物质循环的一个自然区域。1971 年他又提出，所有生物个体与其生存自然环境相互作用，并伴随能量流动而形成的能量结构、生物多样性和物质循环，被称为生态系统。

绿地生态系统是指绿地植被及生物在一定的自然环境下的生存和发展状态，以及它们之间和与环境之间的关系。城镇绿地生态系统具有生态性、系统性、多样性和地带性特征，它以发挥生态功能为目标，通过构建完善的绿地类型和布局，增强绿地生态系统功能，体现生物和植物群落多样性、种类丰富性；同时，城镇绿地系统也具有较强的地域特性，在品种选择、栽植时因地制宜。张浪（2009）认为，绿地系统是构筑与支撑城市生态环境的自然基础，是唯一有生命的城市社会、经济持续发展的重要基础。李丹（2003）认为，城市绿地系统是由一定质与量的各类绿地相互联系、相互作用而形成的绿色有机整体，也就是城市中不同类型、性质和规模的各种绿地共同组合构建而成的一个稳定持久的绿色环境体系。

（三）城镇绿地综合评价的相关指标

1. 人均公园绿地面积

人均公园绿地面积由城市建成区园林绿地中的公园绿地面积除以相应范围城镇人口得到。人均公园绿地面积是“国家园林城市”、“国家生态城市”评价指标体系中的核心指标之一，长期以来在我国城镇建设过程中都是考核的重要项目。因此，这项指标长期以来受到城市管理相关部门、科研机构及高校从事相关领域研究的专家的重视。

2. 建成区绿化覆盖率

建成区绿化覆盖率是城市建成区的绿化覆盖面积占建成区面积的比率，而绿化覆盖面积是指城市中乔木、灌木、草坪等所有植被的垂直投影面积，它是衡量一个城市绿化水平的主要指标，乔木树冠下重叠的灌木和草本植物不能重复计算（黄晓鸾等，1998）。

在《国务院关于加强城市绿化建设的通知》及相关城市园林绿化、生态环境的评价中，均将建成区绿化覆盖率作为重要评价指标。现行行业标准《城市绿地分类标准》（CJJ/T 85—2002）中 3.0.6 要求“城市绿化覆盖率应作为绿地建设的考核指标”。

3. 绿化率

绿化率是指规划建设用地范围内的绿地面积与规划建设用地面积之比。规划建设用地面积是指项目用地红线范围内的土地面积，一般包括建设区内的道路面积、绿地面积、建筑物（构筑物）所占面积、运动场地面积等。

4. 绿地率

绿地率是指城市各类绿地（含公共绿地、居住区绿地、单位附属绿地、防护绿地、生产绿地、风景林地六类）总面积占城市面积的比率。其中，公共绿地包括居住区公园、小游园、组团绿地及其他的一些块状、带状化公共绿地。绿地率与建成区绿化覆盖率都是衡量居住区绿化状况的经济技术指标，但绿地率不等同于建成区绿化覆盖率，绿地率是规划指标，是居住区用地范围内各类绿地面积总和与居住区用地面积之比，而建成区绿化覆盖率是绿化垂直投影面积之和与占地面积之比，两者的具体技术指标不相同。在《国务院关于加强城市绿化建设的通知》（国发 2001〔20〕号）及相关城市园林绿化、生态环境的评价中，绿地率均作为重要评价指标。

5. 乡土树种比例

在城市园林绿化中常出现乡土植物、乡土树种、本地植物、原生植物等多种称谓，由于缺乏统一的规范，各地理解不一。乡土植物是指经过长期的自然选择及物种演替后，对某一特定地区具有高度生态适应性的自然植物区系成分的总称。乡土树种强调本地木本植物应为本地原生木本植物，或虽非本地原生木本植物但长期适应本地自然气候条件并融入本地自然生态系统的木本植物。为避免与可能造成生物入侵的物种混淆，应该强调本地木本植物不对本地区原生生物物种和生态环境产生威胁。因此，近年来在城镇绿地建设中，专家和公众对乡土树种的重视程度进一步增强。

6. 绿地分布均匀度指数

绿地分布均匀度指数可以用来反映城市不同区域居民享用绿地所带来的服务功能的公平性。可以用被评价区域中不同评价单元人均公共绿地面积的变异系数的倒数来反映整个评价区域绿地分布的均匀度。

7. 绿地景观连通性指数

连通性是指景观对生态流的便利或阻碍程度（Taylor，et al.，1993），是衡量景观格局与功能的一个重要指标。维持良好的连通性是维持景观功能，保护生物多样性，维持生态系统稳定性和整体性，进一步优化绿地景观格局，增强绿地生态网络化结构，促进绿地景观的完整性建设的关键因素之一（Philippe et al.，1997）。

8. 乔灌草结合度

城市园林绿地中应提倡植物种类和配置层次的丰富，这是体现绿地生态价值和构建节约型园林的重要内容，乔灌草结合度这一指标可表征城镇绿地中乔木、灌木、草本植物配置合理程度，反映城镇绿地布局和结构合理性程度。对建成区绿化覆盖面积中乔灌草所占比重的评价旨在控制园林绿地中单纯草坪的种植比例，提高单位面积绿地的生态功能。通过实地调查估算绿化中乔灌草结合绿地面积占城市绿地总面积的比重，或者通过问卷调查居民对绿地乔灌草合理配置的满意程度可得到相关数据。

二、绿地的分类

1961 年版的高等学校教材《城乡规划》中将城市绿地分为公共绿地、专用绿地、风景游览、小区和街坊绿地、休疗养绿地五大类。1973 年，国家基本建设委员会将城市绿地分为公共绿地、庭院绿地、行道树绿地、郊区绿地、防护林带五大类。1981 年，由同济大学主编试用的教材《城市园林绿地规划》将城市绿地分为公共绿地、附属绿地、居住绿地、风景绿地、交通绿地、生产防护绿地六大类。进入 20 世纪 90 年代，随着城市化快速发展和城市绿地建设日益完善，我国原有的绿地分类方法已经不能很好地反映城市绿化建设，因此建设部等主管部门相继颁布了多个行政法规和标准，相关专家对城市绿地分类也开展了进一步分析和研究。1991 年，在国家标准《城市用地分类与建设用地标准》（GBJ137-90）中将绿地分为两类（被称为“二类法”），即公共绿地、生产防护绿地。1992 年，国务院颁布了新中国成立以来我国第一部园林行业的行政法规——《城市绿化条例》，该条例将城市绿地分为公共绿地、居住区绿地、防护林绿地、生产绿地、风景林地、干道绿化六类。1993 年，建设部颁布的《城市绿化规划建设指标的规定》（建城〔1993〕784 号）又将单位附属绿地作为城市绿地主要类型之一，城市绿地增加为七类。

吴人韦（1999）提出城市绿地的“九类法”，即公园绿地、产业绿地、防护绿地、居住绿地、道路绿地、附属绿地、城周景观生态保护地、城周经济林地和城周防护林地。李敏（2000）提出城市绿地的“五类法”，即农业绿地、林业绿地、游憩绿地、环保绿地、水域绿地。马锦义（2002）将城市绿地分为园林绿地和农林生产绿地两大类，其中园林绿地分为公园绿地、防护绿地、风景名胜与自然保护区绿地、庭院绿地和交通绿地，农林生产绿地分为农地和林地两种。2002 年 9 月 1 日，建设部审查确定《城市绿地分类标准》（CJJ/T85—2002）为行业标准正式实施，标准采用分级代码法将绿地分为大类、中类、小类三个层次，共 5 大类 13 中类 11 小类，其中 5 大类绿地为公园绿地、生产绿地、防护绿地、附属绿地和其他绿地。目前，我国城市绿地分类主要延续了这一分类标准。

刘颂等（2009）针对《城市绿地分类标准》执行以来遇到的问题，提出将城乡绿地分为公园绿地、附属绿地、风景游憩绿地、生态保护绿地、经济生产绿地和生态恢复绿地 6 大类 28 中类 30 小类的调整方案。

三、城镇绿地综合评价的常用方法

（一）层次分析法

层次分析法（analytic hierarchy process，AHP）是美国匹兹堡大学教授 Saaty 于 20 世纪 70 年代提出的，它是基于定性分析与定量分析相结合的多准则决策方法，被广泛应用于社会、经济、管理等领域。层次分析法是将一个复杂的多目标决策问题作为一个系统，将目标分解为多个子目标或准则，进而分解为多指标（或准则、约束）的若干层次，通过定性指标模糊量化方法算出层次单排序（权数）和总排序，以作为目标（多指标）、多方案优化决策的系统方法。层次分析法可以将决策问题将总目标、各层子目标、评价准则和具体的备投方案按照顺序分解为不同的层次结构，接着用求解判断矩阵特征向量的办法，求得各层次的各元素对上一层次某元素的优先权重，最后再用加权求和的方法递阶归并各备择方案对总目标的最终权重，此最终权重最大者即为最优方案。层次分析法的基本步骤如下：首先，建立层次结构模型；其次，构造成对比较阵；再次，计算权向量并作一致性检验；最后，计算组合权向量并作组合一致性检验。层次分析法把人们的主观判断用数量方式表达和处理，实现了定性分析和定量分析的结合，因而提高了系统评价的有效性、可靠性和可行性（黄鹤羽，1996）。

层次分析法的特点是在对复杂问题的本质、影响因素及内在关系等进行深入分析后，通过构建一个层次结构模型，利用较少的定量信息把决策的思维过程数学化，从而为开展多目标、多准则或无结构特性的复杂决策问题求解提供一种简便的决策方法（杜栋等，2005）。这种分析法适合在对决策结果难于直接而准确计量和分析时提供重要帮助。层次分析法的优点主要是将定性与定量方法相结合，且具有高度的逻辑性、系统性和实用性（危向峰，2006）。

（二）主成分分析法

主成分分析法（principal component analysis，PCA）是多元统计分析的一个分支，它是目前应用最为广泛的一种多指标综合评价方法。霍特林于1933年首先提出主成分分析法，这是多元统计分析中降维技术之一。在原始信息损失很少的情况下，通过数据的特征信息进行提取，把转化生成的综合指标值称之为主成分，其中每个主成分可以表示成原始信息的线性组合，各个主成分之间彼此独立且不相关。具体来说，主成分分析法就是设法将原来的指标重新组合成一组没有关联的几个综合新指标来代替原来的指标，同时根据实际需要从中可取几个较少的综合指标尽可能多地反映原来的指标的信息(孙刘平，2009)。

主成分分析法除了通过将原来的指标重新组合成一组新的互相独立的几个综合性指标来代替原来的指标以外，还根据实际需要从中选取几个较少的综合指标尽可能多地反映原有指标的信息。作为用几个较少的具有代表性的综合指标代替较多的原有指标的一种统计方法，主成分分析法克服了综合评价中人为确定各指标权重系数的不足，因此它在综合评价中显示了优越性(高艳等，2011)。主成分分析法被大量应用于社会学、经济学、管理学的评价中，逐步成为独具特色的多指标评价技术。在社会经济、管理、自然科学等众多领域的多指标体系构建中，如节约型社会指标体系、生态环境可持续发展指标体系、和谐社会指标体系、投资环境指标体系等，主成分分析法常被应用于综合评价与监控（林海明，2001）。

（三）模糊综合评价法

1965年，美国控制论专家扎德教（L. A. Zadeh）创立了模糊综合评价法。模糊综合评价法是一种基于模糊数学的综合评标方法，该评价法根据模糊数学的隶属度理论把定性评价转化为定量评价，即用模糊数学对受到多种因素制约的事物或对象做出一个总体的评价，就是在模糊的环境中，考虑多种因素的影响，基于一定的目标或标准对评价对象做出综合的评价或决策（丛秋实等，2006；欧阳泉等，2004）。这种方法主要用于地理学领域，常常被用于地理区划、地理模式识别，以及资源与环境条件评价、生态评价和区域可持续发展评价等多方面，它具有结果清晰和系统性强的特点，能较好地解决模糊的、难以量化的问题，适合各种非确定性问题的解决。

模糊综合评价法应用于城镇绿地生态综合评价的计算步骤如下。

第1步：设城市绿地评价指标体系分为 m 个等级，采用城市居民打分法，对第2层某指标下的第3层的 n 个从属指标进行打分，可以得出其模糊综合评价的判断矩阵。其中，n 表示第3层指标的数目，m 表示指标体系等级的数目，R_{ij} 表示给第 i 项指标打 j 评价的比例。

第2步：设 $V=\{V_1, V_2, \cdots, V_m\}^T$ 为指标评价等级集合，h_i 为 V 的向量，则 $h_i=Wk_j \cdot Rk_j$，Wk_j 为指标 i 下属的3级指标的权重。

第3步：将 h_i 归一化为 $h_{i'}$，则2级评价向量变为 $H_2=\{h_{1'}, h_{2'}, \cdots, h_{n'}\}^T$，其中 n 为2级指标的数目。

第4步：设 $V=\{V_1, V_2, \cdots, V_m\}$ 为指标评价等级集合，U 为各项指标评价成绩。

第二节　国外研究进展

目前，国外对城市绿地效益的研究主要集中在生态功能上，除此之外还在经济、社会、游憩、审美等方面进行定性与半定量研究。20世纪后半叶，西方国家开始利用生态学理论评价城市绿地美学价值，并纳入环境影响综合评价体系（Wilson，1989）。20世纪90年代，美国利用计算机构建城市绿地生态系统模型，对城市绿地进行合理规划及对城市效益开展综合评价（van Herzele et al.，2003；Abdollahi et al.，2000）。Rowntree等（1991）用数量化方法研究了城市森林吸收二氧化碳及氧气释放，该研究表明，现代工业城市每人需140平方米绿地，才能达到城市碳氧平衡。Leopold以景观生态模型为基础，多角度定义绿地景观，指出绿地美学价值是其生态评价的基本内容（袁烽，1999）。Coles等（2000）研究了英国城市森林景观的社会价值。Tyrvainen运用享乐价格法（HPM）和条件价值法（CVM），研究了城市森林的休闲价值与服务功能（Tyrvainen，2001；Tyrvainen et al.，2000）。Godefroid等（2003）将景观生态学理论与3S技术[①]结合，研究了绿地景观格局、生物多样性植物群落功能、绿色廊道、景观动态演变、自然保护等内容。Marina等（2000）研究了城市绿地结构与城市可持续发展的关系。

① 3S技术是遥感技术（remote sensing，Rs）、地理信息系统（geographica linformation system，GIs）和全球定位系统（global Positioning System，GPS）的统称。

城市绿地除了具有重要的生态服务功能外，还具有重要的经济效益。美国研究表明，城市森林的环保价值与其木材和林副产品的价值比约为 3∶1，绿化间接社会经济效益是直接经济效益的 18～20 倍（刘立民等，2000）。Brack（2002）将堪培拉城市中 400 000 多棵树木资料输入管理系统进行动态管理，通过模型预测，2008～2012 年由于城市绿化减少污染和增加碳储存带来的经济效益可达到 2000 万～6700 万美元。城市绿地对房价的影响受到了众多研究者的关注。Morancho（2003）通过享乐价格法研究了城市绿地不同环境变量对房产价格的影响。美国曾研究树木对居住地产评估及地产价格的影响，发现具有理想树木覆盖的地产价格要高 6%～15%（王保忠等，2005）。Tyrvainen 研究了城市绿地对芬兰各城市房产价格影响（Tyrvainen et al.，2000；Tyrvainen，1997）。

第三节 国内研究进展

一、文章期刊发表

（一）文章期刊发表数量和水平

随着城镇化发展和城镇设施建设的日益完善，绿地建设也在不断发展，科研机构、业务部门和政府机关对绿地的研究也在不断增加。从图 3-1 看出，仅仅在 CNKI（中国知网）中检索“绿地”二字，涉及的文章就数以万计。1993～2011 年的 19 年中，研究“绿地”的文章一直呈上升趋势，从 60 篇上升到 1767 篇，上升了近 29 倍，后一年文章数量都会在前一年的基础上有所增加。尤其是进入 21 世纪以来，文章发表数量上升幅度更大，从 2000 年的 376 篇上升到 2011 年的 1767 篇只用了 12 年，年均增长 13.76%。在文章数量上升的同时，对绿地研究的深度和领域在不断加深和扩展。例如，从绿地数量、植被情况研究扩展到绿地结构、功能和质量研究；从绿地作为一般市政基础设施研究发展到绿地对改善城市生态环境发挥的经济社会效益、景观美化功能，以及碳汇、减灾功能等多方面的关注；研究工具和技术从地面测量和数据采集、进行的简单数理分析，发展到进入空间借助卫星遥感和飞机航拍得到的地理信息数据开展图像分析，如 3S 技术在绿地管理、规划及绿岛效应等方面的应用。

城市建设、规划部门和一般民众对绿地情况更加关注，对绿地各项功能的认识也更加完善，这便于进一步对绿地实施改造和完善，为人类服务。

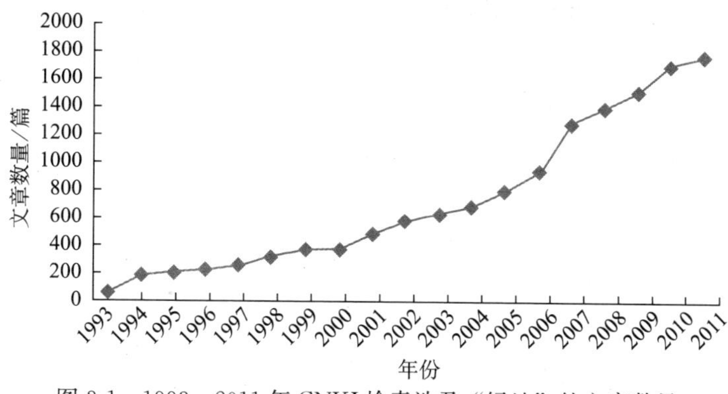

图 3-1 1993～2011 年 CNKI 检索涉及“绿地”的文章数量

（二）文章期刊中指标使用

为了详细了解我国城市绿地研究领域的相关学者对各类绿地指标的选择意向与重视程度，将绿地、生态网络、绿色空间、绿化、公园、绿量、城市森林等关键词输入中国期刊全文数据库，对 1990 年 1 月到 2010 年 5 月时间范围的主要文献进行检索。最后，从检索出的几百篇主要文献中挑选出 150 篇论文对指标使用频度进行分析。被挑选出的 150 篇文章主要分布在中国科学技术协会全国性一级学会的生态学、环境科学、林学、地理学、城市规划学等方面的期刊，大部分文章是我国城镇绿地评价方面研究水平较高的文章（表 3-1）。

表 3-1 150 篇文章所属期刊频数

期刊名称	篇数	期刊名称	篇数	期刊名称	篇数
生态学报	29	资源科学	2	植物生态学报	1
应用生态学报	25	测绘科学	2	草业科学	1
生态学杂志	20	东北林业大学学报	2	林业调查规划	1
中国园林	14	北京林业大学学报	2	中国城市林业	1
城市发展研究	5	中国环境科学	1	城市与生态	1
中国人口·资源与环境	3	世界林业研究	1	园艺园林科学	1
环境科学与管理	3	现代城市研究	1	地理研究	1
城市环境与城市生态	3	生态环境学报	1	南京林业大学学报	1
规划师	3	应用与环境生物学报	1	华中师范大学学报	1
生态科学	2	中山大学学报	1	自然资源学报	1
植物资源与环境学报	2	防灾减灾工程学报	1	中国环境科学	1
地理学报	2	中国环境监测	1	城市规划汇刊	1
干旱区研究	2	华南农业大学学报	1	林业科技	1
林业科学	2	北京大学学报	1	城市规划与建设	1
地理与地理信息科学	2	环境科学研究	1		

整理这 150 篇论文中用到的绿地指标，按数量指标、质量指标、结构指标和功能指标进行分类汇总，分别对每一指标的选择次数和选择频度进行统计，统计

结果如表 3-2 所示。从近年文献研究来看，数量指标主要有 9 项，这 9 项指标中传统的绿地覆盖率、人均公共绿地面积和绿地率 3 项指标的使用频率较多；质量指标有 11 项，其中绿量、三维绿量和景观异质性等指标的研究较多，而生物丰富度、乡土树种比例、自然度和立体绿化等指标使用频率在增加。城镇增加的绿地面积是有限的，因此要在有限的绿地面积上提高绿地的质量。目前绿地结构的研究越来越受到重视，结构指标统计了 12 项，其中多样性指数、景观破碎化指数、均匀度指数、可达性指标和优势度指数等指标的使用频率较多，其次是绿地斑块密度指数、景观连通性、公平性、景观形状指数和最大斑块指数等指标。随着生态园林、生态城市的提出，人们对绿地功能和价值关注度在提升，绿地的功能指标使用越来越多，滞尘能力，降温增湿，吸收二氧化碳、释放氧气，降低噪音，涵养水源、水土保持，吸收二氧化硫和杀菌能力等功能指标受到较多重视。

表 3-2 常用绿地指标频度分析

一级指标	二级指标	选择次数	选择频度/%
数量指标	绿地覆盖率	40	26.67
	人均公共绿地面积	27	18.00
	绿地率	21	14.00
	公共绿地面积	9	6.00
	叶面积指数	7	4.67
	公园绿地面积	6	4.00
	人均公园面积	5	3.33
	绿化空间占有率	2	1.33
	绿视率	1	0.67
质量指标	绿量	23	15.33
	三维绿量	14	9.33
	景观异质性	12	8.00
	生物丰富度	8	5.33
	乡土树种比例	6	4.00
	自然度	3	2.00
	立体绿化	3	2.00
	地被植物比例	2	1.33
	建成区屋顶绿化率	1	0.67
	物种重要值	1	0.67
	季相数	1	0.67
结构指标	多样性指数	40	26.67
	景观破碎化指数	31	20.67
	均匀度指数	25	16.67
	可达性指标	22	14.67
	优势度指数	15	10.00
	绿地斑块密度指数	11	7.33
	景观连通性	10	6.67
	公平性	6	4.00
	景观形状指数	4	2.67
	最大斑块指数	4	2.67
	景观最小距离指数	2	1.33
	平均斑块形状指数	2	1.33
功能指标	滞尘能力	21	14.00
	降温增湿	20	13.33
	吸收二氧化碳、释放氧气	18	12.00
	降低噪音	13	8.67
	涵养水源、水土保持	12	8.00
	吸收二氧化碳	11	7.33
	杀菌能力	10	6.67
	热岛效应缓解作用	8	5.33
	游憩休闲功能	7	4.67
	避震疏散绿地面积	4	2.67
	空气负离子水平	2	1.33
	社会绿化参与度	2	1.33
	景观引力场	1	0.67
	抗污能力	1	0.67

二、评价内容

（一）生态效益

绿地生态效益主要表现在改善城市环境质量，净化大气，防止工业有害气体污染，防风庇荫，美化城市，改善小气候，吸收二氧化碳、释放氧气，吸收大气中的有害气体，净化空气，减弱噪声和放射性污染，防治水土流失，保护生物的多样性等多方面，城市绿地还有吸附尘土、防风沙、涵养水源、增加城市中的水土气循环、增加降雨、遮阳、缓解城市热岛效应等作用。研究绿地生态效益对认识城市环境价值，建立城市环境价值补偿制度，促进城市环境可持续发展起着重要的作用。城市绿地生态服务功能主要表现在吸收二氧化碳、释放氧气，降温增湿，净化空气，降低噪音，调节小气候等。绿地是地球植被的组成部分和碳循环的重要贮存库，在全球碳氧平衡中有不可替代的作用。

从目前发表的文献来看，针对城镇绿地功能效益的研究主要集中在绿地的生态效益方面。城市绿地生态效益的分析最早起源于对绿地在维持碳氧平衡方面的评价，进入20世纪60年代开始，绿地综合效益分类和评价逐渐成为研究热点（陈有民，1980）。20世纪70年代末，城市绿地生态效益评价得到了进一步的发展，评价内容涉及多个方面，如改善城市气候、净化大气等。20世纪80年代，城市生态服务功能的计量研究已成为生态学、林学和经济学界研究的热点。

黄晓莺等（1998）对城市绿地维持碳氧平衡、吸收有害气体、滞尘降尘、杀菌、减弱噪音、净化污染物等生态功能进行了定量测定研究。陈自新等（1998）通过建立园林植物的计算绿量回归模型，对北京市建成区的园林植物进行普查，以绿量为基础定量系统评价北京市园林绿地在维持碳氧平衡、调节和改善城市气候、净化空气、涵养水源等方面的生态效益。管东生等（1998）对广州市城市绿地系统碳储存、分布等进行了研究，测定了绿地植物生物量、净第一性生产量、植物碳储量、净生产量中碳量及吸碳放氧能力。李锋等（2003a）以扬州市为例进行了城市绿地系统的生态服务评价、规划与预测研究，该研究应用多边形综合指标法对规划结果进行了评价与预测。唐鼎等（2004）研究了绿地在净化空气，降温保湿，庇荫节能，缓解热岛效应和温室效应、滞尘杀菌、稀释、分解、吸收和固定大气中的有毒有害物质，以及减轻城市噪音和电磁波污染、降低风速、暴雨缓排、防风固沙、净化水质等方面的作用。徐博等（2005）以绿量为主要指标，对承德市五种不同区域类型绿地的生态效益进行了测定。陈芳等（2006）以武汉钢铁（集团）公司厂区绿地为例，对城市工业区绿地的固定二氧化碳、释氧、蒸腾吸热、减少污染物、滞尘、减噪六项生态服务功能进行了计量评价。

（二）经济社会效益

绿地中的植被不但能产生直接的经济价值，如提供木材，种植经济作物、果树，还能产生如促进周边房地产价格提升等类似的间接经济效益。绿地社会效益是其对社会所作的贡献，包括改善城市结构和形象、提高生活质量等（李锋等，2003b）。

绿地的社会效益在于它作为一种人工的生态系统体现着现实的和历史的各种自然、科学及精神价值。城镇绿地系统影响着人们的生活，让人们感觉到四季不同的风姿与妙趣，感觉到环境的美丽与优雅，还能陶冶情操，提高人类生活情趣，具有娱乐休闲和教育功能，可以提高人们的环境保护意识。绿地的减灾防灾功能，在维持社会安全、保护群众生命财产安全等方面具有重要的功能。朱红霞等（2008）从环境安全、避难空间规划、道路交通系统、防灾植被、应急避难系统等几方面研究了绿地减灾防灾避难功能评价指标体系。叶明武等（2009）以上海市黄浦区公园绿地为例探讨了城市绿地公园防灾避难适宜性评价。

（三）景观美化功能

周涛（2003）从景观生态学的角度出发，应用景观生态学的基本原理和方法设立了绿地景观单元评价、市区或分区评价、市域评价三个层面的指标，形成一个层次分明、逻辑关系明确的城市绿地景观生态指标体系。

周廷刚和郭达志（2004）对宁波市绿地景观效益进行了研究，首次提出了城市绿地景观引力场这一指标，绿地景观引力场是指城市绿地系统为城市居民提供服务能力的大小和潜力，主要用来反映城市绿地的空间分布格局。丁飞等（2007）分别选四种典型的绿地结构模式，确定相应的评价指标体系，采用频率统计和主成分分析结合的方法，将武汉钢铁（集团）公司所属工业区绿地分为办公区绿地、车间防护绿地、厂区游园绿地和生活区绿地，并对绿地的美学效益进行评价。刘纯青等（2008）通过对斑块空间数据与调查因子数据等景观生态学指数的计算与分析，对宜春市中心城绿地系统规划前后的景观格局进行评价。张立均（2008）从景观美感度和景观可游度等两方面对宁波市滨河绿地景观进行评价。简兴（2009）提出 11 项具体的城市绿地景观指标，并通过层次分析法对各指标在评价体系中所占的权重进行具体分析，建立了适合城市绿地景观评价的综合评价模型。

三、评价的方法

（一）评价指标体系

1. 数量指标

20世纪80年代以来，我国一直以城市人均公共绿地面积、绿地率和绿化覆盖率三项指标来评价我国城市绿地建设。1993年11月，建设部颁布的《城市绿化规划建设指标的规定》是以城市人均公园绿地面积、城市绿化覆盖率和城市绿地率三大指标为主的评价体系。2002年，建设部颁布了《城市园林绿地分类标准》（GJJ/T85—2002），该标准将城市绿地分为公园绿地、生产绿地、防护绿地、附属绿地和其他绿地五类，并正式提出绿地的主要评价指标，即绿地率、人均绿地率、公园绿地面积和人均公园绿地面积。总体来说，我国在进行城镇绿地评价指标体系的研究过程中都会以这些数量指标为基础，进而扩展到其他能够反映绿地质量和功能的指标。

张雅彬等（2006）曾将人均公共绿地面积列入评价指标体系，作为衡量生态城市和宜居城市的综合评价指标，并对北京市生态与宜居性进行了评价。乔丽芳等（2008）选取园林绿地面积、公共绿地面积、人均绿地面积、建成区绿化覆盖面积、建成区绿化覆盖率五个数量指标，建立因子得分函数对东北三省城市园林绿地状况进行了分析。

2. 质量指标

城市绿地质量方面的指标有很多，如研究得比较多的三维绿量、生物丰富度、乡土树种比例、立体绿化、植物配置合理性及景观引力场等指标。

早在20世纪90年代，上海市采用航空遥感和计算机图像处理并辅以人工判读、编辑来进行绿化状况调查的方法进行了绿化三维量的研究工作，并据此建立了绿量数据库（孙天纵，1995）。陈自新等（1998）通过建立城市主要绿化植物叶面积的回归模型对北京市城市绿地三维绿量及其生态功能进行了一系列研究。刘立民等（2000）研究认为三维绿量是指所有生长植物的茎叶所占据的空间体积，其单位一般用立方米，是城市绿化指标体系的第一立体指标。周坚华（2001）分别于2001年和2006年基于航片机助解译和三维绿量计算方程研发建立了上海市和合肥市的三维绿量数据库。周廷刚等（2005）采用GIS技术以彩红外航空遥感图像为主要信息源，根据冠径-冠高关系及典型树种的树冠立体几何形态与绿量方程，分别对宁波市江东区和海曙区的总三维绿量和平均相对三维绿量进行了计算。刘常富等（2006）以立体量推算立体量的方法测算了沈阳市城市森林三维绿量。李妮等（2008）利用专家打分法、层次分析法及指数法模型，构建绿地系统的健康评价体系，并对克拉玛依市中心城区绿地健康状况进行了评价。徐晓红等（2008）从绿地群落水平结构、树种组成结构、群落垂直结构、树木年龄结构、植被的适宜性、景观功能、生态功能、土壤状况、绿地管理和灌溉水状况10个方面选择32个参评因子构成评价体系，对克拉玛依市35个样地绿地生态系统的健康状况进行了评价。

3. 结构指标

要使城镇绿地发挥其生态功能，在保证绿地有一定的绝对数量的基础上，还需要通过合理的空间规划与布局，优化绿地整体结构，促进单位面积绿地功能效益的最大化。目前，反映城镇绿地空间结构的指标有绿地景观连通性、廊道密度、均匀度指标、破碎化指标及可达性等。

周天翔和邵天一（2004）分析了湖北省宜昌市中心城区斑优格局、斑匀格局、廊道格局和对照格局四种景观结构及其绿地分布格局。芮建勋（2006）采用景观生态学上的斑块数量、斑块面积标准差、面积均值、周长均值、分维数等指数研究了上海市绿地景观嵌套结构的数量特征，为上海市绿地规划和建设提供了决策依据。杨瑞卿和薛建辉（2006）辅助地理信息技术，以徐州市为例，选取了绿地景观构成、景观优势度指数、景观多样性指数、景观均匀度指数、斑块数破碎化指数、最小距离指数、景观斑块密度、连通度八项指标对城市绿地景观的结构和格局进行了分析。金远（2006）认为，在传统的绿地数量指标基础上应当增加绿地的分布均匀度这一指标，利用洛伦兹曲线作为分析方法，以基尼系数作为指标来测算城市绿地分布均匀程度。熊春妮和魏虹（2008）对重庆市都市区的绿地景观连通性指标作了深入研究。

结构指标，中另一个重要的指标是可达性，它是一个量化的评价指标，通过综合多种因素对这种服务能力做出评价，为城市规划、园林规划提供借鉴。俞孔坚等（1998）提出评价城市绿地系统对市民的服务功能及绿地系统生态功能的景观可达性和连续性重要指标，并以中山市为例，探讨了如何利用GIS技术对绿地可达性进行评价。马林兵和曹小曙（2006）提出了一个基于网格划分的城市公共绿地景观可达性评价方法，并以广州市为例进行了实例研究。尹海伟等（2008）尝试将表征城市绿地空间分布的可达性和公平性指标引入城市绿地的功能评价中，并以上海市和青岛市为实证，对新构建的系列指标进行了分析与检验。马秀梅等（2009）选取绿地的密度、间距、覆盖度三项水平结构指标，乔灌草比例、林层比两项垂直结构指标，树种丰富度、多样性、均匀度和单调度四项树种组成结构指标，对呼和浩特市五个住宅区绿地空间结构进行测定。

4. 综合指标体系

早在1991年，刘滨谊就初步提出了城市绿化评价指标体系研究框架，并指出以总体控制指标和分类控制指标作为生态绿化的控制目标。之后，刘滨谊和姜允芳（2002）从生态、环境、园林和城市规划等多学科多角度，提出城市绿地系统规划评价指标体系，并把评价指标体系细分为生态功能、结构形态、经济效益、生态过程、景观、规划定量化六个Ⅰ级指标，每一个Ⅰ级指标下面又设置了多个Ⅱ级指标。夏晶等（2003）从城市复合生态系统的自然、经济、社会三个子系统出发，建立了包含三个层次的城市复合生态指标体系，其中城市绿化这一指标层包含四项指标。严晓等（2003）通过建立城市绿地生态效益评价指标体系，对城市现有绿地的结构与功能进行定量分析，揭示绿地系统的组成与分布在城市系统中的作用，所采用的主要指标包括功能类型丰富度、层次类型丰富度、物种多样性、景观绿地率、特殊空间绿色量、吸收有害气体量、降尘滞尘量等。朱俊等（2003）根据江南城市森林林网化和水网化布局特点，从结构、功能、协调性三个方面构建12项指标，以上海市为对象提出城市森林综合评价指标体系，指标框架分为结构、功能和协调性三个Ⅱ级指标，以上海市为例对城市森林综合状况进行研究，这一指标体系的建立为上海市的生态评价开创了先河。朱俊等（2003）、顾洪祥等（2005）在此基础上对上海市城市森林生态系统开展了评价研究，这为周边地区乃至在全国范围内开展城市绿地综合评价提供了借鉴。

赵华等（2006）通过对城市绿地节水灌溉效益评价指标的分析，建立了涉及技术因素、社会效益、经济效益和生态效益的综合评价指标体系。吴桂萍（2007）在《关于城市绿地生态评价不同指标的比较》中对叶面积指数、郁闭度、绿视率、复层绿色量、绿化建设指数等20多项指标的概念及计算方法进行了详细阐述，并比较了某些相似指标之间的差别。杨英书等（2007）分析了绿地率、绿化覆盖率等指标的不足，将绿量、绿视率纳入城市道路绿地规划评价指标体系，形成包含绿地率、绿化覆盖率、绿量及绿视率四项指标的城市道路绿地综合评价体系。张卫军等（2007）从生态功能、景观功能、适生性、绿地率和绿化成本五个方面，确定了绿色建筑室外绿化的定量评价体系及其指标权重系数，对上海生态办公示范楼室外绿化进行了评价。

荣冰凌等（2009）建立了一套包括绿地基本数量特征、景观格局、社会管理因素和生态功能等4项Ⅰ级指标及16项Ⅱ级指标的绿地综合评价指标体系，并依次对北京市城市绿色空间现状进行了综合评价，得出北京市绿色空间综合评价指标值为0.67，处于第二级下游。朱红霞（2010）从绿化定量化、结构评价、景观评价、功能评价、资源节约评价五个方面建立节约型城市绿地综合评价指标体系。陈永生（2011）建立了一套城市公园绿地空间的适宜性评价，包括基本数量特征、景观格局、管控及服务因素3项Ⅱ级指标和12项Ⅲ级指标，并对合肥市公园绿地现状进行了综合评价。

(二) 评价模型和方法的使用

1. 单项指标模型

CITY Green模型和可达性评价模型是目前国内外应用最为广泛的城市绿地评价单项指标模型，具有重要的实际应用价值，因此本书将其作为重点加以介绍。

1）CITY Green模型

城市绿地数学模型研究的代表性成果是Abdollahi提出的CITY Green模型（Rowntree et al.，1991）。CITY Green模型主要用于城市绿地的规划管理和生态效益分析。CITY Green模型是由CITY Green软件作为支撑的，该软件是基于Ersi公司的GIS软件ArcView3.X开发的功能扩展模块。CITY Green软件可以利用多光谱、高分率影像，通过数字化过程准确勾画出整个研究区域的图像，建立区域的土地覆盖类型数据库。该软件由两个功能模块（图3-2）构成：模型数据库和空间分析模块。模型数据库包括空间数据和属性数据；空间分析模块即生态效益分析模块，该模块通过对空间数据和属性数据进行分析运算，得出植被的各项生态效益，并能进行城市绿地的生长模拟，对城市绿地的生态效益指标进行动态预测与评估。

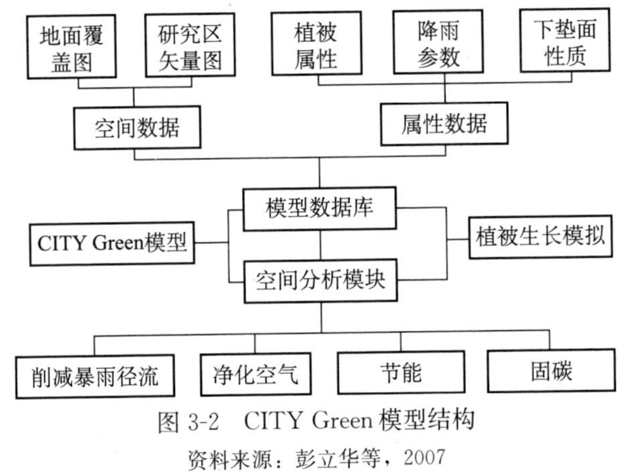

图3-2 CITY Green模型结构

资料来源：彭立华等，2007

目前，CITY Green 模型在国际上尤其是在美国等发达国家得到了广泛的应用。这一模型在我国也有着广泛的应用，例如，胡志斌等（2003）利用 CITY Green 模型对沈阳市城市绿地进行了结构分析，并计算了沈阳市城市绿地固碳及净化环境的生态价值。张侃等（2006）进行了基于土地利用变化的杭州市绿地生态服务价值 CITY Green 模型评价研究。该模型在我国其他地区的绿地研究中也有所应用，如上海市、哈尔滨市、南京市等，但这些研究大都应用于城镇绿地基本研究与分析中，在绿地生态系统方面的研究还比较少，因此该模型还有较大的发展空间。

2）可达性评价模型

可达性是对居民通过克服距离、旅行时间和费力等阻力到达一个服务设施或活动场所的愿望和能力的定量表达，是对城市服务设施空间布局合理性衡量的一个重要标准（van Herzele et al.，2003）。可达性指标的计算方法有很多，简便和最常使用的一种方法是最小邻近距离法，尹海伟等（2008）利用这一评价方法，以上海市和青岛市为例，对这一指标进行了分析和检验。

李博等（2008）对绿地可达性常用的评价方法作了系统阐述。从目前来看，对公园绿地可达性的研究主要分为定性和定量研究两种方法，定性研究主要是描述性研究，很难得到定量的指标。定量研究又分为统计分析法和 GIS 分析法，其中统计分析法对可达性的影响因素考虑全面，计算复杂并且缺乏量纲，参数和变量众多。GIS 分析法根据建模原理不同可以分为缓冲区模型、费用阻力模型和引力势能模型三类，然而这三种模型各有各的优缺点，很难对可达性进行全面透彻的分析，同时模型较复杂，较难解释和直观判读。在用这些模型时，通常要考虑现实因素来判断选择。

2. 综合评价模型

评价模型中最为常用的是综合指数法，因为该评价模型可充分体现景观生态评价的综合性、整体性和层次性，所以经常受到研究者的重视。例如，蒙吉军等（2005）利用 GS/GIS 技术对三峡库区景观生态进行综合评价研究，该研究就是用的综合指数法。李新等（2010）建立多因子层次覆盖评价模型，对复合因子及多因子综合作用下北京市规划区内的公共绿地服务功能进行综合评价。

刘学全等（2003）采用模糊数学方法，以宜昌市为例，对不同绿地类型大气环境质量进行综合评价。张硕等（2005）以模糊数学为评价模型，构建了绿色生态住宅小区绿化系统环境评价体系，对四川省首例绿色生态住宅小区——成都市“河滨印象”进行了评价。菅文娜等（2006）应用模糊数学的方法建立数学评价模型，建立评价城市街道园林景观方法，对陕西省关中城市街道园林绿化景观进行评价。朱桂才等（2006）应用模糊数学法对荆州市街道绿化树种的生长状况与观赏特性进行了评价。

3. 聚类分析法

聚类分析也称群分析、点群分析，是研究分类的一种多元统计方法。聚类分析法是一种理想的多变量统计技术，根据已知的数据，计算各观察个体或变量之间亲疏关系的统计量。主要有分层聚类法和迭代聚类法。

乔丽芳等（2008）选取5个反映居住区绿地质量的因子和1个反映量的因子，应用层次分析法（AHP）确定因子的取值，用聚类分析法对函数的准确性进行验证，并对新乡市30个居住区的绿地质量进行了分类。李海防等（2009）运用聚类分析法，从树种丰富度、季相变化、树种配置三个美学功能要素入手，对武钢工业区绿地景观美学功能适宜度进行评价。

4. 层次分析方法

马晓龙等（2003）运用层次分析法，构建了城市绿地系统效益评价模型（AHP模型），以AHP模型对西安市绿地建设的影响为例，介绍了该模型的作用。姚泽等（2007）采用层次分析法的原理与方法，以武威市为例对105种园林绿化树种的适应性进行了评价和综合分析，指出综合评价体系准则层权重值的大小是选择园林树种着重考虑的影响因子。肖晓笛等（2008）通过层次分析法结合生态学原理探讨城市绿色空间的结构、功能，建立了佛山市绿地系统评价指标权重体系，并对其现状做出评价分析。孙明等（2010）采用层次分析法构建北京市公园绿地植物景观评价模型，并利用模型对北京市五个公园的植物景观进行评价。朱秀芹等（2011）采用层次分析法建立城市绿地系统综合评价体系，利用该体系对济南城市绿地系统现状进行实际评判验证。

（三）评价技术工具借助

况平（1995）在1995年就首次使用GIS技术进行园林绿地系统规划的适宜度评价。在借助GIS工具的基础上，发达国家开发专用软件对城市绿地系统的生态效益开展评价，美国林业署在1996年研发出CITY green软件对环境可持续发展开展定量评价和分析。肖荣波等（2004）论述了3S技术在城市绿地覆盖清查、绿地三维量估测、绿地生态质量监测、绿地景观格局及其动态分析、适宜度评价和城市绿地景观生态规划等绿地生态状况方面的研究。范艳芳（2005）运用特有的区域框架和图层相结合的方式组织数据并作数据预处理，最终形成哈尔滨市城市绿地信息专题数据库、城市热岛效应专题数据库、26个图层的城市综合数据库、6个矢量化提取的城市绿地相关数据库、50个绿化树种的详细信息的空间数据库。李树伟等（2008）借助遥感影像处理技术，运用绿地率、绿化覆盖率及人均公共绿地等各项指标，测试城市绿化水平。周亮等（2008）以武汉市汉口地区为例进行了基于GIS的城市公共绿地可达性研究。运用GIS软件MapInfo，张春泉等（2011）借助保定市航拍图像和实测地图，从城市绿地三绿指标（绿地率、绿化覆盖率和人均公共绿地面积）、景观格局和空间可达性等方面进行分析研究，对保定市内绿地和城郊森林现状进行综合评价。

参考文献

陈芳，周志翔，郭尔祥．2006．城市工业区园林绿地滞尘效应的研究．生态学杂志，25（1）：34-38.

陈永生．2011．城市公园绿地空间适宜性评价指标体系建构及应用．东北林业大学学报，39（7）：105-108.

陈有民．1980．园林树木学．北京：林业出版社．

陈自新，苏雪痕，刘少宗，等．1998．北京城市园林绿化生态效益研究（2）：定量化研究城市园林生态效益基础手段的建立及园林植物生态功能的系列研究．中国园林，（3）：51-54.

丛秋实，黄作明，万春萍．2006．基于模糊数学的审计软件综合评价模型的研究．审计与经济研究，（3）：42-44.

丁飞，胡群霞，周志翔．2007．武钢工业区绿地景观评价方法研究．环境科学与管理，36（2）：157-160.

杜栋，庞庆华．2005．现代综合评价方法与案例精选．北京：清华大学出版社．

范艳芳．2005．基于GIS、RS的哈尔滨市绿地生态信息评价系统的研建．东北林业大学硕士学位论文．

高艳，于飞．2011．一种用于综合评价的主成分分析改进方法．西安文理学院学报（自然科学版），14（1）：105-108.

顾洪祥，朱俊，王祥荣，等．2005．上海城市森林综合评价研究．中国人口·资源与环境，15（3）：119-123.

管东生，陈玉娟，黄芬芬．1998．广州城市绿地系统碳的储存、分布及其在碳氧平衡中的作用．中国环境科学，18（5）：437-441.

胡志斌，何兴元．2003．沈阳市城市森林结构与效益分析．应用生态学报，14（12）：2108-2112.

黄鹤羽．1996．科技进步对林业经济增长作用分析与定量测算研究．北京：科学技术文献出版社．

黄晓鸾，张国强，贾建中．1998．城市生存环境绿色量值群的研究（6）——城市生存环境绿色量值群．中国园林，（6）：57-60.

黄晓莺，王书耕．1998．城市生存环境绿色量值群研究（3）．中国园林，14（1）：57-59.

菅文娜，张延龙．2006. 陕西关中城市街道园林绿化景观模糊评价．西北林学院学报，21（3）：147-149.
简兴．2009. 层次分析法在城市绿地景观评价中的应用．资源开发与市场，25（7）：610-613.
金远．2006. 对城市绿地指标的分析．中国园林，（8）：56-60.
况平．1995. 城市园林绿地系统规划中的适宜度分析．中国园林，（4）：47-51.
李博，宋云，俞孔坚．2008. 城市公园绿地规划中的可达性指标评价方法．北京大学学报，44（4）：618-624.
李丹．2003. 论城市绿地系统的组成与分类．西昌农业高等专科学校学报，（1）：96-98.
李锋，王如松．2003a. 城市绿地系统的生态服务功能评价、规划与预测研究．生态学报，23（9）：1929-1935.
李锋，刘旭升，王如松．2003b. 城市森林研究进展与发展战略．生态学杂志，22（4）：55-59.
李海防，周志翔．2009. 聚类分析法在绿地景观美学功能适宜度评价中的应用——以武钢工业区为例．安徽农业科学，37（7）：2927-2929.
李敏．2000. 城市绿地系统与人居环境规划．北京：中国建筑工业出版社．
李妮，李艳红，尹林克，等．2008. 克拉玛依市中心城区绿地系统健康现状评价与分析．安徽农业科学，36（15）：6305-6306，6343.
李树伟，冯仲科，龚威平，等．2008. 基于Quick Bird遥感影像的城市绿地系统评价．北京林业大学学报，30（S1）：68-71.
李小兰，孔强，杨柳．2011. 城乡一体化进程中节约型城镇绿地系统规划研究．安徽农业科学，39（29）：18052-18054.
李新，宇郭，佳许蕊，等．2010. 基于多因子层次覆盖模型的城市公共绿地服务功能等级评价——以北京市规划市区内公共绿地为例．科学技术与工程，10（32）：7980-7983.
林海明．2007. 对主成分分析法运用中十个问题的解析．统计与决策，（8）：16-18.
刘滨谊，姜允芳．2002. 论中国城市绿地系统规划的误区与对策．城市规划，26（2）：76-80.
刘常富，何兴元，陈玮，等．2006. 沈阳城市森林三维绿量测算．北京林业大学学报，28（3）：32-37.
刘纯青，黄建国，赵小利．2008. 宜春市中心城绿地系统的景观生态评价．江西农业大学学报，30（3）：499-504.
刘立民，刘明．2000. 绿量：城市绿化评估的新概念．中国园林，（5）：32-34.
刘泉．2008-01-02. 我国首次立法把村庄纳入规划——改变城乡二元结构规划格局　进入城乡统筹规划管理时代．人民日报海外版，05.
刘颂，姜允芳．2009. 城乡统筹视角下再论城市绿地分类．上海交通大学学报（农业科学版），27（3）：272-278.
刘学全，唐万鹏，周志翔，等．2003. 宜昌市城区主要绿地类型大气环境质量评价．南京林业大学学报（自然科学版），27（4）：81-85.
马锦义．2002. 论城市绿地系统的组成和分类．中国园林，1：23-26.
马林兵，曹小曙．2006. 基于GIS的城市公共绿地景观可达性评价方法．中山大学学报，5

(6)：111-115.
马晓龙，贾媛媛，赵荣．2003. 城市绿地系统效益评价模型的构建与应用．城市环境与城市生态，16 (5)：28-30.
马秀梅，徐银祥，张国盛，等．2009. 呼和浩特市5个住宅区绿地空间结构指标的比较．现代农业科技，(2)：9-12.
蒙吉军，申文明，吴秀芹．2005. 基于GS/GIS的三峡库区景观生态综合评价．北京大学学报，41 (2)：295-302.
欧阳泉，王斌．2004. 模糊数学综合评估法的算法实现．西安联合大学学报，(2)：54-57.
欧阳志云，王如松．2000. 生态系统服务功能，生态价值与可持续发展，世界科技研究与发展，22 (5)：45-50.
彭立华，陈爽，刘云霞．2007. City green模型在南京城市绿地固碳与削减径流效益评估中的应用．应用生态学报，18 (6)：1293-1298.
乔丽芳，齐安国，张毅川．2008. 东北三省城市园林绿地质量定量评价与分类．资源开发与市场，24 (6)：503-505.
荣冰凌，陈春娣，邓红兵．2009. 城市绿色空间综合评价指标体系构建及应用．城市环境与城市生态，22 (1)：33-37.
芮建勋．2006. 上海市城市绿地景观空间格局研究．生态科学，25 (6)：489-492.
宋永昌．2001. 植被生态学．上海：华东师范大学出版社．
孙刘平，钱吴永．2009. 基于主成分分析法的综合评价方法的改进．数学的实践与认识，39 (18)：15-20.
孙明，杜小玉，杨炜茹．2010. 北京市公园绿地植物景观评价模型及其应用．北京林业大学学报，32 (S1)：164-166.
孙天纵．1995. 城市遥感．上海：上海科学技术文献出版社．
唐鼎，易旭辉．2004. 城市森林在生态城市建设中的作用．城市园林，(7)：9.
王保忠，安树青，王彩霞．2005. 美国绿色空间思想的分析与思考．建筑学报，(8)：50-52.
王君．2003-11-11. 为全面建设小康社会提供体制保障——中国社会科学院学习贯彻十六届三中全会精神座谈会综述．人民日报，12.
王雨村，杨新海．2007. 小城镇总体规划．南京：东南大学出版社．
危向峰，段建南，胡振琪，等．2006. 层次分析法在耕地地力评价因子权重确定中的应用. 湖南农业科学，(2)：39-42.
韦薇，赵兵．2010. 关于城乡一体化绿地系统规划问题，广东园林，(5) 20-22.
吴桂萍．2007. 关于城市绿地生态评价不同指标的比较．农业科技与信息（现代园林），(7)：34-38.
吴人韦．1999. “九类法”——论城市绿地的合理分类．广东园林，(3)：3-8.
夏晶，陆根法，王玮，等．2003. 生态城市动态指标体系的构建与分析．环境保护科学，29 (2)：48-50.
肖荣波，周志翔，王鹏程，等．2004. 3S技术在城市绿地生态研究中的应用．生态学杂志，23 (6)：71-76.

肖晓笛，李寒娥，韦朝海，等．2008. 佛山城市绿地现状评价体系．城市环境与城市生态，21（4）：14-17.
熊春妮，魏虹．2008. 重庆市都市区绿地景观的连通性．生态学报，28（5）：2237-2244.
徐博，仁亚松，孟晓华，等．2005. 承德市园林绿化生态效益初探．河北林业科技，8（4）：186-187.
徐晓红，尹林克，胡秀琴，等．2008. 干旱区绿洲城市园林绿地系统健康的评价方法——以新疆克拉玛依市为例．干旱区研究，25（4）：464-469.
严晓，王希华，刘丽正，等．2003. 城市绿地系统生态效益评价指标体系初报．浙江林业科技，22（2）：68-72.
杨赉丽．1995. 城市园林绿地规划．北京：中国林业出版社．
杨瑞卿，薛建辉．2006 城市绿地景观格局研究：以徐州市为例．人文地理，（89）：14-18.
杨英书，彭尽晖，粟德琼，等．2007. 城市道路绿地规划评价指标体系研究进展．西北林学院学报，22（5）：193-197.
姚泽，王辉，王祺．2007. 层次分析法在城市园林绿化树种选择中的运用——以武威市为例．甘肃林业科技，32（3）：16-20.
叶明武，王军，陈振楼，等．2009. 城市防灾公园规划建设的综合决策分析．地理与地理信息科学，25（2）：89-94.
尹海伟，孔繁花，宗跃光．2008. 城市绿地可达性和公平性评价．生态学报，（7）：3375-3383.
俞孔坚，叶正，段铁武，等．1998. 论城市景观生态过程与格局的连续性——以中山市为例．城市规划，22（4）：14-17.
袁烽．1999. 都市景观的评价方法研究．城市规划汇刊（6）：46-57.
张春泉，马寨璞，佟霁坤．2011. 城市绿地综合评价研究．河北大学学报（自然科学版），31（1）：85-91.
张侃，张建英，陈英旭，等．2006. 基于土地利用变化的杭州市绿地生态服务价值 CITY Green 模型评价．应用生态学报，17（10）：1918-1922.
张浪．2009. 特大城市绿地系统布局结构及其构建研究．北京：中国建筑工业出版社．
张立均．2008. 宁波市滨河绿地景观评价初步研究．南京林业大学硕士学位论文．
张硕，陈其兵，侯万儒，等．2005. 居住区环境绿化质量的评价方案与方法．西华师范大学学报（自然科学版），26（1）：93-97.
张卫军，秦俊，徐永荣，等．2007. 上海绿色建筑室外绿化定量评价体系．华南农业大学学报，28（2）：17-20.
张雅彬，彭文英，李俊．2006. 北京生态与宜居城市评价及建设途径探讨．首都经济贸易大学学报，（4）：45-50．
赵华，高本虎，高占义．2006. 城市绿地节水灌溉效益综合评价方法．中国水利水电科学研究院学报，4（2）：145-150.
周坚华．2001. 城市绿量测算模式及信息系统．地理学报，56（1）：14-23.
周亮，王挺，马娜，等．2008. 基于 GIS 的城市公共绿地空间可达性研究：以武汉汉口地区为例．云南地理环境研究，20（4）：11-15.

周涛 . 2003. 城市绿地景观的自动分析与评价初探 . 华东师范大学硕士学位论文 .
周天翔，邵天一 . 2004. 城市绿地空间格局及其环境效应 . 生态学报，24（2）：186-192.
周廷刚，郭达志 . 2004. 基于 GIS 的城市绿地景观引力场研究 . 生态学报，24（6）：1157-1163.
周延刚，罗红霞，郭志达 . 2005. 基于遥感影响的城市空间三维绿量（绿化三维量）定量研究 . 生态学报，25（3）：415-420.
朱桂才，黄广远 . 2006. 模糊综合评价法在荆州市街道绿化树种选择中的应用 . 长江大学学报（自科版）农学卷，3（3）：117-123.
朱红霞 . 2010. 节约型城市绿地综合评价指标体系研究 . 山东林业科技，（5）：34-37.
朱红霞，康亮 . 2008. 城市绿地防灾避难功能评价指标体系研究 . 北方园艺，（12）：139-141.
朱俊，王祥荣，樊正球，等 . 2003. 城市森林评价指标体系研究——以上海为例 . 中国城市林业，（1）：36-39.
朱秀芹，赵兰勇 . 2011. 基于层次分析法的济南城市绿地系统现状研究 . 中国农学通报，27（6）：322-326.
Abdollahi K K，Ning Z H. 2000. Appearing a Global Climate Change & Urban Forest. Baton Rouge：Franklin Press.
Brack C L. 2002. Pollution mitigation and carbon sequestration by an urban forest. Environmental Pollution，116：195-200.
Coles R W，Bussey S C. 2000. Urban forest landscapes in the U K：progressing the social agenda. Landscape and Urban Planning，52：181-188.
Godefroid S，Koedan N. 2003. Distribution pattern of the flora in a peri-urban forest：an effect of the city-forest ecotone. Landscape and Urban Planning，65：169-185.
Han C S，et al. 1998. Intra-project externality and layout variables in residential condominium appraisals. The Journal of Real Estate Research，15（12）：131-145.
Heckscher A . 1984. Open Space —The Life of Amerian City. NewYork：Harper&Row：11，18-22.
London Planning Advisory Committee. 1992. Open Space Planning in London. London：Artillery House：5，10-12.
Marian B J. Bengt P，Susanncqc G，et al. 2000. Green strueture and sustainability：developing a tool for local planning. Landscape and Urban Planning，52：117-133.
Morancho A B. 2003. A hedonic valuation of urban green areas. Landscape and Urban Planning，66（1）：35-41.
Odum E P. 1969. The strategy of ecosystem developrnent Science，164：262-270.
Philippe C，Burel F. 1997. The role of spatio-temporal patch connectivity at the landscape level：an example in a bird distribution . Landscape and Urban Planning，38：37-43.
Rowntree R A，Nowak D J. 1991. Quantifying the role urban forests in removing atmospheric carbon dioxide. Journal of Arboriculture，17（10）：269-275.
Taylor P，Fahrig L，Henein K，et al. 1993. Connectivity is a vital element of landscape structure. Oikos，68（3）：571-573.
Tyrvainen L. 2001. Economic valuation of urban forest benefits in Finland. Journal of

Environmental Economics and Management，62：75-92.

Tyrvainen L，Hannu V. 1998. The economic value of urban forest amenities：an application of the contingent valuation method. Landscape and Urban Planning ，43：105-118.

Tyrvainen L，Miettinen A. 2000. Property prices and urban forest amenities. Journal of Environmental Economics and Management，39（2），205-223.

Tyrvainen L. 1997. The aminety value of the urban forest：an application of the hedonic pricing method. Landscape and Urban Planning，37：211-222.

Van Herzele A，Wiedemann T. 2003. A monitoring tool for the prevision of accessible and attractive urban green spaces . Landscape and urban planning，63：109-126.

Wilson W H. 1989. The City Beautiful Movement. Baltimore：Johns Hopkins University Press.

基于公众与专家调查的城镇绿地综合评价体系构建

第一节　备选指标集构建

一、指标体系构建技术路线

在对城镇绿地建设的系统学和生态学的分析基础上，结合文献与国内外相关标准及我国对城镇绿地建设现状的分析，构建城镇绿地生态评价备选指标集（图 4-1）。在此基础上，结合公众感知和专家调查，筛选若干个指标组成城镇绿地生态综合评价核心指标体系。

二、备选指标确定

对城镇绿地生态综合评价可以从数量、质量、结构和功能四个方面展开，既能考察绿地自身健康程度，也能考察绿地各项功能发挥情况。因此，运用层次分析法来筛选指标，构建评价指标体系的时候应该考虑到目标层、准则层和指标层等几个方面。

1. 目标层

以评价城镇绿地生态系统功能作为总体目标，综合表征城镇绿地生态系统的总体发展态势，全面把握城镇绿地建设与管理水平。

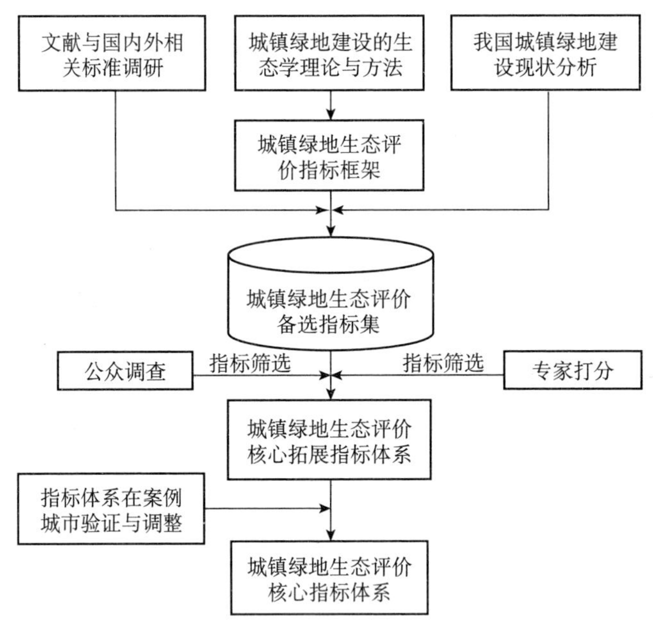

图 4-1 城镇绿地生态评价指标体系建立的技术路线

2. 准则层

由制约和影响城镇绿地生态功能发挥的主要因素组成，涉及数量状况、空间格局、生态服务功能、野生型和景观美学、节约型绿地建设、绿地管理体系、公众参与情况等几个方面。

3. 指标层

指标层包括指标体系中直接参与度量的指标构成，根据准则层特征将指标纳入不同的准则层中。基于城市生态学的相关理论，从总体状况、空间格局、生态服务功能、野生性和景观美学、节约型绿地建设、绿地管理体系、公众参与情况七个方面构建指标框架。通过文献和国内外相关标准调研，结合准则层中各方面综合分析，建立了城镇绿地生态综合评价备选指标集（表 4-1）。

表 4-1 城镇绿地生态综合评价备选指标集

准则层	指标	数据获取渠道
C_1 数量状况	I_1 建成区绿地覆盖率	统计数据
	I_2 人均绿地面积	统计数据
	I_3 人均公园面积	统计数据
	I_4 平均立木胸径	调查统计
	I_5 三维绿量	遥感解译和树木树高-冠径相关方程综合分析

续表

准则层	指标	数据获取渠道
C_1 数量状况	I_6 整个城市区域的森林覆盖率	统计数据
	I_7 公共绿地面积	统计数据
	I_8 人均公共绿地面积	统计数据
	I_9 绿地率	统计数据
	I_{10}叶面积指数	叶面积仪测定
	I_{11}绿容率	绿量/用地面积
C_2 空间格局	I_{12}可达性	遥感解译和最小临近距离法
	I_{13}公平性	可达性同人口需求间的耦合性分析
	I_{14}绿地景观连通性	遥感解译和整体连通性指数
	I_{15}环城绿化隔离带面积同建成区面积比	调查统计
	I_{16}景观异质性指标	专业测定
	I_{17}植物丰度指数	统计数据
	I_{18}景观优势度指标	调查数据
	I_{19}景观连接度指标	统计数据
	I_{20}廊道密度	统计数据
	I_{21}斑块密度	调查数据
	I_{22}均匀度指标	统计数据
	I_{23}破碎度指标	统计数据
C_3 绿地功能	I_{24}植物多样性	调查统计
	I_{25}采用的抗污树种比例	调查统计
	I_{26}年均空气负离子浓度	检测
	I_{27}人均避灾绿地面积	调查统计
	I_{28}公园游人数量	统计数据
	I_{29}生态服务价值	遥感解译和 CITY green 模型
	I_{30}二氧化碳浓度	仪器测定
	I_{31}绿地的季相	调查统计
	I_{32}绿地的色彩	调查统计
	I_{33}公园街道相对湿度	仪器测定
	I_{34}减少噪音程度	调查统计
	I_{35}人均复层绿色量	统计数据
C_4 野生性和景观美学	I_{36}自然和野生性绿地面积百分比	调查统计
	I_{37}滨岸带原生湿地的保护或恢复情况	调查统计
	I_{38}绿视率	调查统计
	I_{39}受保护的古树名木密度	调查统计
	I_{40}植物配置的合理性	调查统计
	I_{41}绿地分布均匀性	统计数据
C_5 节约型绿地建设	I_{42}乡土植物所占比例	调查统计
	I_{43}单位绿地面积耗水量	统计数据
	I_{44}绿地微灌技术利用率	统计数据
	I_{45}绿地灌溉再生水利用率	统计数据
	I_{46}屋顶绿化率	调查统计
	I_{47}立体绿化率	调查统计

续表

准则层	指标	数据获取渠道
C_5 节约型绿地建设	I_{48}绿地中水灌溉技术利用率	统计数据
C_6 绿地管理体系	I_{49}相关管理条例、规定、办法	专家打分
	I_{50}与城市绿地相关的规划	专家打分
	I_{51}绿地信息化管理	专家打分
	I_{52}城市绿地病虫害防治情况	专家打分
C_7 公众参与情况	I_{53}对城市绿地重要性的认识程度	社会调查
	I_{54}对城市绿地建设的满意程度	社会调查
	I_{55}对城市绿地公园规划的满意程度	社会调查
	I_{56}对城市绿地公园数量的满意程度	社会调查

备选指标集包括 7 个准则层，共计 56 项指标。其中，数量状况包括 11 项指标，空间格局和绿地功能都包括 12 项指标，野生性和景观美学包括 6 项指标，节约型绿地建设包括 7 项指标，绿地管理体系包括 4 项指标，最后公众参与情况包括 4 项指标。

第二节　基于公众感知调查的评价指标研究

城镇绿地作为重要的公共基础设施，其设计建设需要满足广大城市居民对绿地各项功能的期望。社会调查是了解城镇居民对绿地各项功能满意程度和需求的重要途径，调查结果能够为绿地规划设计提供信息支撑，已经被一些城市绿地研究、规划设计和管理者应用。例如，通过社会调查方法，Schipperijn 等（2010）研究了丹麦城市居民居住区到绿地空间的距离及居民前往公园绿地的频率，同时，还重点分析了丹麦欧登塞市居民对离他们居住地最近的城市绿地空间的利用率的影响因素；Özgüner 和 Kendle（2006）研究了英国谢菲尔德市居民对自然绿地和人工绿地态度的差异；Nielsen 和 Hansen（2007）研究了丹麦城市居民从居住地前往绿地的可达性对居民身体健康的影响；江海燕等（2010）研究了广州市中心城区公园绿地消费的社会分异特征；赵霞等（2008）研究了合肥市居住区居民户外活动与绿地环境的关系；陈爽等（2010）设计了调查问卷，对南京市居民的绿地服务功能的认知度进行了调查。总的看来，不论是国内还是国外，通过社会调查了解城市居民对城市绿地感知和态度的文献还比较少见。已有的调查研究多针对某一特定城市绿地的某一特征，在国家或区域大尺度范围内针对不同类型的城市的综合性社会调查几乎没有。

要建立一套在全国范围内适用的城镇绿地生态评价指标体系，首先，需要对我国城镇居民对绿地结果和功能方面的感知认识和需求有一个全面的了解，以发现我国城镇绿地建设在哪些方面与居民的期望差距较大，存在哪些主要问题；然后，根据这些问题，筛选针对性的指标，引导城镇绿地建设。此外，我国地域辽阔，自然地理和气候条件复杂多样，不同区域和类型的城镇绿地建设面临着不同的制约因素，存在着不同的问题。因此，引导城镇绿地建设的生态综合评价指标体系建立还需要充分考虑指标的区域针对性和适用性。针对这些问题，目前国内尚没有系统、完整的相关研究可供参考；而且，从已有的各类统计资料中也难以找到我国城镇绿地建设在结构和功能方面存在问题的证据。因此，有必要借鉴社会调查的方法，站在城市绿地的直接接触者的角度，通过他们的感知认识，了解我国城镇绿地建设存在的主要问题。

鉴于此，设计了《城镇居民对城镇绿地的感知认识和需求》调查问卷，对我国部分城镇的居民进行问卷调查。调查结果将为我国城镇绿地生态综合评价指标的筛选提供支撑。

一、调查方法

（一）调查问卷的设计

调查问卷的设计以构建更加科学合理的城镇绿地建设绩效评价指标体系服务为目标，围绕绿地建设、质量、功能、管理等主题，设计了 12 个具体问题，每个问题又设计了 1～2 个题目调查我国城镇居民对所在地绿地建设的感知（表4-2）。

表 4-2 调查问卷包含的调查主题与对应的调查问题

调查主题	调查问题
所有主题	您觉得您所在城市绿地存在的主要问题是？（多选题）
绿地规模	您觉得您周边的生活环境中最为紧缺的绿地类型是？（单选题）
三维绿量	您觉得您所在城市是否存在绿化树木矮小，缺乏大树和古树名木的问题？（单选题）

续表

调查主题	调查问题
公平性	您所在城市绿地在不同城市区域的分布情况？（单选题）
野生性	您所在城市是否存在绿地的人工痕迹严重、自然和天然绿地数量过少的问题？（单选题）
	您所在城市河流、沟渠、湖泊沿岸绿化带质量如何？（单选题）
多样性	您对您所在城市绿地景观类型的总体评价是？（单选题）
	您所在城市绿地中鸟类种类和数量多吗？（单选题）
乔灌草结合度	您所在城市绿地乔木、灌丛和草地结合情况？（单选题）
景观美学	您所在城市绿地景观美的程度？（单选题）
绿地生态服务功能	你大概多长时间去一次公园？（单选题）
绿地建设满意度	您对您所在城市绿地建设满意度如何？（单选题）
公众参与	您是否知道绿地在改善城市空气质量方面发挥的理重要作用？（单选题）
	您愿意以某种方式（如植树造林、绿地监管等）参与城市绿地建设吗？（单选题）
绿地管理	您觉得目前您所在城市绿地管理的总体水平如何？（单选题）

（二）调查方案

1. 调查媒介

问卷调查以网络调查为主，在网络调查网点不能覆盖的地区辅以电话调查完成。为了提高网络和电话调查的可信度，随机抽取50%的问卷进行复核。复核过程中，随机选择4～6个问题让原受访者重新填写，如果两次填写一致，则认为是有效问卷。如果无效问卷比例小于5%，则认为本次调查基本上是有效的。

2. 调查地区的选择

在将全国划分为东部季风区南部、东部季风区北部、西北干旱区和青藏高原区四个抽样区（图4-2）的基础上，按省级城市、地级城市两个抽样层进行抽样调查。省级调查城市的选择主要考虑调查网络的可达性，选择28个调查网络可以覆盖的省会城市或直辖市进行人群抽样调查，每个城市收回50份有效调查问卷。地级调查城市的选择是通过随机抽取器在各省级行政区所辖的地级市中按约20%的比例随机抽取获得的，最终抽取了54个地级城市作为样本城市，每个城市收回30份有效调查问卷。整个调查过程共收回有效调查问卷3020份。在进行抽样调查的82个城市中，隶属于各个自然区的城市数量分别如下：东部季风区南部41个；东部季风区北部29个；西北干旱区10个；青藏高原区2个。

在28个直辖市与省会城市中各随机选取50人参与调查，收回1400份有效问卷，涉及的具体城市如表4-3所示。

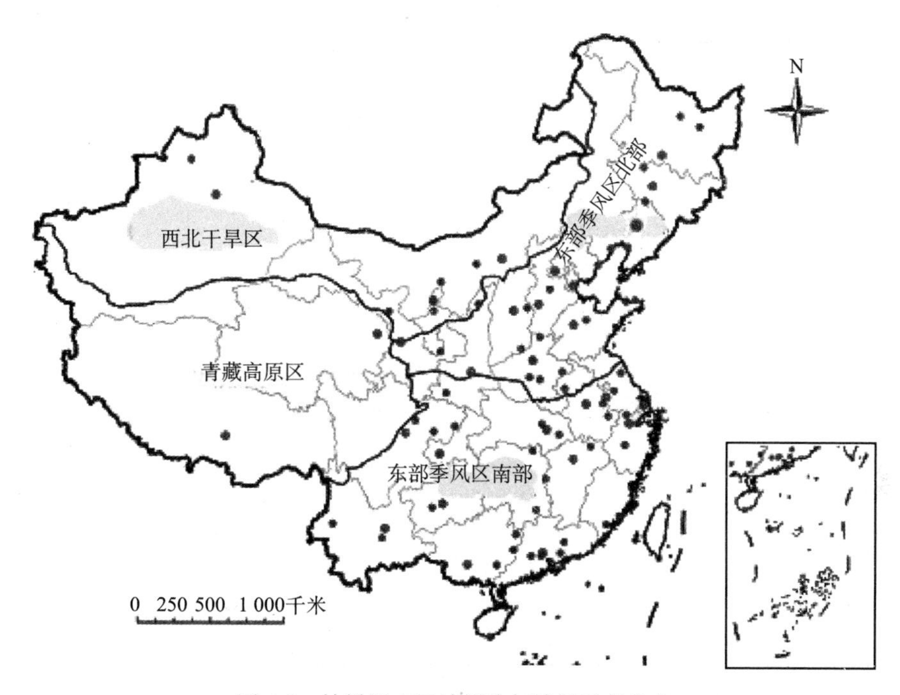

图 4-2　抽样调查区域划分与抽样城市分布

表 4-3　公共感知调查问卷包括的直辖市与省会城市

自然区	调查城市
东部季风区南部	上海市、重庆市、合肥市、武汉市、南京市、成都市、贵阳市、昆明市、南宁市、杭州市、南昌市、广州市
东部季风区北部	北京市、天津市、哈尔滨市、长春市、沈阳市、石家庄市、郑州市、济南市、太原市、西安市
西北干旱区	呼和浩特市、乌鲁木齐市、兰州市、银川市
青藏高原区	西宁市、拉萨市

在 54 个地级以上城市中随机选取 30 人参与调查，收回 1620 份有效问卷。涉及的具体城市如表 4-4 所示。

表 4-4　公共感知调查问卷包括的地级城市

自然区	省（区、市）	地级城市
东部季风区南部	江苏	盐城市、扬州市
	浙江	湖州市、金华市
	福建	泉州市、漳州市
	广东	河源市、惠州市、肇庆市、佛山市
	广西	梧州市、贺州市、玉林市
	云南	玉溪市、保山市

续表

自然区	省（区、市）	地级城市
东部季风区南部	安徽	阜阳市、亳州市、宣城市
	江西	景德镇市、萍乡市
	湖北	孝感市、黄石市
	湖南	岳阳市、郴州市
	四川	南充市、绵阳市、达州市
	贵州	安顺市
	海南	三亚市
东部季风区北部	黑龙江	伊春市、佳木斯市
	吉林	四平市、松原市
	辽宁	鞍山市、营口市、葫芦岛市
	河北	保定市、秦皇岛市
	河南	平顶山市、安阳市、漯河市
	山东	淄博市、威海市、烟台市
	山西	阳泉市、晋城市
	陕西	汉中市、榆林市
西北干旱区	内蒙古	包头市、乌海市
	新疆	克拉玛依市
	甘肃	平凉市、武威市
	宁夏	吴忠市

直辖市和省会城市、地级城市共回收 3020 份有效问卷，其中西北干旱区的乌海市、克拉玛依市、平凉市、武威市、吴忠市五市通过电话调研完成。

3. 被调查城市绿地统计学特征

被调查城市的市辖区年末总人口、绿地面积、公园绿地面积、人均绿地面积和建成区绿化覆盖率等统计学特征如表 4-5 所示。纳入此次调查的 82 个城市中，东部季风区南部有 41 个城市，占总数的 50%；东部季风区南部绿地面积为 405 563 公顷，占总绿地面积的 56.37%；公园绿地面积 84 824 公顷，占总公园绿地面积的 49.54%。东部季风区南部城市人口有 918 406 万人，占总人口数的 52.15%。东部季风区北部有 29 个城市，占城市总数的 35.37%。其中，该区绿地面积为 263 186 公顷，占绿地总面积的 36.58%；公园绿地面积为 74 090 公顷，占公园总面积的 43.27%；人口为 7193.61 万人，占总人口数量的 40.58%。西北干旱区和青藏高原区绿地面积、公园绿地面积和人口数量都较少，分别占 82 个城市总量的 7.05%、7.19%和 7%。根据直辖市和省会城市、地级城市的各自的人均绿地面积和建成区平均绿化覆盖率，计算得出 2010 年直辖市和省会城市及地级城市的人均绿地面积分别为 49.58 平方米和 30.39 平方米，直辖市和省会城市及地级城市的建成区平均绿化覆盖率分别是 39.01%和 35.39%。

表 4-5　2010 年被调查城市绿地建设的统计学特征

城市名称	隶属自然区	绿地面积/公顷	公园绿地面积/公顷	市辖区年末总人口/万	人均绿地面积/平方米	建成区绿化覆盖率/%
上海市	东部季风区南部	120 148	16 053	1 343.37	89.00	44.00
重庆市	东部季风区南部	41 244	14 032	1 542.77	27.00	40.58
合肥市	东部季风区南部	11 582	3 269	215.58	54.00	38.81
武汉市	东部季风区南部	15 447	5 685	520.65	30.00	35.98
南京市	东部季风区南部	27 456	6 773	548.37	141.00	44.36
成都市	东部季风区南部	16 448	5 732	535.15	31.00	62.46
贵阳市	东部季风区南部	6 658	2 658	222.03	30.00	42.30
昆明市	东部季风区南部	8 964	2 154	260.24	34.00	34.72
南宁市	东部季风区南部	37 125	2 149	270.74	137.00	40.40
杭州市	东部季风区南部	15 118	5 017	434.82	35.00	39.91
南昌市	东部季风区南部	8 113	1 915	212.00	38.00	41.42
盐城市	东部季风区南部	3 615	821	163.28	22.00	38.98
扬州市	东部季风区南部	3 371	1 483	122.48	28.00	43.60
湖州市	东部季风区南部	3 712	1 277	108.90	34.00	49.78
金华市	东部季风区南部	2 675	707	93.19	29.00	39.79
泉州市	东部季风区南部	5 957	866	103.11	58.00	40.39
漳州市	东部季风区南部	2 051	448	55.50	37.00	41.59
河源市	东部季风区南部	19 335	327	31.18	620.00	44.11
惠州市	东部季风区南部	6 195	1 304	133.88	46.00	31.76
肇庆市	东部季风区南部	4 948	1 150	53.67	92.00	36.06
佛山市	东部季风区南部	5 254	2 005	370.89	14.00	37.00
梧州市	东部季风区南部	1 979	397	51.16	39.00	32.22
贺州市	东部季风区南部	576	91	113.08	5.00	22.59
玉林市	东部季风区南部	1 932	564	101.24	19.00	32.82
玉溪市	东部季风区南部	993	204	49.60	20.00	41.22
保山市	东部季风区南部	697	167	90.00	8.00	30.08
阜阳市	东部季风区南部	3 155	555	206.96	15.00	33.21
亳州市	东部季风区南部	1 022	280	161.65	6.00	24.96
宣城市	东部季风区南部	2 920	387	86.14	34.00	35.12
景德镇市	东部季风区南部	3 736	709	46.21	81.00	53.58
萍乡市	东部季风区南部	1 889	447	85.50	22.00	46.83
孝感市	东部季风区南部	1 529	286	95.57	16.00	44.91
黄石市	东部季风区南部	2 465	866	71.43	35.00	39.88
岳阳市	东部季风区南部	3 953	556	109.64	36.00	42.84
郴州市	东部季风区南部	2 077	424	72.01	29.00	36.97
南充市	东部季风区南部	2 723	688	193.42	14.00	38.12
绵阳市	东部季风区南部	3 667	908	122.20	30.00	37.83
达州市	东部季风区南部	1 402	482	42.66	33.00	50.28
安顺市	东部季风区南部	2 185	447	86.78	25.00	32.31
三亚市	东部季风区南部	1 247	541	57.01	22.00	48.46
北京市	东部季风区北部	62 672	19 020	1 187.11	53.00	55.10

续表

城市名称	隶属自然区	绿地面积/公顷	公园绿地面积/公顷	市辖区年末总人口/万	人均绿地面积/平方米	建成区绿化覆盖率/%
天津市	东部季风区北部	19 221	5 266	807.02	24.00	32.04
哈尔滨市	东部季风区北部	12 805	4 198	471.79	27.00	38.40
长春市	东部季风区北部	13 459	4 249	362.75	37.00	39.64
沈阳市	东部季风区北部	25 994	6 058	515.42	50.00	42.01
石家庄市	东部季风区北部	8 862	3 530	243.87	36.00	43.01
郑州市	东部季风区北部	11 033	3 095	510.00	22.00	34.85
济南市	东部季风区北部	11 667	2 890	348.02	34.00	37.04
太原市	东部季风区北部	8 243	2 576	285.01	29.00	35.75
西安市	东部季风区北部	10 959	3253	562.65	19.00	40.37
伊春市	东部季风区北部	5 211	1 462	80.85	64.00	26.01
佳木斯市	东部季风区北部	3 618	740	82.00	44.00	40.09
四平市	东部季风区北部	1 604	461	61.09	26.00	31.67
松原市	东部季风区北部	1 541	497	58.79	26.00	40.09
鞍山市	东部季风区北部	5 997	1 617	146.85	41.00	38.59
营口市	东部季风区北部	3 810	959	90.41	42.00	41.59
葫芦岛市	东部季风区北部	2 807	366	99.95	28.00	38.37
保定市	东部季风区北部	5 120	1 491	106.10	48.00	44.69
秦皇岛市	东部季风区北部	4 868	1 793	86.38	56.00	50.24
平顶山市	东部季风区北部	2 454	863	103.31	24.00	38.08
安阳市	东部季风区北部	2 460	606	108.78	23.00	37.49
漯河市	东部季风区北部	1 880	825	140.82	13.00	38.32
淄博市	东部季风区北部	15 141	2 333	279.60	54.00	42.11
威海市	东部季风区北部	5 753	1 443	64.85	89.00	47.12
烟台市	东部季风区北部	10 447	2 795	178.90	58.00	42.12
阳泉市	东部季风区北部	1 870	526	69.12	27.00	39.42
晋城市	东部季风区北部	1 494	352	34.86	43.00	38.66
汉中市	东部季风区北部	1 053	577	55.17	19.00	37.88
榆林市	东部季风区北部	1 143	249	52.14	22.00	25.38
呼和浩特市	西北干旱区	5 931	2 422	120.56	22.00	35.73
乌鲁木齐市	西北干旱区	15 697	2 063	233.58	67.00	34.77
兰州市	西北干旱区	4 441	1 714	210.36	21.00	25.05
银川市	西北干旱区	5 407	1 556	94.86	57.00	42.88
包头市	西北干旱区	7 336	2 100	142.50	55.00	40.09
乌海市	西北干旱区	2 168	522	53.00	40.00	33.94
克拉玛依市	西北干旱区	2 221	315	37.51	59.00	50.68
平凉市	西北干旱区	1 093	169	50.94	21.00	0.60
武威市	西北干旱区	846	182	102.04	8.00	31.93
吴忠市	西北干旱区	1 091	355	37.79	29.00	38.79
西宁市	青藏高原区	2 673	761	101.37	26.00	40.97
拉萨市	青藏高原区	1 852	164	48.00	96.89	32.29

注：拉萨市为2009年数据

（三）调查城市绿地建设差异显著性检验

采用SPSS 11.5 for Windows统计软件包中的卡方检验功能检验直辖市和省会城市、地级城市，以及不同自然区各指标在95%置信水平上的差异显著性。

1. 不同级别城市绿地建设数量特征的差异显著性检验

把所有被调查城市分为直辖市和省会城市、地级城市两组。采用单因素方差分析法分析直辖市和省会城市、地级城市人均绿地面积和建成区绿化覆盖率有无显著差异。人均绿地面积的方差分析显示，被调查的直辖市和省会城市、地级城市人均绿地面积存在显著的差异（表4-6）。

表4-6　被调查的直辖市和省会城市、地级城市人均绿地面积差异显著性方差分析

	离差平方和	自由度	均方	F值	显著度
组间	6 791.15	1	6 791.15	8.608	0.004
组内	63 115.20	80	788.94		
总体	69 906.36	81			

建成区绿地覆盖率的方差分析显示，被调查的直辖市和省会城市、地级城市建成区绿化覆盖率无显著差异（表4-7）。

表4-7　被调查的直辖市和省会城市、地级城市建成区绿化覆盖率差异显著性方差分析

	离差平方和	自由度	均方	F值	显著度
组间	201.20	1	201.20	2.69	0.105
组内	5 985.14	80	74.81		
总体	6 186.33	81			

2. 不同自然区绿地建设的差异显著性检验

由于青藏高原区和西北干旱区城市总数和样本城市均较少，而且两地均受干旱缺水和低温的制约。所以，将这两个区域并到一起，命名为西北干旱/高原区，检验其与东部季风区南部和东部季风区北部调查结果的差异显著性。方差分析显示，我国不同自然区城市的人均绿地面积和建成区绿地覆盖率均无显著差异（表4-8，表4-9）。自然地理因素并未成为影响各区域城市绿地建设规模的关键因素。

表4-8　被调查的隶属于不同自然区的城市人均绿地面积差异显著性方差分析

	离差平方和	自由度	均方	F值	显著度
组间	1 553.61	3	517.87	0.591	0.632
组内	68 352.75	78	876.32		
总体	69 906.36	81			

表 4-9 被调查的隶属于不同自然区的城市建成区绿地覆盖率差异显著性方差分析

	离差平方和	自由度	均方	F 值	显著度
组间	320.53	3	106.84	1.421	0.243
组内	5 865.80	78	75.20		
总体	6 186.33	81			

二、调查结果分析

(一) 调查对象的基本特征

问卷调查的研究对象是全国各地的城镇居民，从年龄构成上来看，主要以中青年为主，其中 18～44 岁的调查对象占总数的 90.53%。从性别方面看，主要以男性为主，占总数的 71.82%。调查居民的受教育程度较高，大部分受访居民的学历是大专或本科，占总数的 73.81%，高中或中专学历的受访居民占总数的 13.84%，硕士及以上学历的受访居民占总数的 9.67%，另外有很小一部分学历是初中及以下。大多数居民的工资水平为 1000～5000 元，这也是我国大部分工薪阶层的工资水平。

(二) 城市绿地建设存在的主要问题综合分析

为了综合反映我国城镇居民对城市绿地存在的问题的感知认识，研究设计了“您觉得您所在城市绿地存在的主要问题是?”这一调查问题，共 13 个备选选项：①绿地总量少，建成区绿化覆盖率低；②绿化树木矮小，大树较少；③公园绿地离生活小区较远，前往不便；④绿地分布不均，有的城区绿地较多，而有的城区绿地十分少；⑤绿地间相互隔离，缺乏相互连接的绿色通道；⑥绿地缺乏层次性和立体感，很多绿地没有考虑乔木、灌木和草地的结合；⑦绿地景观类型单一，缺乏变化；⑧人工建设绿地比例大，自然和野生性绿地过少；⑨绿地景观缺乏美感，观赏性差；⑩绿地缺乏生机，鸟类和其他野生动物均较为罕见；⑪城市近郊缺乏大型森林或湿地公园；⑫不存在上述问题；⑬其他问题。

调查结果显示，认为自己所在城市绿地建设不存在问题的受访居民的比例很小，仅占总受访人群的 0.83%，表明各城市绿地建设都存在难以让居民满意之处。选择各选项的百分比由大到小排序如图 4-3 所示，选择①、④、⑧、⑩四个选项的受访人群比例较高，均超过 50%，反映了我国城市绿地建设在绿地总量、分布的均匀性、绿地建设的自然性及生物多样性等方面还没有达到多数居民的期望。其中，选择选项⑧的受访人群比例最高，表明城市绿化过程中注重人工规划和建设，忽视对自然绿地的保护已成为公众认为的城市绿地建设过程中存在的最主要问题之一。选择②、③、⑤、⑥、⑦、⑨、⑪等选项的受访人群比例均超过30%，表明绿地绿量少、可达性差、连通性差、景观单一、乔灌草结合度差、景观美学差、近郊缺乏大型森林或湿地公园已经成为部分居民对城市绿地不满的重要因素。

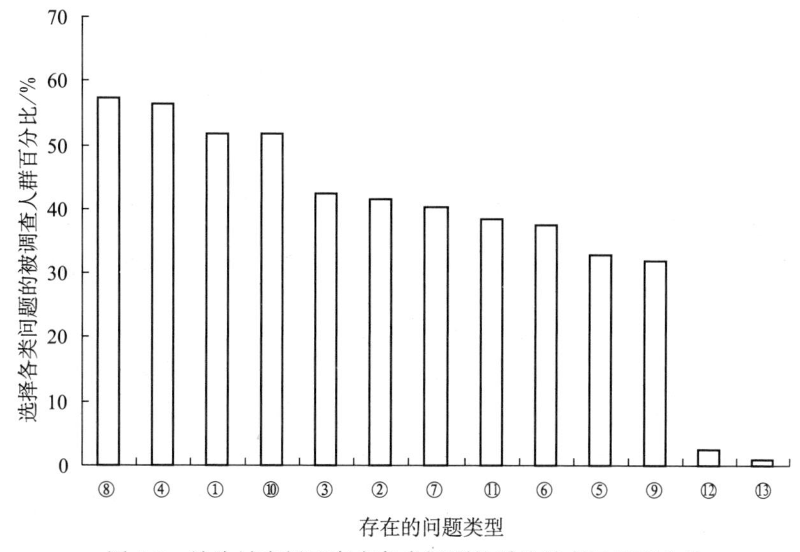

图 4-3 认为城市绿地存在各类问题的受访城市居民百分比

比较直辖市和省会城市、地级城市被调查居民所反映的绿地存在问题的差异（图 4-4），发现直辖市和省会城市被调查居民选择各项问题的比例几乎都大于地级城市被调查居民，经分析，造成这一现象的可能原因在于：①被调查的省级城市居民的平均文化层次（直辖市和省会城市大专及以上学历的被调查居民比例为85.64%，地级城市为81.60%）和收入水平（直辖市和省会城市家庭人均月收入大于5000元的被调查家庭比例为27.57%，地级城市为18.95%）均高于被调查的地级城市居民，使他们对城市绿地的期望水平高于后者，或者说他们对城市绿地建设质量更具有批判性；②直辖市和省会城市绿地建设存在的各类问题比地级城市多。但从直辖市和省会城市人均绿地面积来看，直辖市和省会城市明显高于地级城市，对绿地建设的重视程度也高于地级城市，因此前一种的可能性更大。

比较不同自然区被调查居民所反映的绿地建设存在的问题（图 4-5），可以看出，在东部季风区南部受访城市居民中，认为其所在城市存在“绿化树木矮小，大树较少”，“城市近郊缺乏大型森林或湿地公园”两个问题的居民百分比

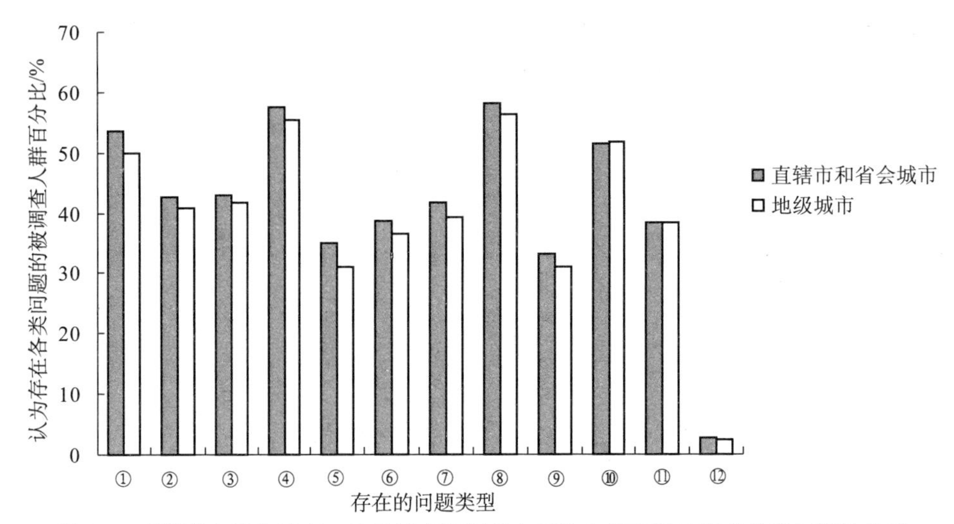

图 4-4 直辖市和省会城市、地级城市被调查人群认为城市绿地存在各类问题的差异

低于其他自然区；而认为“绿地景观类型单一，缺乏变化”的居民百分比高于东部季风区北部和西北干旱区，低于青藏高原区。总体而言，受益于良好的自然条件，东部季风区南部受访居民对所在城市绿地建设质量的正面感知相对较多。在东部季风区北部受访城市居民中，认为其所在城市“绿地总量少，建成区绿化覆盖率低”的居民百分比明显高于其他自然区。而统计数据也显示，东部季风区北部样本城市的人均绿地面积的平均值小于其他自然区。绿地总量较少，而人口又十分密集，使生活在该区域的城市居民更加感受到绿地资源的缺乏。在西北干旱区，受访城市居民中认为其所在城市存在“人工建设绿地比例大，自然和野生性绿地过少”这一问题的居民比例最高。西北干旱区这一问题最为明显，选择此问题的相对频率比东部季风区南部居民高出 14.84 个百分点，比东部季风区北部居民高出 17.70 个百分点，这一结论说明西北干旱区自然和野生性绿地破坏较严重，绿地建设过程中的自然性和野生性需要引起重视。在青藏高原区，受访居民认为其所在城市存在公园绿地可达性差、分布不均、连通性差、景观单一、缺乏生机，以及缺乏大型公园等问题的居民百分比明显高于其他自然区。受自然条件和经济发展水平制约，青藏高原区绿地建设面临更多的挑战。

(三) 城镇绿地生态综合评价指标分析

1. 绿地规模与三维绿量

传统的建成区绿化覆盖率可以从宏观上评价城市的绿化水平，但并不能真

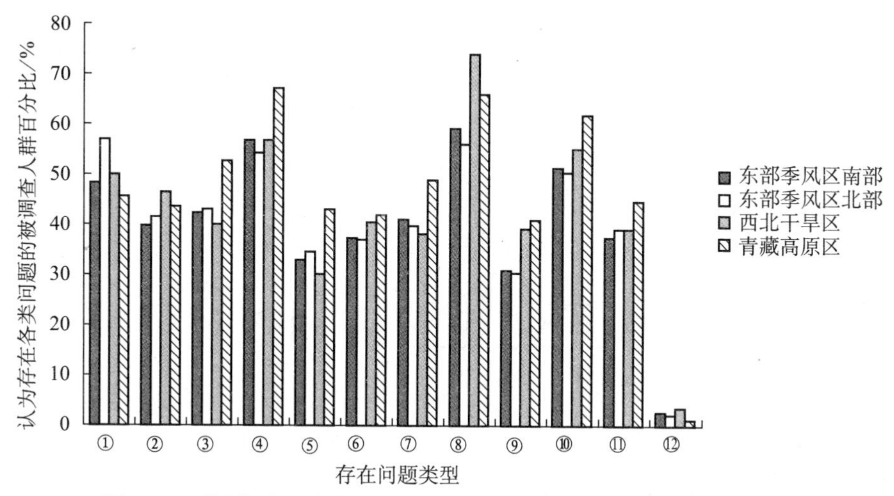

图 4-5　不同自然区城市居民反映的城市绿地建设存在的问题的差异

实反映城市绿地实际发挥的生态效应。基于此，一些研究者提出了绿量或三维绿量的概念及测量方法（朱进，2008；周廷刚等，2005；周坚华，2001）。为了间接反映被调查城市绿量是否达到居民的期望，研究设计了调查问题项："您觉得您所在城市是否存在绿化树木矮小、缺乏大树和古树名木的问题?"调查结果显示，"十分严重"和"比较严重"两个选项分别为 15.30％和 44.83％，二者之和为 60.13％。调查结果表明，尽管近 20 年来我国城市绿地面积得到显著增加，但反映城市绿化品质的三维绿量显然还无法满足居民的需求，城市绿地建设追求面积，而忽视绿地立体生物量的现象依然很普遍，而这必然制约绿地生态服务功能的提升。

卡方检验显示，直辖市和省会城市、地级城市受访居民对城市绿量的感知不存在显著差异（$\chi^2=25.382$，$p=0.819$）。而在不同自然区受访居民中，对绿量的感知存在显著差异（$\chi^2=25.382$，$p<0.001$）。比较不同自然区居民对绿量感知的差异性（图 4-6），东部季风区北部和西北干旱/高原区城市居民在绿化树木矮小、缺少大树和古树名木问题上选择"十分严重"和"比较严重"的比例明显高于东部季风区南部。由于受气候条件制约，西北干旱/高原区和东部季风区北部在提高绿量方面面临更大的困难。

为了反映我国各地最为紧缺的绿地类型，设计了调查问题项："您觉得您周边的生活环境中最为紧缺的绿地类型是?"共有 8 个选项：小区绿地、公园绿地、小公园、道路绿地、广场绿地、城郊绿地、沼泽湿地、水域。调查结果显示（图 4-7），选择小区绿地、小公园和广场绿地三个选项的被调查人群比例较高，分别占 23.68％、22.35％和 24.21％，三者之和为 70.24％，反映了我国城

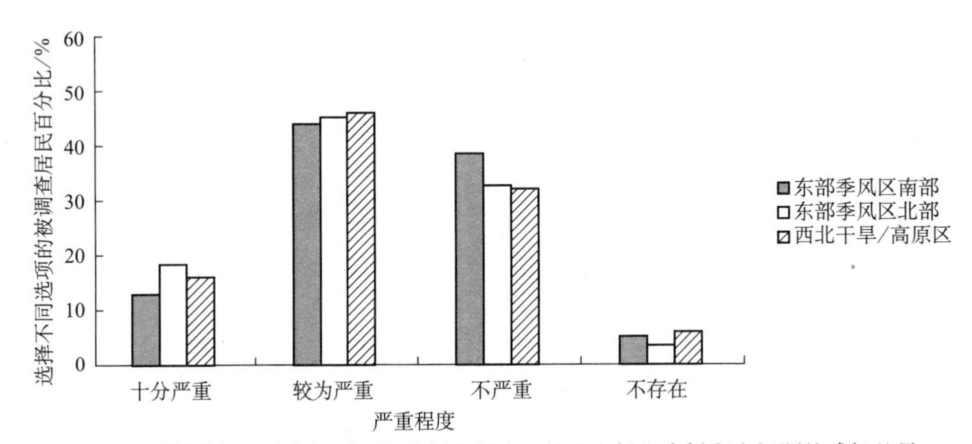

图 4-6 不同自然区城市居民对绿化树木矮小、缺少大树和古树名木问题的感知差异

镇居民容易到达的小型绿地空间的缺乏。

直辖市和省会城市、地级城市居民对所在地区最为紧缺的绿地类型的感知不存在显著差异（$\chi^2=25.382$，$p=0.080$）（图 4-7），但在某种绿地类型选择上也存在一些细微差异。总体而言，直辖市和省会城市公园绿地、道路绿地和广场绿地比地级城市紧缺一些，地级城市的小区绿地、城郊绿地和水域比直辖市和省会城市紧缺，而直辖市和省会城市、地级城市对小公园这一绿地类型需求程度差异性很小。

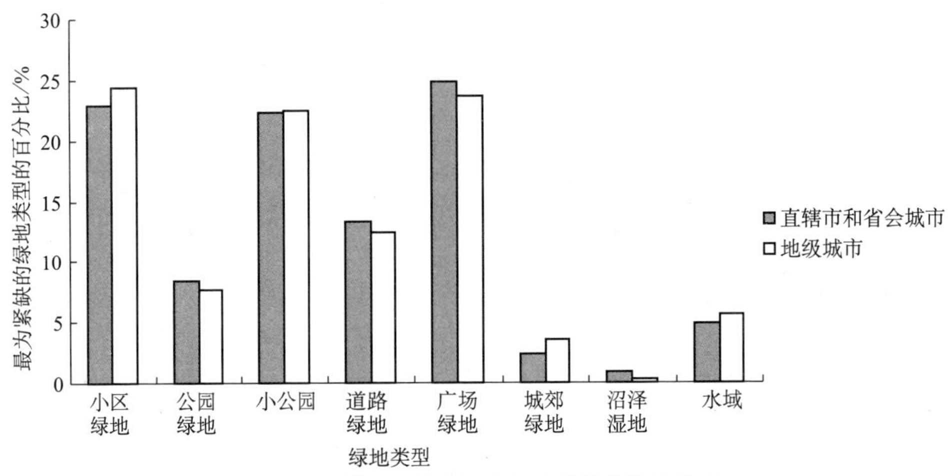

图 4-7 城镇居民认为城市最为紧缺的绿地类型

不同自然区之间存在显著差异（$\chi^2=47.952$，$p<0.001$）（图 4-8）。在东部季风区南部，选择广场绿地为最为紧缺的绿地类型的受访居民比例最高

(25.44%)，其次为小区绿地（24.83%）和小公园（21.02%），选择其他绿地类型的居民比例较小。在东部季风区北部，选择小区绿地的居民比例最高(25.51%)，其次为广场绿地（23.64%）和小公园（22.24%），选择其他绿地类型的居民比例较小。而在西北干旱/高原区，选择小公园的居民比例最高(24.58%)，其次为广场绿地（20.00%）、小区绿地（18.13%）和道路绿地(18.13%)。东部季风区南部和东部季风区北部受访居民认为其所在地区最为紧缺的绿地类型为小区绿地的比例高于西北干旱/高原区。

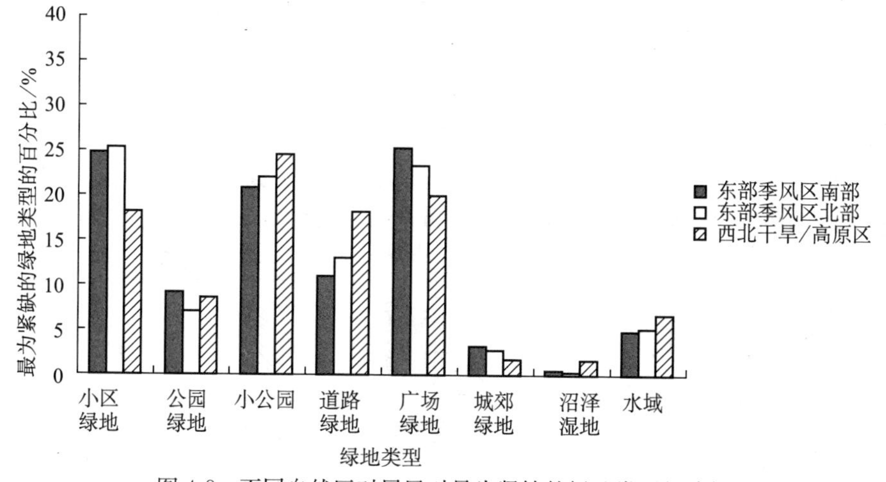

图 4-8 不同自然区对居民对最为紧缺的绿地类型的感知

2. 可达性

现有的城镇绿地评价指标只能反映绿地的数量，而不能反映绿地的分布结构，假如一个城市的绿地只由几块面积较大的公园组成，尽管人均面积较高，但居民日常生活中亲绿的需要并不能得到很好的满足。城镇居民是否能够方便地和平等地享用绿地的各项功能与服务，是城镇环境可持续性的重要指标。因此，一些研究者提出了绿地可达性指标（尹海伟，2008；俞孔坚，1999），用来反映居民克服距离、旅行时间和费力等阻力到达一个城市公共绿地的便利程度，也是衡量城市绿地空间布局合理性的一个重要标准。距离通常被认为是影响城市绿地空间可达性的主要因素（van Herzele et al.，2003；Coles et al.，2000），到绿地空间的距离大于 300～400 米常被认为是居民对绿地空间使用频率下降的临界点（Nielsen et al.，2007；Grahn et al.，2003）。为了大体上了解我国城市居民前往公园绿地的可达性情况，研究设计了问题项“从您家到最近的大型城市公园（您认为是大公园即可）的距离大约为?”调查结果显示，选择在 1 公里以内有大型公园的被调查居民仅占29.14%，选择超过2公里的被调查居民比例高达47.12%。而Schipperijn等对随机选择的11 238名丹麦公民的调查显示，66.9%的被调查居民生活在离绿地300米以内。调查结果表明，在我国，对于相当一部分被调查居民来说，前往大型公园的距离、旅行时间和费用等阻力均较大，绿地的可达性差，影响了部分居民对绿地的利用。

卡方检验显示，直辖市和省会城市、地级城市受访居民居住地到大型公园距离的差异性（$\chi^2=2.122$，$p=0.548$）及不同自然区间受访居民居住地到大型公园距离的差异性（$\chi^2=6.512$，$p=0.368$）均不显著。同样，直辖市和省会城市、地级城市居民分别仅有28.36%和29.81%的被调查居民选择1公里以内有大型公园。东部季风区南部和东部季风区北部的差别不大（图4-9），而西北干旱/高原区被调查居民到大型公园的距离明显大于东部季风区南部和东部季风区北部，西北干旱/高原区选择“超过2公里”的居民达到了51.67%，比东部季风区北部高出4.38个百分点，比东部季风区南部高出6.16个百分点。

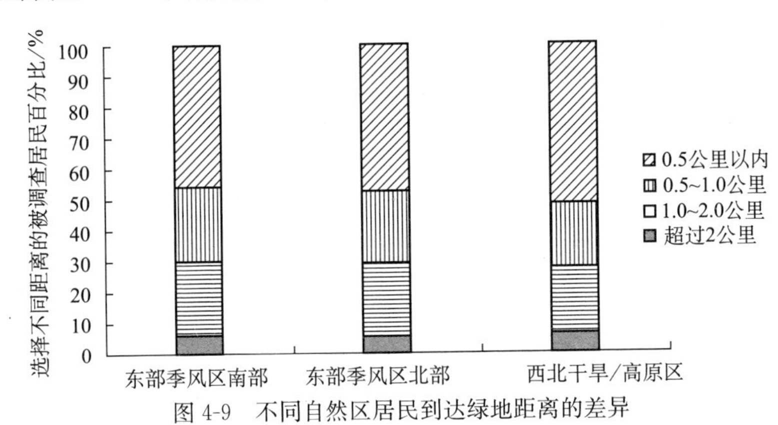

图4-9 不同自然区居民到达绿地距离的差异

3. 公平性

绿地的公平性是指城市各区域的居民能够平等地享受绿地所提供的生态服务的程度。城镇绿地分布的均匀性是反映绿地公平性的一个重要指标。如果一个地区绿地分布的均匀性差，那么将有很大一批居民难以享受绿地基础设施所提供的公共服务，对于他们来说这是不公平的。

为了了解我国绿地分布的均匀性概况，研究设计了问题项：“您所在城市绿地在不同城市区域的分布情况如何?”调查结果显示，有83.51%的被调查居民认为绿地分布“十分不均匀”或“较不均匀”，反映了我国大部分城市存在绿地在不同城区分布不均的问题，影响城镇绿地服务功能的公平供给。

卡方检验显示（表4-10），直辖市和省会城市、地级城市居民对城市绿地分布的均匀性感知存在显著差异（$\chi^2=9.054$，$p=0.029$）。直辖市和省会城市中有83.78%的居民选择了“十分不均匀”和“较不均匀”，而这其中有15.93%的居民选择了“十分不均匀”；地级城市中，这一数据统计也高达83.27%，其中有13.64%的居民选择了“十分不均匀”。绿地的不均匀状况反映了人们享受绿地的不公平，因此城镇绿地建设过程中应该更加注重绿地的均匀程度和公平性。

表4-10　直辖市和省会城市、地级城市绿地分布情况

地区	绿地均匀度	频数	相对频率/%	95%置信区间/%
直辖市和省会城市	十分不均匀	223	15.93	1.92
	较不均匀	950	67.85	2.45
	较为均匀	208	14.86	1.86
	十分均匀	19	1.36	0.61
地级城市	十分不均匀	221	13.64	1.67
	较不均匀	1128	69.63	2.24
	较为均匀	262	16.17	1.79
	十分均匀	9	0.56	0.36

比较不同自然区居民感知的绿地分布均匀性差异，卡方检验表明，不同自然区居民感知的绿地分布均匀性存在显著差异（表4-11）。在西北干旱/高原区，认为城镇绿地分布不均匀的被调查居民的比例最高，为87.08%；其次为东部季风区北部，为84.21%；比例最低的是东部季风区南部，为81.84%。

表4-11　各自然区城市绿地分布情况

地区	绿地均匀度	频数	相对频率/%	95%置信区间/%
东部季风南部区	十分不均匀	204	13.88	1.77
	较不均匀	999	67.96	2.39
	较为均匀	255	17.34	1.94
	十分均匀	12	0.82	0.46
东部季风区北部	十分不均匀	152	14.21	2.09
	较不均匀	749	70.00	2.75
	较为均匀	154	14.39	2.10
	十分均匀	15	1.40	0.70
西北干旱/高原区	十分不均匀	88	18.33	3.46
	较不均匀	330	68.75	4.15
	较为均匀	61	12.71	2.98
	十分均匀	1	0.21	0.41

卡方检验显示，直辖市和省会城市、地级城市居民对绿地分布的均匀性感知存在显著差异（$\chi^2=9.054$，$p=0.029$）。直辖市和省会城市受访城市居民中，认为所在城市绿地分布“十分不均匀”的居民比重（15.93%）高于地级城市（13.64%）。

不同自然区城镇居民对绿地分布的均匀性感知也存在显著差异（$\chi^2=17.471$，$p=0.008$）。在西北干旱/高原区，认为绿地分布十分不均匀的受访居民比重（18.33%）高于东部季风区北部（14.21%）和东部季风区南部（13.88%）（图 4-10）。

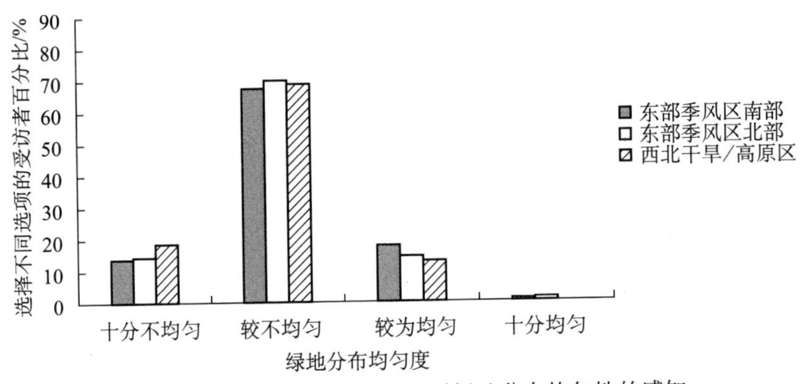

图 4-10 不同自然区受访居民对绿地分布均匀性的感知

4. 野生性

研究显示，天然植被的生态系统服务功能要远高于人工植被（黄金玲，2009），而且能够为野生动物的栖息和繁衍营造更好的环境（Sinclair et al.，2005），而其营造与管理成本却远低于人工植被（Ahern，1995）。因此，在城镇绿化过程中，提高自然性和野生性植被的比例，不仅可以提高城市绿地的生态系统服务功能，而且有助于节约型绿地建设。

为了反映各地区绿地建设的自然性和野生性情况，研究设计了问题项："您所在城市河流、沟渠、湖泊沿岸绿化带质量如何?""您所在城市是否存在绿地的人工痕迹严重、自然和野生绿地数量过少的问题?"

从调查结果来看，认为所在城市河流、沟渠、湖泊沿岸绿化带"质量十分好，沿岸的自然形态与野生植被保护很好，风景十分优美"或"质量较好，沿岸的自然形态与野生植被保护较好，风景优美"的受访居民共占 20.00%；认为"质量还行，尽管沿岸的自然形态与野生植被被人工修筑的堤坝所取代，但人工绿化较好"的受访居民占 42.05%；而认为"质量一般，沿岸的自然形态与野生植被被人工修筑的堤坝所取代，而人工绿化也不好"或"质量很差，沿岸的自然形态与野生植被被人工修筑的堤坝所取代，几乎没有什么绿化植被"的受访居民占 37.95%。从受访居民的角度看，尽管我国大多数城市的湿地滨岸带绿化较好，但仅有小部分城市对滨岸带进行绿化时注意对湿地原生态和野生性的保护。湿地滨岸带的人工化建设不仅影响了绿地的野生性和景观美学，而且还影响到绿地生物多样性的保护和培育。

卡方检验显示，直辖市和省会城市、地级城市受访居民对城市湿地滨岸带绿化质量的感知不存在显著差异（$\chi^2=5.165$，$p=0.271$），而不同自然区之间存在显著差异（$\chi^2=17.173$，$p=0.028$）。西部干旱/高原区受访居民认为湿地滨岸带绿化“质量十分好，沿岸的自然形态与野生植被保护很好，风景十分优美”和“质量很差，沿岸的自然形态与野生植被被人工修筑的堤坝所取代，几乎没有什么绿化植被”的居民比例均高于东部季风区北部和东部季风区南部（图 4-11），反映出西部干旱/高原区区域内的不同城市/城区间湿地滨岸带绿地的野生性差异较大。

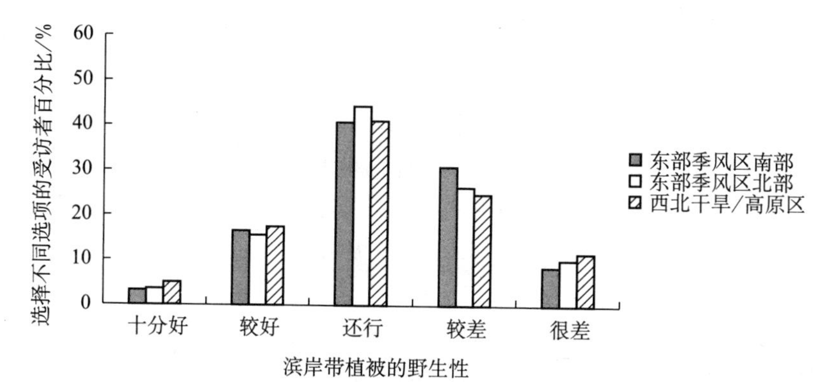

图 4-11 不同自然区居民对城市湿地滨岸带绿化质量和野生性的感知差异

认为城镇绿地“人工痕迹十分严重或比较严重，自然和野生绿地数量过少”的受访居民占总受访居民的 51.29%，认为“不严重”的占 45.36%，认为“不存在”这一问题的仅占 3.34%。结果表明，我国目前城镇绿地建设还远没有达到城市居民对自然性和野生性绿地的期望。

卡方检验显示，直辖市和省会城市、地级城市受访居民对绿地自然性和野生性的感知不存在显著差异（$\chi^2=7.391$，$p=0.060$），而在不同自然区间存在显著差异（$\chi^2=27.733$，$p<0.001$）。西北干旱/高原区受访城市居民中认为其所在城市绿地“人工痕迹十分或比较严重、自然和野生绿地数量过少”的居民比重（61.05%）显著高于东部季风区北部（49.82%）和东部季风区南部（49.18%）（图 4-12），反映出该区域自然和野生绿地的严重缺乏。

5. 绿地景观多样性

（1）景观丰富程度

绿地生物多样性是维持城镇生态系统服务功能的重要组成部分。研究分别设计了两个问题调查城镇居民对绿地景观多样性和生物多样性的感知。

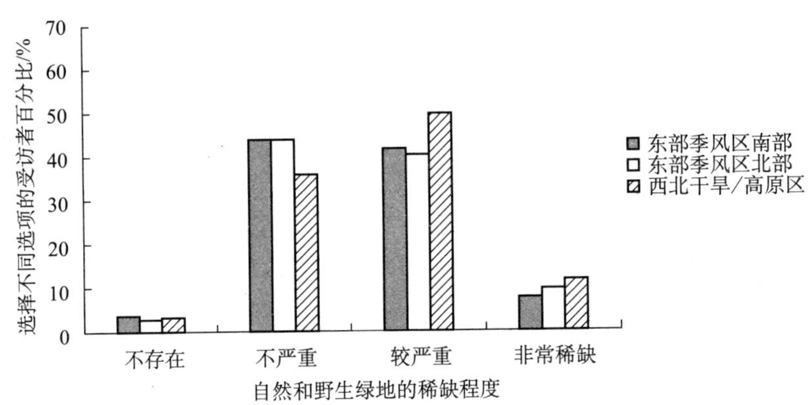

图 4-12 不同自然区居民对自然和野生绿地缺乏严重程度的敏感差异

比较直辖市和省会城市、地级城市城镇居民对绿地景观多样性感知的差异，经卡方检验（$\chi^2=1.368$，$p=0.713$），直辖市和省会城市、地级城市无显著差异。具体来看（表 4-12），直辖市和省会城市居民认为绿地景观丰富多彩和较为丰富的比重分别为 3.14%和 33.57%，而地级城市分别为 3.46%和 32.59%。从景观单调性来看，直辖市和省会城市、地级城市中认为较为单调的居民分别占 53.22%、54.75%，认为十分单调的居民分别占 10.07%、9.20%。但选择单调的居民总体比选择丰富的居民比重大，说明我国城镇绿地景观多样性较为缺乏。比较不同自然区城镇居民对绿地景观多样性感知的差异，得出在不同自然区间存在显著差异（$\chi^2=14.539$，$p=0.024$）。

表 4-12 直辖市和省会城市、地级城市居民对所在城市绿地景观综合评价

城市类型	景观综合评价	频数	相对频率/%	95%置信区间/%
直辖市和省会城市	丰富多彩	44	3.14	0.91
	较为丰富	470	33.57	2.47
	较为单调	745	53.22	2.61
	十分单调	141	10.07	1.58
地级城市	丰富多彩	56	3.46	0.89
	较为丰富	528	32.59	2.28
	较为单调	887	54.75	2.42
	十分单调	149	9.20	1.41

总体来看，各自然区居民对所在城市绿地丰富与单调性存在一些细微差别（表 4-13）。从景观丰富多彩选择情况来看，东部季风区南部明显高于其他两个自然区，与此相对应，东部季风区南部选择“十分单调”的比重低于其他两个自然区，而其他两个自然区之间的差异性较小。对于较为丰富这一选项，西北干旱/高原区所占比重略高于另外两个自然区。对于较为单调这一选项，西北干

旱/高原区居民明显低于其他两个自然区。

表 4-13　各自然区城镇居民对绿地景观综合评价

自然区	景观综合评价	频数	相对频率/%	95%置信区间/%
东部季风区南部	丰富多彩	57	3.88	0.99
	较为丰富	473	32.18	2.39
	较为单调	810	55.10	2.54
	十分单调	130	8.84	1.45
东部季风区北部	丰富多彩	29	2.71	0.97
	较为丰富	341	31.87	2.79
	较为单调	594	55.51	2.98
	十分单调	106	9.91	1.79
西北干旱/高原区	丰富多彩	14	2.92	1.51
	较为丰富	184	38.33	4.35
	较为单调	228	47.50	4.47
	十分单调	54	11.25	2.83

（2）鸟类多样性

鸟类多样性常用来反映城市的生物多样性（Rowntree，1991），而且相对于生物多样性，鸟类多样性更容易监测。在一些生态环境或可持续发展评价指标体系中，鸟类多样性常用来反映一个地区的生物多样性（Fischer et al.，2002）。相对于生物多样性，鸟类多样性更容易被城市居民所感知。因此，研究设计了问题项："您所在城市绿地中鸟类种类和数量多吗?"希望通过城市居民调查，间接了解我国城市生物多样性现状。

直辖市和省会城市、地级城市居民所感知的绿地鸟类多样性差异不显著（$\chi^2=2.156$，$p=0.541$）。比较直辖市和省会城市、地级城市被调查城市居民对鸟类多样性的感知（表 4-14）发现，直辖市和省会城市居民选择"种类少、数量少"的有 53.64%，而选择"种类多、数量多"的居民仅有 6.63%，地级城市居民选择"种类少、数量少"的有 51.91%，而选择"种类多、数量多"的居民仅有 5.93%。

表 4-14　直辖市和省会城市、地级城市绿地中鸟类种类和数量

城市类型	鸟类种类和数量	频数	相对频率/%	95%置信区间/%
直辖市和省会城市	种类多、数量多	89	6.36	1.28
	种类多、数量少	221	15.79	1.91
	种类少、数量多	339	24.21	2.24
	种类少、数量少	751	53.64	2.61
地级城市	种类多、数量多	96	5.93	1.15
	种类多、数量少	285	17.59	1.85
	种类少、数量多	398	24.57	2.10
	种类少、数量少	841	51.91	2.43

从鸟类多样性状况来看，各自然区居民对鸟类种类和数量有一定的差异性

（表 4-15，图 4-13）。西北干旱/高原区的鸟类多样性状况要好，其中选择“种类多、数量多”的居民有 7.29%，比东部季风区南部的居民多 0.28 个百分点，比东部季风区北部的居民多 2.90 个百分点。选择“种类少、数量少”的居民有 47.50%，比东部季风区南部的居民少 4.81 个百分点，比东部季风区北部的居民少 8.11 个百分点。与之相对应，东部季风区南部和东部季风区北部选择鸟类种类多而数量少的居民比重分别为 17.89%和 17.38%，明显高于西北干旱/高原区；相反，西北干旱/高原区选择种类少而数量多的居民占 33.33%，比重明显高于东部季风区南部和东部季风区北部。但是，总体来看，东部季风区北部和东部季风区南部城镇居民对鸟类种类的感知程度高于西北干旱/高原区，但从数量上不如西北干旱/高原区。

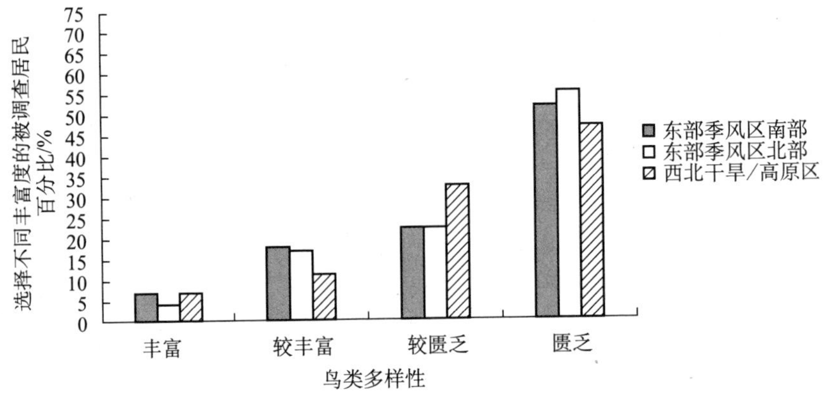

图 4-13 不同自然区城镇居民对城市绿地鸟类多样性的感知

表 4-15 各自然区城市绿地中的鸟类种类和数量

自然区	鸟类种类和数量	频数	相对频率/%	95%置信区间/%
东部季风区南部	种类多、数量多	103	7.01	1.30
	种类多、数量少	263	17.89	1.96
	种类少、数量多	335	22.79	2.14
	种类少、数量少	769	52.31	2.55
东部季风区北部	种类多、数量多	47	4.39	1.23
	种类多、数量少	186	17.38	2.27
	种类少、数量多	242	22.62	2.51
	种类少、数量少	595	55.61	2.98
西北干旱/高原区	种类多、数量多	35	7.29	2.33
	种类多、数量少	57	11.88	2.89
	种类少、数量多	160	33.33	4.22
	种类少、数量少	228	47.50	4.47

6. 乔灌草结合度

我国目前的绿化工作中，存在着片面强调绿地景观效果的现象，盲目追求大色块和景观的一致性，单纯追求面积，而忽视生态过程，导致绿地平面化、草坪化，林木和森林所占比重偏小，降低了城市绿地生态功能。促进乔灌草结合、实现立体绿化，是提高城市绿量和绿地的生态服务功能、改善生物生境、提高城市生物多样性的重要保障。乔灌草结合度是反映城镇绿地乔木、灌木和草本植物配置的合理程度的指标（顾洪祥等，2005）。

为了了解我国城镇居民对其所在城市乔灌草结合情况的感知认识，调查问卷设计了问题项："您所在城市绿地乔木、灌丛和草地结合情况如何?"绿地建设的空间平面化、结构简单化依然是我国城市绿地建设过程中存在的问题，不但有损城市绿地作为基础设施的服务功能，而且也逐渐成为城市居民对绿地建设不满的重要原因之一。

卡方检验显示，直辖市和省会城市、地级城市受访居民对城市绿地乔灌草结合情况感知的差异性（$\chi^2=3.483$，$p=0.323$）及不同自然区间受访居民感知的差异性（$\chi^2=10.627$，$p=0.101$）均不显著。分析直辖市和省会城市、地级城市的乔灌草结合情况（表 4-16）可以看出，不管选择什么样的等级，直辖市和省会城市、地级城市居民对城镇绿地乔灌草结合状况的认知差异很小。直辖市和省会城市有 72.79%的居民选择了"很差"和"较差"，地级城市居民选择"很差"和"较差"的有 72.10%。总体来看，乔灌草的结合情况较差。这说明城市绿地建设要更加注重乔灌草的结合情况，尽量不要采用单一的植物进行绿化，提高绿化水平。

表 4-16　直辖市和省会城市、地级城市绿地的乔灌草结合情况

城市类型	乔灌草结合情况	频数	相对频率/%	95%置信区间/%
直辖市和省会城市	很差	220	15.71	1.91
	较差	799	57.08	2.59
	较好	357	25.50	2.28
	很好	24	1.71	0.68
地级城市	很差	219	13.52	1.67
	较差	949	58.58	2.40
	较好	429	26.48	2.15
	很好	23	1.42	0.58

比较不同自然区域被调查城市居民对城市乔灌草结合度感知的选择情况（图 4-14），发现被调查居民所反映的乔灌草结合度"很差"或"较差"比例由大到小依次为西北干旱/高原区（76.04%）、东部季风区北部（72.99%）

和东部季风区南部（70.82%）。西北干旱/高原区乔灌草结合度受自然条件恶劣和绿地规划建设理念落后两个因素制约，而东部季风区南部和东部季风区北部，主要受绿地规划建设理念落后的制约。

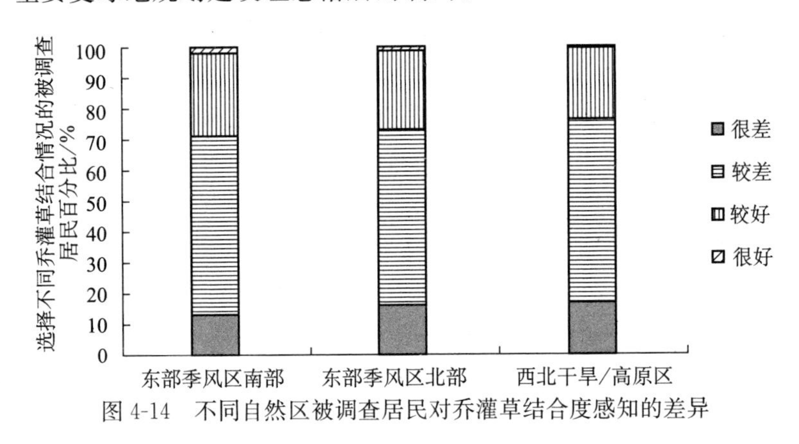

图 4-14 不同自然区被调查居民对乔灌草结合度感知的差异

7. 景观美学

调查问卷设计了问题项："您所在城市绿地景观美的程度如何?"为调查我国城市居民对绿地景观美学的感知。

结果表明，我国城市绿地在景观美学营造方面得到了大部分城市居民的认可。为了反映我国城市居民对绿地观赏性的感受，调查问卷设计了问题项："您所在城市绿地景观美的程度如何?"总体调查结果显示，共有 59.24%的被调查城市居民认为其所在城市绿地景观"十分美"或"比较美"，认为"不大美"的占 36.23%，认为"不美"的仅占 4.53%。卡方检验显示，直辖市和省会城市、地级城市居民对城市绿地景观美的程度感知差异显著（$\chi^2=9.953$，$p=0.019$）。地级城市居民认为城市绿地景观"很美"或"十分美"的比例（60.80%）高于直辖市和省会城市（57.43%）。

比较不同自然区居民对城市绿地景观美的程度的感知（图 4-15），发现西北干旱/高原区与其他两个自然区存在显著差异（$\chi^2=20.731$，$p=0.002$）。西北干旱高原区被调查居民认为城市绿地景观"十分美"或"比较美"的比例为 53.13%，明显低于东部季风区南部和东部季风区北部。西北干旱/高原区受访居民认为城市绿地景观"不美"或"不大美"的比例（46.88%）高于东部季风区北部（40.37%）和东部季风区南部（39.05%），但同时认为"十分美"的比例（5.00%）也高于东部季风区南部（3.47%）和东部季风区北部（3.08%）。结果表明，西北干旱/高原区不同城市或城区间绿地景观美学的差异性更大，景观十分美的绿地更多，但不美和不大美的景观也更多。总体而言，西北干旱/高原区在绿地的景观美学营造方面差于东部季风区南部和东部季风区北部。

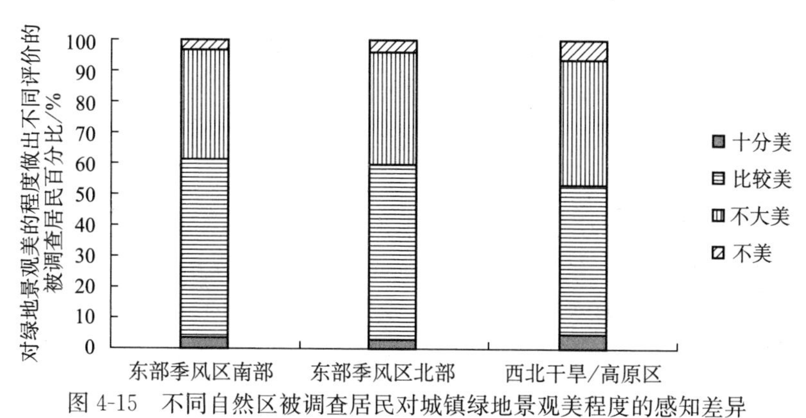

图 4-15　不同自然区被调查居民对城镇绿地景观美程度的感知差异

从直辖市和省会城市、地级城市居民对道路沿线绿化带评价情况来看（表4-17），两种类型的居民对道路沿线绿化带质量评价没有明显差异。直辖市和省会城市有 4.79%和 46.43%的居民分别选择“十分好”和“比较好”；地级城市居民分别占 5.18%和 48.95%。地级城市选择“十分好”和“比较好”的居民比重均略高于直辖市和省会城市。

表 4-17　直辖市和省会城市、地级城市居民对道路沿线绿化带质量评价

城市类型	绿化带质量	频数	相对频率/%	95%置信区间/%
直辖市和省会城市	绿化十分好	67	4.79	1.12
	绿化较好	650	46.43	2.61
	绿化不好	589	42.07	2.59
	绿化很差	94	6.71	1.31
地级城市	绿化十分好	84	5.18	1.08
	绿化较好	793	48.95	2.43
	绿化不好	640	39.51	2.38
	绿化很差	103	6.36	1.19

8. 绿地生态服务功能

绿地的生态服务功能是指绿地系统为维持城市人类活动和居民身心健康提供物质产品、环境资源、生态公益和美学价值的能力（李锋等，2003），具体包括净化环境、调节小气候、涵养水源、土壤活化和养分循环、维持生物多样性、景观美学、休闲文化教育、社会功能、防护和减灾等多项服务功能。

从表 4-18 看出，大部分居民一周去一次公园或两周去一次公园，其中 27.22%的居民选择一周去一次公园，40.10%的居民选择两周去一次公园。从调查结果可以知道，居民去公园的频率不高，与 Schipperijn 等在丹麦的调查结果存在较大的差距。

表 4-18 居民去公园的频率

多长时间去一次公园	频数	相对频率/%	95%置信区间
一周两次以上	449	14.87	1.27
一周一次	822	27.22	1.59
两周一次	1211	40.10	1.75
两周以上一次	538	17.81	1.36

而对城镇居民每次去邻近公园停留时间的调查结果显示，居民去公园每次逗留时间在 2 小时以内的有 48.84%，逗留时间在 2 小时到半天的有 38.97%。这说明居民到公园游玩不会花太长时间，仅有 3.18%的居民愿意花一整天在公园内逗留。

调查结果表明，我国城镇居民人均前往公共绿地进行休闲娱乐的时间是十分少的，人均享有的绿地的休闲娱乐服务价值还比较低。

9. 绿地建设满意度

调查结果显示，我国城镇居民对绿地建设满意度较好；其中选择“十分满意”的被调查居民占 7.25%，选择“比较满意”的被调查居民占 56.95%，二者之和为 64.20%。

直辖市和省会城市、地级城市被调查居民对所在城市绿地的满意度没有明显差异（表 4-19）。但是，卡方检验显示，地级城市居民对自己地区的绿地建设满意程度稍高。

表 4-19 直辖市和省会城市、地级城市居民对城市绿地建设的满意程度

城市类型	满意程度	相对频率/%	95%置信区间/%
直辖市和省会城市	十分满意	6.71	1.31
	比较满意	55.79	2.60
	不大满意	33.36	2.47
	十分不满意	4.14	1.04
地级城市	十分满意	7.72	1.30
	比较满意	57.96	2.40
	不大满意	31.60	2.26
	十分不满意	2.72	0.79

分别统计东部季风区南部、东部季风区北部和西北干旱/高原区居民对城镇绿地建设的满意程度（表 4-20），可以看出，东部季风区南部居民选择“十分满意”和“比较满意”的相对频率之和最高，西北干旱/高原区次之，而东部季风区北部最低。东部季风区南部，因为其优越的地理环境和气候，较为适宜绿地植被培育和生长，所以居民对城市绿地建设感到相对满意，其中“比较满意”和“十分满

意”的比重达到67.08%；西北干旱/高原区，因为其人口密度很低，城市绿地面积相对其他地区大，人们的满意程度也较高，为65.00%；东部季风区北部有些城市的人口密度过大，而人口密度稍低的偏北地区，其气候条件又较差，造成人们对绿地满意程度没有东部季风区南部和西北干旱/高原区高，仅为59.91%。

表4-20　各自然区居民对城市绿地建设的满意程度

自然区	满意程度	相对频率/%	95%置信区间/%
东部季风区南部	十分满意	7.01	1.30
	比较满意	60.07	2.50
	不大满意	29.93	2.34
	十分不满意	2.99	0.87
东部季风区北部	十分满意	5.89	1.41
	比较满意	54.02	2.99
	不大满意	35.88	2.87
	十分不满意	4.21	1.20
西北干旱/高原区	十分满意	11.04	2.80
	比较满意	53.96	4.46
	不大满意	32.29	4.18
	十分不满意	2.71	1.45

10. 公众参与

为了更加深入地调查居民对绿地建设的意义是否了解及居民是否有参与城市绿地建设的兴趣，问卷设计了问题项：“您是否知道绿地在改善城市空气质量方面发挥的重要作用?”“您愿意以某种方式（如植树造林、绿地监管等）参与城市绿地建设吗?”调查结果显示，34.14%的居民十分清楚绿地在改善城市空气质量方面发挥的重要作用，52.38%的居民比较清楚这一点，40.66%的居民十分愿意以某种方式参与城镇绿地建设，45.60%的居民比较愿意。调查数据说明大部分居民能够了解城镇绿地所发挥的重要作用，而且参与城镇绿地建设的意愿也比较强烈。而目前实际情况是，我国城镇居民在绿地建设中的参与性还是较低的。公众参与能充分发挥公众的监督作用，并促使绿地规划设计者设计更符合公众需求的绿地。

11. 绿地管理

良好的城市绿地管理是提高绿地生态质量的重要基础。为了反映我国居民对绿地管理水平的感知，研究设计了问题项：“您觉得目前您所在城市绿地管理的总体水平如何?”调查结果显示，分别有34.14%和52.38%的被调查居民认为城市绿地管理“水平很高”和“水平较高”。结果表明，我国城市居民对城市绿地的整体管理水平还是比较认可的。

从直辖市和省会城市、地级城市被调查居民对绿地管理水平的感知来看（表 4-21），直辖市和省会城市选择“水平很高”的居民有 41.36%，选择“水平较高”的居民有 36.71%，而选择“水平低”的仅为 3.57%。地级城市的居民中，选择“水平很高”的达到 49.07%，选择“水平较高”的有 34.94%，而选择“水平低”的仅为 3.21%。

表 4-21 直辖市和省会级城市、地级城市绿地管理总体水平状况

城市类型	绿地管理总体水平	频数	相对频率/%	95%置信区间/%
直辖市和省会城市	水平很高	579	41.36	2.58
	水平较高	514	36.71	2.53
	水平一般	257	18.36	2.03
	水平低	50	3.57	0.97
地级城市	水平很高	795	49.07	2.43
	水平较高	566	34.94	2.32
	水平一般	207	12.78	1.63
	水平低	52	3.21	0.86

从各自然区城镇居民对绿地建设的认知来看（表 4-22），西北干旱/高原区居民选择管理“水平很高”的有 54.47%，比东部季风区南部的调查数据高出 10.32 个百分点，比东部季风区北部的调查数据高出 11.20 个百分点。但是，东部季风区南部居民选择管理“水平较高”的比重为 38.23%，大于东部季风区北部，超出西北干旱/高原区 11.83 个百分点。总体来看，东部季风区南部居民选择所在城市绿地管理“水平很高”和“水平较高”的比重最大，为 80.87%；其次为西北干旱/高原区，为 80.87%，最低的是东部季风区北部，为 79.81%。

表 4-22 各自然区居民对绿地管理总体水平评价

自然区	绿地管理总体水平	频数	相对频率/%	95%置信区间/%
东部季风区南部	水平很高	649	44.15	2.54
	水平较高	562	38.23	2.48
	水平一般	210	14.29	1.79
	水平低	49	3.33	0.92
东部季风区北部	水平很高	463	43.27	2.97
	水平较高	391	36.54	2.89
	水平一般	179	16.73	2.24
	水平低	37	3.46	1.09
西北干旱/高原区	水平很高	262	54.47	4.45
	水平较高	127	26.40	3.95
	水平一般	75	15.60	3.25
	水平低	17	3.53	1.65

三、调查总结和指标筛选启示

（一）调查总结

调查结果表明，尽管近年来我国城镇绿地数量和规模得到显著提升，但是绿地的结构和功能特征还没有达到大部分城镇居民的期望。受访居民除了对绿地的景观美学、道路绿化质量、城市水域和湿地滨岸带绿化质量等少数几项指标的满意度较高外，对城镇绿地的规模和数量、可达性、公平性、野生性、多样性、乔灌草结合度等指标的满意度还较低。其中，绿地总量偏少、公平性差、自然和野生性绿地过少及生物多样性的严重缺乏是居民所感知的城镇绿地建设中存在的最为突出的问题。

在各类不同的绿地类型中，居民感知最为紧缺的绿地类型是小区绿地、小公园和广场绿地等居民容易达到的小型绿地空间。特别是在我国东部季风区，由于人口、经济、建筑等要素的密集分布，城镇小型绿地空间更为紧缺，受访居民中感知小型绿地空间紧缺的居民比例明显高于西部干旱/高原区。

直辖市和省会城市、地级城市受访居民对城镇绿地质量和功能感知的差异性较小。在95％的置信水平上，仅对城市绿地分布的均匀度和景观美学两个方面的感知存在显著差异。

不同自然区受访城镇居民对城市绿地质量和功能感知的差异性较大。在95％的置信水平上，对城镇绿地规模和数量、公平性、野生性、景观和鸟类多样性及景观美学等方面的感知均存在显著差异。

（二）城镇绿地生态综合评价指标筛选启示

据调查结果研究，认为在我国城镇绿地建设绩效评价指标的建设过程中，在原有的绿地数量评价指标的基础上，需要增加一些反映绿地建设质量、绿地结构特征和功能状况的指标，优先把自然和野生性绿地面积百分比、绿化乡土树种比重、绿地分布均匀度指数和景观连通性等作为核心指标纳入指标体系，同时，把三维绿量、绿地可达性、乔灌草结合度、绿地景观多样性指数和鸟类多样性等指标作为拓展指标，在评价方法成熟、数据获取成本降到可以承受的水平时，再将其作为核心指标纳入指标体系。同时，在指标体系构建过程中，还需要考虑目前我国不同自然区城镇绿地的质量和功能特征方面的差异性，以提高各地区城市绿地建设的导向性。例如，在西北干旱/高原区，除了上述三个优先、核心指标外，还可以率先试点把城市绿地的可达性和绿量作为城市绿地建设绩效评价的核心指标；而东部季风区南部和东部季风北部区可以率先试点把景观多样性和鸟类多样性作为核心指标。在对绿地建设进行评价和考核的过程中，应当增加公众打分、评价的分量，重视公众对绿地建设和管理的意见，发挥公众对绿化监督的作用。

第三节　基于专家咨询的评价指标研究

专家打分法是园林绿地评价指标体系构建中经常被使用的一种方法，借助于专家长期研究的经验来帮助完成决策，针对性较强、较为直观，能确保指标筛选的科学性、准确性、有效性。我们选取影响城镇绿地生态系统质量的 15 项常用指标，邀请重点高校和科研院所长期从事园林绿地研究的专家对我们选取的 15 项指标按重要程度进行打分，根据专家打分结果从 15 项指标中筛选出最能体现专家意见的几项指标。

一、专家打分过程

（一）选择专家

在最终指标体系确定的过程中，我们需要充分依靠城镇绿地研究领域专家的智慧，以提高指标体系设计的科学性和合理性。我们聘请了 31 位专家进行打分，这些专家来自北京大学、北京师范大学、复旦大学、同济大学、中国科学院、中国农业科学院等多所高校和科研院所，都具有副高及以上职称，他们长期从事水土保持、环境保护、城市规划、林业、园林绿化、生态保护、资源开发等领域的研究工作，积累了丰富的经验。专家的任务主要是给各项指标的相关性、可操作性、灵敏性和适应性四项属性打分。除了为备选指标打分以外，专家还可以提出打分矩阵中尚未包括的指标，或对城镇绿地生态综合评价指标体系建设提供建议，专家的打分和意见汇总分析后作为指标筛选的依据。

（二）设计打分矩阵

针对城镇绿地建设的质量评价，采用单项指标或综合评价指标来进行的研究已经较多，这些研究可以作为建立我国城镇绿地生态综合评价指标体系的重要基础。在充分调研国内外城镇绿地评价相关文献的基础上，我们最终确定了 15 个研究、评价热点指标作为城镇绿地生态综合评价备选指标体系，并建立了评分矩阵（表 4-23）。打分采用实行 10 分制，指标的各项属性越强，打分越高。

表 4-23　城镇绿地生态综合评价备选指标属性专家评分表

指标	打分（10 分制）				备注
	相关性	可操作性	灵敏性	适应性	
1. 人均公共绿地面积					
2. 建成区绿化覆盖率					
3. 绿地率					
4. 三维绿量					
5. 绿地生态服务价值					
6. 自然和野生性绿地面积百分比					
7. 乡土树种比例					
8. 乔灌草结合度					
9. 绿地可达性					
10. 绿地景观均匀度指数					
11. 绿地景观连通性指数					
12. 绿地景观多样性指数					
13. 社会绿化参与度					
14. 城镇绿地公众满意度					
15. 绿地信息化管理					

1）相关性

相关性反映指标的绿地属性与城镇绿地生态质量的相关程度。如果一个指标能够很好地反映城镇绿地生态质量的某一方面特征，那么它与城镇绿地生态质量的相关性就高，打高分；否则，打低分。

2）可操作性

可操作性反映指标数据获取的难易程度，以及社会经济成本的高低。数据容易获取、成本低的指标可操作性强，打高分；否则，打低分。

3）灵敏性

灵敏性反映指标能否灵敏地分辨不同城镇绿地建设生态质量的差异，并监测到城镇绿地生态质量的动态变化。如果一个指标能够灵敏地监测到不同城镇绿地生态质量的差异和城镇绿地生态质量的动态变化，那么该指标的灵敏性强，打高分；否则，打低分。

4）适应性

适应性反映指标应用于我国不同区域、级别、类型的城镇绿地生态质量评价的广泛程度。如果一个指标能够应用于不同区域、级别、类型的城镇绿地生态质量的评价，那么该指标的适用性强，打高分；否则，打低分。

（三）专家打分

专家对指标属性的打分都是匿名进行的。按照预先安排的调查程序，将设计好的打分矩阵送给相关专家，请求给予打分，对回收的问卷的真实性、有效性进行核对和处理，确保统计基础数据的可信度和质量。

（四）打分结果进行汇总，建立打分矩阵分析数据库

这次调查，总共分发了31份打分表，回收31份，回收的打分表全部有效。因此，打分表回收率和有效率都是100%，确保了统计数据的有效性和真实性。对回收的打分表，输入电脑，建立数据库。根据预先设计的研究技术路线，对15项指标的四项属性打分情况分别进行了描述性统计、平均值分析、标准差分析与检验，并对得到的表格和图形分别进行分析和比较，最终根据各指标的相关性属性、各指标属性平均值和各指标属性得分标准差来综合设定筛选标准，确定保留的指标数量。

二、专家打分结果统计和分析

（一）描述性统计

1. 人均公共绿地面积

人均公共绿地面积这一指标的四项属性得分均比较高（表4-24）。相关性得分主要集中在8分、9分、10分三个层次，其中有8位专家（25.81%）打了8分，有6位专家（19.35%）打了9分，有14位专家（45.16%）打了10分，综合来看8分及以上的专家占到总数的90.32%。可操作性得分也比较集中，主要有7分、8分、9分和10分四个层次。其中，8分、9分、10分三个高分层次占总数的96.77%，其中最高分10分，占总数的64.52%。灵敏性得分比较分散，也比较均匀，但是8分及以上的高分数仍然占到总数的83.87%。适应性得分主要集中在8分、9分和10分，占总数的87.1%。

表 4-24　人均公共绿地面积各属性得分情况

得分	频数	百分比/%	累计百分比/%	得分	频数	百分比/%	累计百分比/%
相关性				可操作性			
5	1	3.23	3.23	7	1	3.23	3.23
7	2	6.45	9.68	8	3	9.68	12.90
8	8	25.81	35.48	9	7	22.58	35.48
9	6	19.35	54.84	10	20	64.52	100.00
10	14	45.16	100.00				
总数	31	100.00		总数	31	100.00	
灵敏性				适应性			
5	1	3.23	3.23	5	1	3.23	3.23
6	2	6.45	9.68	7	3	9.68	12.90
7	2	6.45	16.13	8	4	12.90	25.81
8	11	35.48	51.61	9	10	32.26	58.06
9	7	22.58	74.19	10	13	41.94	100.00
10	8	25.81	100.00				
总数	31	100.00		总数	31	100.00	

注：本书中部分表格只保留了小数点后两位有效数字，因此加和后结果约等于 100.00，如本表适应性属性的百分比加和结果应该是 100.01，而取的是 100.00。本书其他表格同此处理。

总体来看，专家一致认为人均公共绿地面积与城镇绿地生态质量相关度较高，能够很好地反映城镇绿地生态质量；这一指标数据容易获取、成本低；对城镇绿地建设生态质量的差异的反应灵敏性较强，并能很好地监测到城镇绿地生态质量的动态变化；能够较好地应用于不同区域、级别、类型的城镇绿地生态质量评价。

2. 建成区绿化覆盖率

从专家打分情况来看（表 4-25），专家对建成区绿化覆盖率这一指标打分主要集中在 5～10 分，没有 5 分以下的得分。其中，相关性得分主要集中在 9 分和 10 分两个层次，这两个层次得分分别占总数的 35.48%和 41.94%。可操作性得分也主要集中在 9 分和 10 分，这两个层次分别占总数的 22.58%和 51.61%。灵敏性得分主要集中在 8 分、9 分和 10 分三个层次，这三个层次得分占总数的 74.19%。适应性得分主要集中在 9 分和 10 分，占总数的 67.74%。

表 4-25　建成区绿化覆盖率各属性得分情况

得分	频数	百分比/%	累计百分比/%	得分	频数	百分比/%	累计百分比/%
相关性				可操作性			
5	1	3.23	3.23	5	1	3.23	3.23
7	2	6.45	9.68	6	1	3.23	6.45
8	3	9.68	19.35	7	3	9.68	16.13
8.5	1	3.23	22.58	8	3	9.68	25.81
9	11	35.48	58.06	9	7	22.58	48.39
10	13	41.94	100.00	10	16	51.61	100.00
总数	31	100.00		总数	31	100.00	

续表

得分	频数	百分比/%	累计百分比/%	得分	频数	百分比/%	累计百分比/%
灵敏性				适应性			
5	1	3.23	3.23	5	1	3.23	3.23
6	5	16.13	19.35	6	3	9.68	12.90
7	2	6.45	25.81	7	2	6.45	19.35
8	8	25.81	51.61	8	4	12.90	32.26
9	9	29.03	80.65	9	9	29.03	61.29
10	6	19.35	100.00	10	12	38.71	100.00
总数	31	100.00		总数	31	100.00	

专家对建成区绿化覆盖率这一指标的意见较为统一，绝大多数专家认为它能够较好地反映城镇绿地生态质量某些方面的特征，它与城镇绿地生态质量的相关性较强。由于城镇绿地经过长期的建设和管理，基本上建立了一套城镇土地利用变化的常规性统计、定期摸底和变更调查的数据，并可利用遥感等现代技术手段来辅助进行科学测量获取数据，所以基础数据容易获取、成本低，可操作性强。建成区绿化覆盖率作为一个宏观的显性指标，可以清晰、灵敏地监测到不同城镇绿地生态质量的差异和细微的动态变化，该指标的灵敏性强。

3. 绿地率

从专家打分情况来看（表 4-26），绿地率各属性得分较为集中，其中相关性和适应性这两项属性得分主要是集中在 8 分以上，并且没有出现 5 分及以下的得分。可操作性这一属性，虽然有一个最低分 4 分，但也只占到总数的 3.23%，8 分及以上仍然占到了总数的 87.1%。灵敏性这一属性得分分布较为均匀，7 分、8 分、9 分和 10 分之间差别不是太大，8 分和 10 分都占总数的 29.03%，7 分和 9 分分别占 19.35%和 12.9%。

表 4-26　绿地率各属性得分情况

得分	频数	百分比/%	累计百分比/%	得分	频数	百分比/%	累计百分比/%
相关性				可操作性			
7	3	9.68	9.68	4	1	3.23	3.23
8	8	25.81	35.48	7	3	9.68	12.90
9	10	32.26	67.74	8	5	16.13	29.03
10	10	32.26	100.00	9	7	22.58	51.61
				10	15	48.39	100.00
总数	31	100.00		总数	31	100.00	
灵敏性				适应性			
5	1	3.23	3.23	6	2	6.45	6.45
6	2	6.45	9.68	7	3	9.68	16.13
7	6	19.35	29.03	8	4	12.90	29.03

续表

得分	频数	百分比/%	累计百分比/%	得分	频数	百分比/%	累计百分比/%
灵敏性				适应性			
8	9	29.03	58.06	9	8	25.81	54.84
9	4	12.90	70.97	10	14	45.16	100.00
10	9	29.03	100.00				
总数	31	100.00		总数	31	100.00	

总体来看，绿地率的各项属性都得到了专家的认同。因此，这一指标与城镇绿地生态质量的相关性强，数据获取成本低，也能灵敏地分辨不同城镇绿地建设生态质量的差异，并能监测到城镇绿地生态质量的动态变化，可以广泛地应用于我国不同区域、级别、类型的城镇绿地生态质量评价。

4. 三维绿量

三维绿量各属性得分相对比较分散（表 4-27），表明专家对三维绿量这一指标用于评价城镇绿地是否具有相关性、可操作性、灵敏性和适应性存在不同的观点。具体来看，相关性得分有 8 个层次，主要集中在 8 分和 10 分，分别占总数的 22.58%和 38.71%。可操作性得分涵盖 0～10 分的十个层次，各个层次得分比较均匀，6 分、7 分、8 分三个层次分别占总数的 16.13%、16.13%和 25.81%，而 9 分和 10 分所占比重较小。灵敏性得分也比较分散，5 分以下各层次都有选择，但 8 分所占比重较高，占总数的 32.26%，其余各项选择都占总数的 10%～20%。相比之下适应性这一属性得分更为分散，没有一项得分能超过总数的 20%，其中 7、8、9 分三个层次得分均占总数的 16.13%。

表 4-27　三维绿量各属性得分情况

得分	频数	百分比/%	累计百分比/%	得分	频数	百分比/%	累计百分比/%
相关性				可操作性			
3	1	3.23	3.23	0	1	3.23	3.23
5	2	6.45	9.68	1	2	6.45	9.68
6	1	3.23	12.90	3	2	6.45	16.13
7	2	6.45	19.35	4	1	3.23	19.35
8	7	22.58	41.94	5	3	9.68	29.03
8.5	1	3.23	45.16	6	5	16.13	45.16
9	5	16.13	61.29	7	5	16.13	61.29
10	12	38.71	100.00	8	8	25.81	87.10
				9	2	6.45	93.55
				10	2	6.45	100.00
总数	31	100.00		总数	31	100.00	
灵敏性				适应性			
1	1	3.23	3.23	1	1	3.23	3.23

续表

得分	频数	百分比/%	累计百分比/%	得分	频数	百分比/%	累计百分比/%
灵敏性				适应性			
3	1	3.23	6.45	3	1	3.23	6.45
5	1	3.23	9.68	4	1	3.23	9.68
6	4	12.90	22.58	5	6	19.35	29.03
7	6	19.35	41.94	6	3	9.68	38.71
8	10	32.26	74.19	7	5	16.13	54.84
9	4	12.90	87.10	8	5	16.13	70.97
10	4	12.90	100.00	9	5	16.13	87.10
				10	4	12.90	100.00
总数	31	100.00		总数	31	100.00	

三维绿量作为近年来才开始应用的新指标，突破了原有二维绿化指标的局限性，能从理论上更加准确地反映城镇绿地空间构成的合理性。但是作为一项新的指标，它的专业性较强，数据获取、计算程序都需要借助于专业的技术手法和工具，目前，三维绿量这种方法只能由少数专业人员掌握，它的效果也还未得到充分证明。因此，参与打分的专家当中，对这一指标较为熟悉的专家就会极力推荐，打分较高；而其他对这一指标不熟悉的专家，就会存有怀疑态度，打分也不会太高。

5. 绿地生态服务价值

城镇绿地的生态服务功能是绿地系统为维持城市人类活动和居民身心健康提供物质产品、环境资源、生态公益和美学价值的能力。种种研究结果显示，公众和专家对绿地具有上述的生态服务功能都表示赞同，都能认识到绿地这一特征对维持城市的生态平衡和改善生态环境的重要性，学术界的研究结果非常丰富。

因此，从专家打分情况的汇总来看（表 4-28），得分比较分散，分值主要分布在 5～9 分，尤其是这一指标的可操作性、灵敏性和适应性得分更为分散。相关性这一属性，得分在 6 分及以上的占总数的 90.32%。有 19.35%的专家认为可操作性得分应该在 5 分，6 分及以上的只有 48.39%。关于灵敏性得分，有 19.35%的专家认为在 5 分及以下，有 80.65%的专家打分在 6 分及以上。有 25.81%的专家认为适应性得分是 5 分，有 54.84%的专家认为这一属性得分应该在 6 分及以上。站在专家的角度，对这一指标真正将学术研究推广应用而服务于城市绿地建设和管理，将生态的功能价值转化并进行科学的计算和衡量及市场交易，将学术的研究用于政府部门的决策，都抱有一定的怀疑态度。

表 4-28 绿地生态服务价值各属性得分情况

得分	频数	百分比/%	累计百分比/%	得分	频数	百分比/%	累计百分比/%
相关性				可操作性			
2	1	3.23	3.23	0	1	3.23	3.23
5	2	6.45	9.68	1	1	3.23	6.45
6	5	16.13	25.81	2	3	9.68	16.13
7	2	6.45	32.26	3	3	9.68	25.81
8	3	9.68	41.94	4	2	6.45	32.26
9	9	29.03	70.97	5	6	19.35	51.61
10	9	29.03	100.00	6	2	6.45	58.06
				7	6	19.35	77.42
				8	4	12.90	90.32
				9	2	6.45	96.77
				10	1	3.23	100.00
总数	31	100.00		总数	31	100.00	
灵敏性				适应性			
1	1	3.23	3.23	1	2	6.45	6.45
2	1	3.23	6.45	2	2	6.45	12.90
3	1	3.23	9.68	4	2	6.45	19.35
4	1	3.23	12.90	5	8	25.81	45.16
5	2	6.45	19.35	6	5	16.13	61.29
6	8	25.81	45.16	7	3	9.68	70.97
7	6	19.35	64.52	8	4	12.90	83.87
8	4	12.90	77.42	9	4	12.90	96.77
9	6	19.35	96.77	10	1	3.23	100.00
10	1	3.23	100.00				
总数	31	100.00		总数	31	100.00	

从以上得分看出，专家认为绿地生态服务价值与城镇绿地生态质量具有较强的相关性和灵敏性，但用于测量的数据获取较困难、成本较高，可操作性不强，并且不能较好地分辨不同城镇绿地建设生态质量的差异和监测城镇绿地生态质量的动态变化，还不能广泛地应用于我国不同区域、级别、类型的城镇绿地生态质量评价。

6. 自然和野生性绿地面积百分比

现代城镇建设一方面在大面积消灭自然绿地，另一方面又在不断“克隆”自然绿地。但仅从成本考虑，人工绿地成本在自然绿地成本的 10 倍以上，从生态效益来看，人工绿地不如自然绿地。

从这一指标不同属性的得分来看（表 4-29），大部分专家打分主要集中在 6 分及以上，表明专家意见较为一致。对于相关性这一属性，8 分及以上的得分占总数的 64.52%，表明专家都表示认同。对于可操作性而言，有少数专家表示不赞同，但大多数专家打分在7分及以上，占到总数的74.19%。从灵敏性和适应性来看，专家打分相对比较分散，0～10分的各个层次几乎都有专家支持，但是6分及以上的专家均占到总数的74.19%。

表4-29 自然和野生性绿地面积百分比各属性得分情况

得分	频数	百分比/%	累计百分比/%	得分	频数	百分比/%	累计百分比/%
相关性				可操作性			
5	5	16.13	16.13	1	1	3.23	3.23
6	3	9.68	25.81	4	1	3.23	6.45
7	3	9.68	35.48	6	6	19.35	25.81
8	7	22.58	58.06	7	7	22.58	48.39
9	4	12.90	70.97	8	7	22.58	70.97
10	9	29.03	100.00	9	5	16.13	87.10
				10	4	12.90	100.00
总数	31	100.00		总数	31	100.00	
灵敏性				适应性			
1	1	3.23	3.23	1	2	6.45	6.45
2	1	3.23	6.45	3	1	3.23	9.68
3	1	3.23	9.68	4	1	3.23	12.90
4	1	3.23	12.90	5	4	12.90	25.81
5	4	12.90	25.81	6	4	12.90	38.71
6	4	12.90	38.71	7	4	12.90	51.61
7	1	3.23	41.94	8	5	16.13	67.74
8	8	25.81	67.74	9	2	6.45	74.19
9	3	9.68	77.42	10	8	25.81	100.00
10	7	22.58	100.00				
总数	31	100.00		总数	31	100.00	

从相关性来看，这一指标能够很好地反映城镇绿地生态质量，由于这一指标仍然属于数量型指标，根据目前的统计数据和技术手段，大部分数据都基本能获取，成本较低。这一指标能较为敏捷地分辨不同城镇绿地建设生态质量的差异，并能监测到城镇绿地生态质量的动态变化。这一指标也能较为广泛地应用于我国不同区域、级别、类型的城镇绿地生态质量评价。总体来看，专家较为支持。

7. 乡土树种比例

乡土植物是指经过长期的自然选择及物种演替后，对某一特定地区具有高度生态适应性的自然植物区系成分的总称。采用乡土植物进行绿化能够有效降低绿化和管理成本，而且能更好地发挥绿地服务功能。

对专家打分情况进行汇总（表4-30），从相关性这一属性得分来看，8分及以上的专家占总数的61.29%，说明乡土树种比例与城镇绿地质量的相关性较强。但是对于可操作性，得分较为分散，8 个得分层次中 8 分和 9 分所占比重最大，分别占总数的 25.81%和 19.35%，但是高分 10 分比重不大。对于灵敏性来说，专家打分较为分散，有 29.03%的专家打分在 5 分及以下，但是 8 分及以上的专家占到总数的 45.16%。对于这一指标的适应性，尽管也有 9 个层次得分，但是 8 分及以上集中了 64.52%。

表 4-30 乡土树种比例各属性得分情况

得分	频数	百分比/%	累计百分比/%	得分	频数	百分比/%	累计百分比/%
相关性				可操作性			
4	1	3.23	3.23	2	1	3.23	3.23
5	4	12.90	16.13	4	1	3.23	6.45
6	6	19.35	35.48	5	2	6.45	12.90
7	1	3.23	38.71	6	5	16.13	29.03
8	4	12.90	51.61	7	5	16.13	45.16
9	9	29.03	80.65	8	8	25.81	70.97
10	6	19.35	100.00	9	6	19.35	90.32
				10	3	9.68	100.00
总数	31	100.00		总数	31	100.00	
灵敏性				适应性			
2	1	3.23	3.23	2	2	6.45	6.45
3	2	6.45	9.68	3	2	6.45	12.90
4	3	9.68	19.35	4	1	3.23	16.13
5	3	9.68	29.03	5	3	9.68	25.81
6	2	6.45	35.48	6	1	3.23	29.03
7	6	19.35	54.84	7	2	6.45	35.48
8	3	9.68	64.52	8	8	25.81	61.29
9	8	25.81	90.32	9	8	25.81	87.10
10	3	9.68	100.00	10	4	12.90	100.00
总数	31	100.00		总数	31	100.00	

8. 乔灌草结合度

乔灌草结合度这一指标可表征城镇绿地中乔木、灌木、草本植物配置的合理程度，反映城镇绿地布局和结构合理性程度。

从乔灌草结合度这一指标的得分情况来看，相关性得分较为集中，可操作性、灵敏性和适应性得分较为分散，都包含了 1～10 分的各个层次（表 4-31）。专家对相关性认同度较高，8 分及以上的得分占到总数的 67.74%；可操作性、灵敏性和适应性得分比较分散，这三项属性得分介于 6～10 分比例均占总数的 80.65%。

表 4-31　乔灌草结合度各属性得分情况

得分	频数	百分比/%	累计百分比/%	得分	频数	百分比/%	累计百分比/%
相关性				可操作性			
5	2	6.45	6.45	1	1	3.23	3.23
6	5	16.13	22.58	2	1	3.23	6.45
7	3	9.68	32.26	3	1	3.23	9.68
8	7	22.58	54.84	4	1	3.23	12.90
9	5	16.13	70.97	5	2	6.45	19.35
10	9	29.03	100.00	6	6	19.35	38.71
				7	9	29.03	67.74
				8	4	12.90	80.65
				9	4	12.90	93.55
				10	2	6.45	100.00
总数	31	100.00		总数	31	100.00	
灵敏性				适应性			
2	1	3.23	3.23	1	1	3.23	3.23
3	2	6.45	9.68	2	1	3.23	6.45
5	3	9.68	19.35	4	1	3.23	9.68
6	5	16.13	35.48	5	3	9.68	19.35
7	4	12.90	48.39	6	6	19.35	38.71
8	11	35.48	83.87	7	5	16.13	54.84
9	3	9.68	93.55	8	8	25.81	80.65
10	2	6.45	100.00	9	5	16.13	96.77
				10	1	3.23	100.00
总数	31	100.00		总数	31	100.00	

从打分情况来看，大多数专家认为，乔灌草结合度与绿地属性和城镇绿地生态质量息息相关。这一指标的灵敏性较好，能反映不同城镇绿地生态质量的差异和城镇绿地生态质量的动态变化，可以较为广泛地应用于不同区域、级别、类型的城镇绿地生态质量评价。

9. 绿地可达性

从打分结果来看（表 4-32），对于相关性而言，专家打分都在 5 分及以上，主要集中在 8 分、9 分和 10 分，有 67.74%的专家打分集中在这一高分段，说明专家对绿地可达性非常赞同。从可操作性来看，专家打分相对分散，但大多数专家打分仍然集中在 6 分、7 分和 8 分，分别为总数的 19.35%、29.03%和 12.9%。对于灵敏性的而言，专家打分较为均匀，但是也比较分散，其中，分别有 3.23%、6.45%和 9.68%的专家打 2 分、3 分和 5 分，而打分在 6～10 分的差异不大，分别占总数的 16.13%、12.9%、35.48%、9.68%和 6.45%。适应性得分与灵敏性得分较为类似，得分比较均匀和分散，但 6～10 分还是集中了 80.65%的专家。

表 4-32　绿地可达性各属性得分情况

得分	频数	百分比/%	累计百分比/%	得分	频数	百分比/%	累计百分比/%
相关性				可操作性			
5	2	6.45	6.45	1	1	3.23	3.23
6	5	16.13	22.58	2	1	3.23	6.45
7	3	9.68	32.26	3	1	3.23	9.68
8	7	22.58	54.84	4	1	3.23	12.90
9	5	16.13	70.97	5	2	6.45	19.35
10	9	29.03	100.00	6	6	19.35	38.71
				7	9	29.03	67.74
				8	4	12.90	80.65
				9	4	12.90	93.55
				10	2	6.45	100.00
总数	31	100.00		总数	31	100.00	
灵敏性				适应性			
2	1	3.23	3.23	1	1	3.23	3.23
3	2	6.45	9.68	2	2	6.45	9.68
5	3	9.68	19.35	4	2	6.45	16.13
6	5	16.13	35.48	5	3	9.68	25.81
7	4	12.90	48.39	6	6	19.35	45.16
8	11	35.48	83.87	7	5	16.13	61.29
9	3	9.68	93.55	8	7	22.58	83.87
10	2	6.45	100.00	9	4	12.90	96.77
				10	1	3.23	100.00
总数	31	100.00		总数	31	100.00	

绿地可达性指标也是近几年才应用于城镇绿地评价的。尽管大部分专家打分都在 6 分以上，但是部分专家对这一指标的可操作性、灵敏性和适应性打分观点不太统一，还有一定分歧。

10. 绿地景观均匀度指数

绿地景观均匀度指数主要衡量城镇绿地在城市区域中分布协调的程度，考察大多数居民是否能公平享受到绿地的各种效益。

从专家打分来看，专家打分集中度较高，低分层次所占比重较小（表 4-33）。相关性得分都在 5 分及以上，其中 5～8 分集中了 80.65%的专家。对于可操作性，打分虽比较分散，涵盖了 0～10 分各层次，但专家打分主要集中在 5～9 分，集中了 74.19%的专家。从灵敏性来看，得分比较均匀和分散，4 分、5 分、6 分和 8 分分别占总数的 12.9%、16.13%、16.13%和 19.35%，得分集中程度最高的是 7 分，占总数的 25.81%。从适应性这一属性得分来看，聚集程度最高的是 5 分和 7 分，分别占总数的 29.03%和 32.26%。

表 4-33 绿地景观均匀度指数各属性得分情况

得分	频数	百分比/%	累计百分比/%	得分	频数	百分比/%	累计百分比/%
相关性				可操作性			
5	4	12.90	12.90	0	1	3.23	3.23
6	5	16.13	29.03	1	1	3.23	6.45
7	7	22.58	51.61	3	2	6.45	12.90
8	9	29.03	80.65	5	3	9.68	22.58
9	3	9.68	90.32	6	7	22.58	45.16
10	3	9.68	100.00	7	4	12.90	58.06
				8	4	12.90	70.97
				9	5	16.13	87.10
				10	4	12.90	100.00
总数	31	100.00		总数	31	100.00	
灵敏性				适应性			
4	4	12.90	12.90	2	1	3.23	3.23
5	5	16.13	29.03	4	1	3.23	6.45
6	5	16.13	45.16	5	9	29.03	35.48
7	8	25.81	70.97	6	4	12.90	48.39
8	6	19.35	90.32	7	10	32.26	80.65
9	3	9.68	100.00	8	4	12.90	93.55
				9	2	6.45	100.00
总数	31	100.00		总数	31	100.00	

总体来看，专家对绿地景观均匀度指数都持赞成态度，但是 8 分及以上的高分段不多。分别来看，专家认为这一指标与城镇绿地质量的相关性较强，但专家对这一指标的可操作性、灵敏性和适应性还持有一定的疑问。

11. 绿地景观连通性指数

绿地景观连通性指数是指景观对生态流的便利或阻碍程度，是衡量景观格局与功能的一个重要指标。

从打分结果来看（表 4-34），对于绿地景观连通性指数而言，专家对四项属性打分主要都集中在 5～9 分，10 分的高分层很少，5 分以下的得分也很少。从这一指标相关性看出，得分主要集中在 5～10 分六个层次，其中 6 分和 7 分分别占总数的 22.58%，8 分和 9 分分别占总数的 19.35%。从可操作性来看，得分虽然比较分散，但大多数专家打分还是集中在 5～9 分，这五个层次得分占到总数的 83.87%。从灵敏性来看，除了有一位专家打分为 1 分，其余 30 位专家对这一属性的打分都在 5 分及以上，其中打分为 8 分的专家占到总数的 32.26%。从适应性来看，除了两位专家打分是 1 分和 4 分以外，其余专家打分主要集中在 5 分及以上，其中有 83.87%的专家打分集中在 5～9 分。

表 4-34　绿地景观连通性指数各属性得分情况

得分	频数	百分比/%	累计百分比/%	得分	频数	百分比/%	累计百分比/%
相关性				可操作性			
5	1	3.23	3.23	1	2	6.45	6.45
6	7	22.58	25.81	2	1	3.23	9.68
7	7	22.58	48.39	3	1	3.23	12.90
8	6	19.35	67.74	5	7	22.58	35.48
9	6	19.35	87.10	6	6	19.35	54.84
10	4	12.90	100.00	7	3	9.68	64.52
				8	4	12.90	77.42
				9	6	19.35	96.77
				10	1	3.23	100.00
总数	31	100.00		总数	31	100.00	
灵敏性				适应性			
1	1	3.23	3.23	1	1	3.23	3.23
5	6	19.35	22.58	4	1	3.23	6.45
6	4	12.90	35.48	5	5	16.13	22.58
7	5	16.13	51.61	6	7	22.58	45.16
8	10	32.26	83.87	7	6	19.35	64.52
9	5	16.13	100.00	8	4	12.90	77.42
				9	4	12.90	90.32
				10	3	9.68	100.00
总数	31	100.00		总数	31	100.00	

总体来看，专家均赞同绿地景观连通性指数与城镇绿地生态质量评价之间有较强的相关性。这一指标数据获取较为容易，成本也较低，因此指标可操作性强，也能灵敏地分辨不同城镇绿地建设质量的差异性，并监测到城镇绿地生态质量的动态变化，尤其是受不同区域、级别、类型城市的影响较小，能够广泛应用于城镇绿地生态质量评价。

12. 绿地景观多样性指数

绿地景观多样性指数这一指标各属性，低分层次比重较小，高分层次比重也不大，得分较为分散，大部分得分都集中在 5～9 分（表 4-35）。从相关性来看，打分主要集中在 8 分，占总数的 29.03%，其次是 5 分和 10 分，均占总数的 16.13%，其余的 6 分、7 分和 9 分分别占总数的 9.68%、12.9%和 12.9%。可操作性得分较为分散，得分占九个层次，其中 8 分所占比重最大，为 25.81%，其次为 5 分、6 分和 9 分，均占总数的 12.9%。灵敏性得分与可操作性得分类似，也是占九个层次，其中打 7 分的专家数最多，为 25.81%，其次为 5 分、6 分、8 分和 9 分，差异不大。适应性属性专家打分主要集中在 5～8 分，其中打 7 分和 8 分的专家数分别占总数的 22.58%和 25.81%，5 分和 6 分均为 16.13%。

表 4-35 绿地景观多样性指数各属性得分情况

得分	频数	百分比/%	累计百分比/%	得分	频数	百分比/%	累计百分比/%
相关性				可操作性			
4	1	3.23	3.23	0	1	3.23	3.23
5	5	16.13	19.35	2	2	6.45	9.68
6	3	9.68	29.03	3	3	9.68	19.35
7	4	12.90	41.94	5	4	12.90	32.26
8	9	29.03	70.97	6	4	12.90	45.16
9	4	12.90	83.87	7	2	6.45	51.61
10	5	16.13	100.00	8	8	25.81	77.42
				9	4	12.90	90.32
				10	3	9.68	100.00
总数	31	100.00		总数	31	100.00	
灵敏性				适应性			
0	2	6.45	6.45	0	1	3.23	3.23
2	1	3.23	9.68	3	1	3.23	6.45
5	4	12.90	22.58	5	5	16.13	22.58
6	4	12.90	35.48	6	5	16.13	38.71
7	8	25.81	61.29	7	7	22.58	61.29
8	6	19.35	80.65	8	8	25.81	87.10
9	5	16.13	96.77	9	3	9.68	96.77
10	1	3.23	100.00	10	1	3.23	100.00
总数	31	100.00		总数	31	100.00	

从绿地景观多样性指数各属性得分情况来看，它能够较好地反映城镇绿地生态质量的某一方面特征。它与城镇绿地生态质量的相关性也较强；由于采用了专业的计算方法和技术，它所需的数据也较容易获取，成本较低；并且能够灵敏地分辨出不同城镇绿地建设生态质量的差异，监测到城镇绿地生态质量的动态变化；在一定程度上能够较为广泛地应用于我国不同区域、级别、类型的城镇绿地生态质量评价。

13. 社会绿化参与度

从专家打分结果来看，社会绿化参与度的各属性得分比较分散，并且中低层次的得分占据了一定的比例（表 4-36）。从相关性来看，涵盖了八个层次的得分，其中 5 分、6 分、8 分和 9 分所占比重较大，这四个层次得分占总数的 70.97%。可操作性得分也比较分散，得分涵盖了九个层次，同样是 5～9 分集中了大部分专家打分，这五个层次得分占总数的 70.97%。在这四个属性中，专家对灵敏性的打分涵盖了 0～10 分的十一个层次，说明专家对社会绿化参与度的灵敏性持有较大分歧，其中有 9.68%的专家打 0 分，5 分及以下得分所占比重达 48.39%，接近一半的专家持反对意见。适应性得分也比较分散，涵盖了十个层次的分值，其中 5 分及以下占总数的 32.26%，而在所有分段中 8 分所占比重最高，集中了 22.58%的专家。

表 4-36　社会绿化参与度各属性得分情况

得分	频数	百分比/%	累计百分比/%	得分	频数	百分比/%	累计百分比/%
相关性				可操作性			
0	1	3.23	3.23	0	3	9.68	9.68
4	2	6.45	9.68	2	1	3.23	12.90
5	6	19.35	29.03	4	3	9.68	22.58
6	7	22.58	51.61	5	6	19.35	41.94
7	3	9.68	61.29	6	5	16.13	58.06
8	5	16.13	77.42	8	6	19.35	77.42
9	4	12.90	90.32	9	5	16.13	93.55
10	3	9.68	100.00	10	2	6.45	100.00
总数	31	100.00		总数	31	100.00	
灵敏性				适应性			
0	3	9.68	9.68	0	3	9.68	9.68
1	1	3.23	12.90	1	1	3.23	12.90
2	1	3.23	16.13	2	1	3.23	16.13
3	2	6.45	22.58	4	2	6.45	22.58
4	2	6.45	29.03	5	3	9.68	32.26
5	6	19.35	48.39	6	5	16.13	48.39
6	4	12.90	61.29	7	3	9.68	58.06
7	4	12.90	74.19	8	7	22.58	80.65
8	2	6.45	80.65	9	2	6.45	87.10
9	5	16.13	96.77	10	4	12.90	100.00
10	1	3.23	100.00				
总数	31	100.00		总数	31	100.00	

从以上得分可以看出，专家认为社会绿化参与度的意义不大，社会绿化参与程度高低与绿化建设质量、实际效果发挥相关性不高。目前，我国社会参与绿化主要通过官方或正式、定期举办一些活动来进行，例如，参加单位的义务植树等有限的渠道来完成。因此，专家认为这一指标可操作性不强，也不能灵敏地反映和监控绿地质量的变化，在不同类型、不同区域城市之间实际情况差别较大，适应性不强。

14. 城镇绿地公众满意度

从专家打分情况来看（表 4-37），对城镇绿地公众满意度这一指标，相关性得分主要分布在 2～10 分，得分在 6 分及以上的占总数的 87.10%，其中 9 分和 10 分占总数的 54.84%，说明大部分专家认为城镇绿地公众满意度对反映城镇绿地质量和建设水平有较强的相关性。对于可操作性而言，得分分布也比较分散，但是得分占总数比例较高的仍然集中在 6 分、7 分和 8 分，分别为 19.35%、12.90%和 29.03%，9 分和 10 分等高分层次所占比重不大。对于灵敏性而言，得分涵盖了十个层次的分值，除了 7 分、8 分和 10 分所占比重较高以外，其余各层次比重较为接近。与灵敏性较为类似，适应性这一属性的专家打分较为分散，高分值不多，其中 5

分和6分占总数比重均为12.9%，7分和10分比重均为9.68%，8分和9分占总数比重相对较高，分别为16.13%和25.81%，6分及以上分值占总数的74.19%。

表 4-37　城镇绿地公众满意度各属性得分情况

得分	频数	百分比/%	累计百分比/%	得分	频数	百分比/%	累计百分比/%
相关性				可操作性			
2	1	3.23	3.23	0	2	6.45	6.45
4	2	6.45	9.68	2	1	3.23	9.68
5	1	3.23	12.90	4	2	6.45	16.13
6	2	6.45	19.35	5	2	6.45	22.58
7	5	16.13	35.48	6	6	19.35	41.94
8	3	9.68	45.16	7	4	12.90	54.84
9	9	29.03	74.19	8	9	29.03	83.87
10	8	25.81	100.00	9	3	9.68	93.55
				10	2	6.45	100.00
总数	31	100.00		总数	31	100.00	
灵敏性				适应性			
0	3	9.68	9.68	0	2	6.45	6.45
1	1	3.23	12.90	1	1	3.23	9.68
2	1	3.23	16.13	4	1	3.23	12.90
4	1	3.23	19.35	5	4	12.90	25.81
5	2	6.45	25.81	6	4	12.90	38.71
6	3	9.68	35.48	7	3	9.68	48.39
7	8	25.81	61.29	8	5	16.13	64.52
8	5	16.13	77.42	9	8	25.81	90.32
9	3	9.68	87.10	10	3	9.68	100.00
10	4	12.90	100.00				
总数	31	100.00		总数	31	100.00	

由于这一指标是通过问卷调查得到的，问卷调查受不确定性因素影响会更多，主观性较强，真实数据不太容易获取，成本也较高。通过公众的意见也不能灵敏地分辨不同城镇绿地建设生态质量的差异，也无法较好地监测到城镇绿地生态质量的动态变化。同时，由于不同区域、级别、类型城市公众会受到各自生活地域自然景观特征、知识文化结构、对绿化价值认同等因素的影响，所以该指标的适用性不强。

15. 绿地信息化管理

从专家对这一指标各属性打分情况来看（表4-38），四项属性得分都具有相似性。其中相关性得分主要集中在6分、7分和8分等三个层次上，5分及以下得分占总数的25.81%，6分、7分和8分占总数的58.06%，9分和10分高分段分别占总数的9.68%和6.45%。对于可操作性，得分集中在三个分段，一是得分均占总数6.45%的1分和4分；二是得分比重较大的5分、6分、8分和9分，分别占16.13%、19.35%、25.81%和16.13%；三是得分均占总数3.23%

的 2 分、3 分和 7 分。对于灵敏性而言，专家意见分歧较突出，打分涵盖了十个层次，其中 5 分及以下占总数的 41.94%，而 6～9 分占总数的 54.84%。适应性得分集中在八个层次，其中 4～8 分的中高分段占总数的 80.65%。

表 4-38　绿地信息化管理各属性得分情况

得分	频数	百分比/%	累计百分比/%	得分	频数	百分比/%	累计百分比/%
相关性				可操作性			
0	1	3.23	3.23	1	2	6.45	6.45
3	1	3.23	6.45	2	1	3.23	9.68
4	3	9.68	16.13	3	1	3.23	12.90
5	3	9.68	25.81	4	2	6.45	19.35
6	4	12.90	38.71	5	5	16.13	35.48
7	6	19.35	58.06	6	6	19.35	54.84
8	8	25.81	83.87	7	1	3.23	58.06
9	3	9.68	93.55	8	8	25.81	83.87
10	2	6.45	100.00	9	5	16.13	100.00
总数	31	100.00		总数	31	100.00	
灵敏性				适应性			
0	2	6.45	6.45	0	2	6.45	6.45
1	1	3.23	9.68	3	1	3.23	9.68
2	1	3.23	12.90	4	4	12.90	22.58
4	3	9.68	22.58	5	6	19.35	41.94
5	6	19.35	41.94	6	7	22.58	64.52
6	6	19.35	61.29	7	4	12.90	77.42
7	5	16.13	77.42	8	4	12.90	90.32
8	2	6.45	83.87	9	3	9.68	100.00
9	4	12.90	96.77				
10	1	3.23	100.00				
总数	31	100.00		总数	31	100.00	

总体来看，专家对绿地信息化管理的四项属性看法不一致。尤其是对灵敏性和适应性分歧较大，相关性和可操作性评价也不太高。绿地信息化管理得分与是否建立了城市园林绿化数字化信息库，是否建立了城市园林绿化信息发布与社会服务信息共享平台，是否建立了城市园林绿化信息化监管体系有关。

(二) 各指标属性得分情况汇总

1. 各指标相关性得分情况

参与打分的专家共 31 位，根据各指标相关性评分大于等于 6 分的专家数量不少于 75%的标准，可以选出如下 13 项指标（表 4-39）。这 13 项指标分别是人均公共绿地面积、建成区绿化覆盖率、绿地率、三维绿量、乔灌草结合度、绿地生态服务价值、自然和野生性绿地面积百分比、乡土树种比例、绿地景观均匀度指数、绿地景观连通性指数、绿地景观多样性指数、绿地可达性和城镇绿地公众满意度。剩余的两项指标，即社会绿化参与度、绿地信息化管理相关性得分都较低，这两项指标相关性分别占总数的70.97%和74.19%。在这15项指标中，相关性属性得分6分及以上专家数比例最高的是人均公共绿地面积、建成区绿化覆盖率、绿地率和绿地景观连通性指数四项，分别占96.77%、96.77%、100%和96.77%。

表 4-39　各指标相关性得分百分比（单位：%）

指标＼占比	0	2	3	4	5	6	7	8	8.5	9	10	6分及以上
人均公共绿地面积	—	—	—	—	3.23	—	6.45	25.81	—	19.35	45.16	96.77
建成区绿化覆盖率	—	—	—	—	3.23	—	6.45	9.68	3.23	35.48	41.94	96.77
绿地率	—	—	—	—	—	—	9.68	25.81	—	32.26	32.26	100.00
三维绿量	—	—	3.23	—	6.45	3.23	6.45	22.58	3.23	16.13	38.71	90.32
绿地生态服务价值	—	3.23	—	—	6.45	16.13	6.45	9.68	—	29.03	29.03	90.32
自然和野生性绿地面积百分比	—	—	—	—	16.13	9.68	9.68	22.58	—	12.90	29.03	83.87
乡土树种比例	—	—	—	3.23	12.90	19.35	3.23	12.90	—	29.03	19.35	83.87
乔灌草结合度	—	—	—	—	6.45	16.13	9.68	22.58	—	16.13	29.03	93.55
绿地可达性	—	—	—	—	6.45	16.13	9.68	22.58	—	16.13	29.03	93.55
绿地景观均匀度指数	—	—	—	—	12.90	16.13	22.58	29.03	—	9.68	9.68	87.10
绿地景观连通性指数	—	—	—	—	3.23	22.58	22.58	19.35	—	19.35	12.90	96.77
绿地景观多样性指数	—	—	—	3.23	16.13	9.68	12.90	29.03	—	12.90	16.13	80.65
社会绿化参与度	3.23	—	—	6.45	19.35	22.58	9.68	16.13	—	12.90	9.68	70.97
城镇绿地公众满意度	—	3.23	—	6.45	3.23	6.45	16.13	9.68	—	29.03	25.81	87.10
绿地信息化管理	3.23	—	3.23	9.68	9.68	12.90	19.35	25.81	—	9.68	6.45	74.19

2. 各指标可操作性得分情况

参与打分的专家是31位，根据各指标可操作性评分大于等于6分的专家数量不少于75%的标准，可以选出如下9项指标（表4-40）。这9项指标分别是人均公共绿地面积、绿化覆盖率、绿地率、自然和野生性绿地面积百分比、乡土树种比例、乔灌草结合度、绿地可达性、绿地景观均匀度指数、绿地公众满意度。剩余的 6 项指标，即三维绿量、绿地生态服务价值、绿地景观连通性指数、绿地景观多样性指数、社会绿化参与度、绿地信息化管理等都不符合这一标准。在这 15 项指标中，可操作性属性得分在 6 分及以上专家数比例最高的是人均公共绿地面积、绿化覆盖率、绿地率、自然和野生性绿地面积百分比，其比例分别为 100%、96.77%、96.77%和 93.55%，而绿地生态服务价值、绿化社会参与度的可操作性属性得分 6 分及以上的专家比例最低，分别为 48.39%和 58.06%。

表 4-40　各指标可操作性属性得分百分比　（单位：%）

指标＼占比	0	1	2	3	4	5	6	7	8	9	10	6 分及以上
人均公共绿地面积	—	—	—	—	—	—	—	3.23	9.68	22.58	64.52	100.00
建成区绿化覆盖率	—	—	—	—	—	3.23	3.23	9.68	9.68	22.58	51.61	96.77
绿地率	—	—	—	—	3.23	—	—	9.68	16.13	22.58	48.39	96.77
三维绿量	3.23	6.45	—	6.45	3.23	9.68	16.13	16.13	25.81	6.45	6.45	70.97
绿地生态服务价值	3.23	3.23	9.68	9.68	6.45	19.35	6.45	19.35	12.90	6.45	3.23	48.39
自然和野生性绿地面积百分比	—	3.23	—	—	3.23	—	19.35	22.58	22.58	16.13	12.90	93.55
乡土树种比例	—	—	3.23	—	3.23	6.45	16.13	16.13	25.81	19.35	9.68	87.10
乔灌草结合度	—	3.23	3.23	3.23	3.23	6.45	19.35	29.03	12.90	12.90	6.45	80.65
绿地可达性	—	3.23	3.23	3.23	3.23	6.45	19.35	29.03	12.90	12.90	6.45	80.65
绿地景观均匀度指数	3.23	3.23	—	6.45	—	9.68	22.58	12.90	12.90	16.13	12.90	77.42
绿地景观连通性指数	—	6.45	3.23	3.23	—	22.58	19.35	9.68	12.90	19.35	3.23	64.52
绿地景观多样性指数	3.23	—	6.45	9.68	—	12.90	12.90	6.45	25.81	12.90	9.68	67.74
社会绿化参与度	9.68	—	3.23	—	9.68	19.35	16.13	—	19.35	16.13	6.45	58.06
城镇绿地公众满意度	6.45	—	3.23	—	6.45	6.45	19.35	12.90	29.03	9.68	6.45	77.42
绿地信息化管理	—	6.45	3.23	3.23	6.45	16.13	19.35	3.23	25.81	16.13	—	64.52

3. 各指标灵敏性得分情况

根据各指标灵敏性评分大于等于 6 分的专家数量不少于 75%的标准，可以选出如下 9 项指标（表 4-41）。这 9 项指标分别是人均公共绿地面积、建成区绿化覆盖率、绿地率、三维绿量、乔灌草结合度、绿地可达性、绿地景观连通性指数、绿地生态服务价值、绿地景观多样性指数。剩余的 6 项指标，即自然和野生性绿地面积百分比、乡土树种比例、绿地景观均匀度指数、社会绿化参与度、城镇绿地公众满意度、绿地信息化管理等不符合这一标准。在这 15 项指标中，灵敏性属性得分在 6 分及以上专家数比例最高的是人均公共绿地面积、建成区绿化覆盖率、绿地率和三维绿量四项，分别为 96.77%、96.77%、96.77% 和 90.32%，而绿化社会参与度、绿地信息化管理的灵敏性属性得分 6 分及以上的专家比例最低，分别 51.6%和 58.1%，即大约一半的专家认为这三项指标不具有灵敏性。

表 4-41 各指标灵敏性属性得分百分比 （单位：%）

指标＼占比	0	1	2	3	4	5	6	7	8	9	10	6 分及以上
人均公共绿地面积	—	—	—	—	—	3.23	6.45	6.45	35.48	22.58	25.81	96.77
建成区绿化覆盖率	—	—	—	—	—	3.23	16.13	6.45	25.81	29.03	19.35	96.77
绿地率	—	—	—	—	—	3.23	6.45	19.35	29.03	12.90	29.03	96.77
三维绿量	—	3.23	—	3.23	—	3.23	12.90	19.35	32.26	12.90	12.90	90.32
绿地生态服务价值	—	3.23	3.23	3.23	3.23	6.45	25.81	19.35	12.90	19.35	3.23	80.65
自然和野生性绿地面积百分比	—	3.23	3.23	3.23	3.23	12.90	12.90	3.23	25.81	9.68	22.58	74.19
乡土树种比例	—	—	3.23	6.45	9.68	9.68	6.45	19.35	9.68	25.81	9.68	70.97
乔灌草结合度	—	—	3.23	6.45	—	9.68	16.13	12.90	35.48	9.68	6.45	80.65
绿地可达性	—	—	3.23	6.45	—	9.68	16.13	12.90	35.48	9.68	6.45	80.65
绿地景观均匀度指数	—	—	—	—	12.90	16.13	16.13	25.81	19.35	9.68	—	70.97
绿地景观连通性指数	—	3.23	—	—	—	19.35	12.90	16.13	32.26	16.13	—	77.42
绿地景观多样性指数	6.45	—	3.23	—	—	12.90	12.90	25.81	19.35	16.13	3.23	77.42
社会绿化参与度	9.68	3.23	3.23	6.45	6.45	19.35	12.90	12.90	6.45	16.13	3.23	51.61
城镇绿地公众满意度	9.68	3.23	3.22	—	3.23	6.45	9.68	25.81	16.13	9.68	12.90	74.19
绿地信息化管理	6.45	3.23	3.22	—	9.68	19.35	19.35	16.13	6.45	12.90	3.23	58.06

4. 各指标适应性得分情况

根据各指标适应性评分大于等于 6 分的专家数量不少于 75%的标准，可以选出如下 6 项指标（表 4-42）。这 6 项指标分别是人均公共绿地面积、建成区绿化覆盖率、绿地率、乔灌草结合度、绿地景观连通性指数、绿地景观多样性指数。剩余的 9 项指标，即三维绿量、绿地生态服务价值、自然和野生性绿地面积百分比、乡土树种比例、绿地可达性、绿地景观均匀度指数、社会绿化参与度、城镇绿地公众满意度、绿地信息化管理等不符合这一标准。在这 15 项指标中，适应性属性得分 6 分及以上专家数比例最高的是人均公共绿地面积、建成区绿化覆盖率和绿地率三项，分别占 96.77%、96.77%、100%，而绿地生态服务价值、绿地信息化管理的适应性属性得分 6 分及以上的专家比例最低，分别为 54.84%和 58.06%。

表 4-42　各指标适应性属性得分百分比　（单位：%）

指标＼占比	0	1	2	3	4	5	6	7	8	9	10	6 分及以上
人均公共绿地面积	—	—	—	—	—	3.23	—	9.68	12.90	32.26	41.94	96.77
建成区绿化覆盖率	—	—	—	—	—	3.23	9.68	6.45	12.90	29.03	38.71	96.77
绿地率	—	—	—	—	—	—	6.45	9.68	12.90	25.81	45.16	100.00
三维绿量	—	3.23	—	3.23	3.23	19.35	9.68	16.13	16.13	16.13	12.90	70.97
绿地生态服务价值	—	6.45	6.45	—	6.45	25.81	16.13	9.68	12.90	12.90	3.23	54.84
自然和野生性绿地面积百分比	—	6.45	—	3.23	3.23	12.90	12.90	12.90	16.13	6.45	25.81	74.19
乡土树种比例	—	—	6.45	6.45	3.23	9.68	3.23	6.45	25.81	25.81	12.90	74.19
乔灌草结合度	—	3.23	3.23	—	3.23	9.68	19.35	16.13	25.81	16.13	3.23	80.65
绿地可达性	—	3.23	3.23	—	3.23	9.68	19.35	16.13	25.81	16.13	3.23	74.19
绿地景观均匀度指数	—	—	3.23	—	3.23	29.03	12.90	32.26	12.90	6.45	—	64.52
绿地景观连通性指数	—	3.23	—	—	3.23	16.13	22.58	19.35	12.90	12.90	9.68	77.42
绿地景观多样性指数	3.23	—	—	3.23	—	16.13	16.13	22.58	25.81	9.68	3.23	77.42
社会绿化参与度	9.68	3.23	3.23	—	6.45	9.68	16.13	9.68	22.58	6.45	12.90	67.74
城镇绿地公众满意度	6.45	3.23	—	—	3.23	12.90	12.90	9.68	16.13	25.81	9.68	74.19
绿地信息化管理	6.45	—	—	3.23	12.90	19.35	22.58	12.90	12.90	9.68	—	58.06

5. 各指标属性打分汇总

通过对专家打分结果的汇总，得出得分在 6 分及以上的指标属性所占百分比情况（表 4-43）。75%及以上专家认为，指标 1、2、3、8 的四项属性得分在 6 分以上，说明这四项指标的相关性、可操作性、灵敏性和适应性得到了专家的一致认同。75%及以上专家认为，指标 9、11、12 的三项属性得分在 6 分以上，说明这三项指标的相关性、可操作性、灵敏性和适应性中，至少有三项得到了专家的一致认同。从指标 4、5、6、7、10、14 得分来看，75%及以上专家认为有两项属性满足得分在 6 分及以上。指标 13 和 15 均未得到专家的赞同。

表 4-43 得分在 6 分及以上指标属性百分比 （单位：%）

指标 \ 占比	相关性	可操作性	灵敏性	适应性
1. 人均公共绿地面积	96.77	100.00	96.77	96.77
2. 建成区绿化覆盖率	96.77	96.77	96.77	96.77
3. 绿地率	100.00	96.77	96.77	100.00
4. 三维绿量	90.32	70.97	90.32	70.97
5. 绿地生态服务价值	90.32	48.39	80.65	54.84
6. 自然和野生性绿地面积百分比	83.87	93.55	74.19	74.19
7. 乡土树种比例	83.87	87.10	70.97	74.19
8. 乔灌草结合度	93.55	80.65	80.65	80.65
9. 绿地可达性	93.55	80.65	80.65	74.19
10. 绿地景观均匀度指数	87.10	77.42	70.97	64.52
11. 绿地景观连通性指数	96.77	64.52	77.42	77.42
12. 绿地景观多样性指数	80.65	67.74	77.42	77.42
13. 社会绿化参与度	70.97	58.06	51.61	67.74
14. 城镇绿地公众满意度	87.10	77.42	74.19	74.19
15. 绿地信息化管理	74.19	64.52	58.06	58.06

（三）平均值分析

均值分析法是最为简单，也是使用频率最高的一种统计分析方法，在对样本进行描述性统计以后，还需要将统计结果推论到总体。参与这次打分的 31 位专家，只是从事城镇绿地研究专家当中的小部分，为了将这 31 位专家的意见推论到总体，需要将样本进行均值分析。具体是将 31 位专家的 15 项备选指标的四项属性打分（0～10 分）情况进行平均数汇总分析。平均值越小，就表明 31 位专家对这一指标的某一属性认同度越低；反之，说明专家对这一指标的某一属性认同度越高。得分较高的某一指标的某一属性能够被保留下来，作为此次指标筛选的重要依据。

从表 4-44 可以清晰地看出这 15 项备选指标各自属性的均值情况，在 0～10 分的打分区间中，超过 9 分的有两项指标，即指标 1，人均公共绿地面积的可操作性，得分均值为 9.48 分；指标 2，建成区绿化覆盖率的相关性和可操作性，均值分别为 9.05 分和 9 分。有 7 项指标单一属性均值在 8～9 分，即指标 1，人均公共绿地面积，相关性均值为 8.94 分，灵敏性均值为 8.45 分，适应性均值为 8.97 分；指标 2，建成区绿化覆盖率，灵敏性得分为 8.19 分，适应性得分为 8.71 分；指标 3，绿地率，四项属性均值都在 8～9 分；指标 4 三维绿量、指标 5 绿地生态服务价值、指标 8 乔灌草结合度、指标 9 绿地可达性等四项指标的相关性属性均值分别为 8.47 分、8.10 分、8.13 分和 8.13 分。在 60 项单一属性指标中有 43 项指标（71.67%）均值在 6～8 分。而单一属性指标均值在 6 分以下的有 3 项，占总数的 5%。

表 4-44 各指标属性均值情况

指标	相关性	可操作性	灵敏性	适应性
1. 人均公共绿地面积	8.94	9.48	8.45	8.97
2. 绿化覆盖率	9.05	9.00	8.19	8.71
3. 绿地率	8.87	8.97	8.29	8.94
4. 三维绿量	8.47	6.26	7.45	6.97
5. 绿地生态服务价值	8.10	5.42	6.65	5.90
6. 自然和野生性绿地面积百分比	7.94	7.45	7.16	7.06
7. 乡土树种比例	7.74	7.39	6.94	7.26
8. 乔灌草结合度	8.13	6.68	6.97	6.84
9. 绿地可达性	8.13	6.68	6.97	6.48
10. 绿地景观均匀度指数	7.35	6.74	6.52	6.29
11. 绿地景观连通性指数	7.68	6.29	6.94	6.84
12. 绿地景观多样性指数	7.52	6.48	6.61	6.71
13. 社会绿化参与度	6.68	6.03	5.48	6.16
14. 城镇绿地公众满意度	7.97	6.55	6.39	6.84
15. 绿地管理信息化情况	6.68	6.19	5.74	5.74

从图 4-16 来看，15 项指标中，前三项指标各属性得分都较高。从左到右，即从指标 1 到指标 15 呈现出逐渐降低趋势，其中指标 4 出现波动，指标 5 的可操作性、灵敏性和适应性三项属性平均分值同时低于 6 分。指标 13 有一项属性得分平均分值低于 6 分，指标 15 有两项属性，即灵敏性和适应性平均分值低于 6 分。各指标属性平均分值呈现出波浪下降的总体趋势。前面的三项指标平均分值较高，第四项指标除了相关性属性平均分值较高以外，其余三项属性都低于总体水平。四项属性中，相关性的平均值一直处于高分状态，得分走势与其余

三项属性不一致。另外，除了相关性属性以外，其余三项属性平均分值曲线走向大致一致，并陆续伴有重合状态。

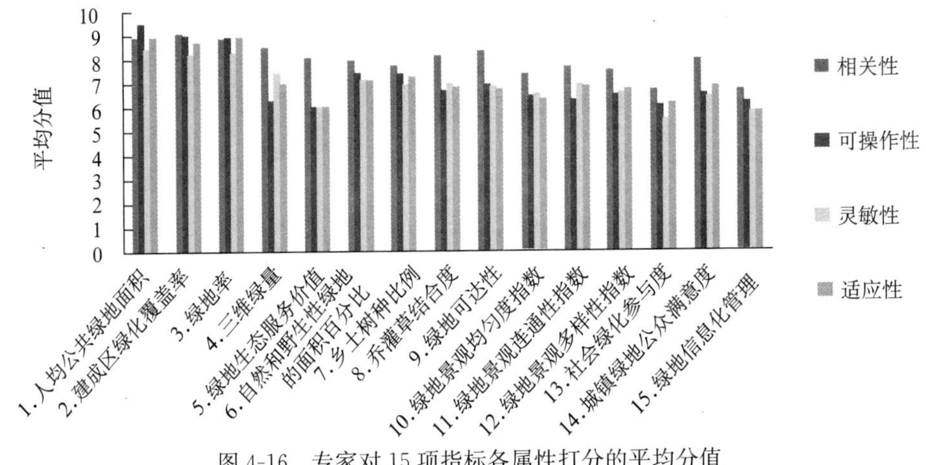

图 4-16　专家对 15 项指标各属性打分的平均分值

结合表 4-44 和图 4-16 看出，数量型的指标各属性得分及其均值都较高，而主观性的评价和需要采用调查方法来收集数据的指标各属性及其均值得分都最低，其余的指数性指标，以及建立在统计数据计算基础上的各指标属性得分及其均值得分介于中间。根据十个打分层次，暂时确定以各项指标各属性均值得分 6 分为界限，15 项指标的四项属性中只要有任何一项得分均值小于 6 分，就应当剔除。根据这一标准，15 项指标中有两项指标都有至少一项均值小于 6 分，因此根据平均值得分筛选，指标 13 和指标 15 应当被剔除。指标 13 的灵敏性均值得分为 5.48 分。指标 15 的灵敏性和适应性均值得分均为 5.74 分。因此，通过各指标属性得分平均值这一标准筛选，最终保留了 13 项指标。

(四) 标准差分析

根据设置的平均值来判断，标准差所设的分值应该为 3 分。标准差大于 3 分，说明这项数据不精确，标准差小于 3 分，说明这项数据较为精确，可以采纳。根据事先设定的标准，在四项属性中只要有其中一项的标准差大于 3 分，那么这项指标就应当被剔除出去。从表 4-45 看出，指标 13 和指标 14 都有一项属性的标准差大于 3 分，即社会绿化参与度的适应性标准差，为 3.01 分，城镇绿地公众满意度的灵敏性属性标准差，为 3 分。由此，在这一轮筛选中社会绿化参与度、城镇绿地公众满意度两项指标被淘汰。

表 4-45　各指标属性标准差

指标	相关性	可操作性	灵敏性	适应性
1. 人均公共绿地面积	1.24	0.81	1.31	1.22
2. 建成区绿化覆盖率	1.16	1.37	1.41	1.26
3. 绿地率	0.99	1.38	1.42	1.26
4. 三维绿量	1.78	2.56	1.96	2.23
5. 绿地生态服务价值	2.01	2.55	2.71	2.37
6. 自然和野生性绿地面积百分比	1.81	1.89	2.50	2.59
7. 乡土树种比例	1.90	1.84	2.31	2.44
8. 乔灌草结合度	1.65	2.12	1.96	2.03
9. 绿地可达性	1.66	2.03	2.63	2.77
10. 绿地景观均匀度指数	1.47	2.57	1.55	1.53
11. 绿地景观连通性指数	1.45	2.37	1.77	1.98
12. 绿地景观多样性指数	1.77	2.64	2.40	1.97
13. 社会绿化参与度	2.18	2.85	2.86	3.01
14. 城镇绿地公众满意度	2.09	2.50	3.00	2.75
15. 绿地信息化管理	2.18	2.34	2.54	2.22

尽管在这一标准的筛选时，只有指标 13 和指标 14 被剔除，但是从图 4-17 看出，那些被保留的指标中也有部分指标的标准差较大，指标 5 和指标 15 当中各项属性标准差都大于 2 分，而大部分指标都有两项属性标准差大于 2 分，只有指标 1、指标 2、指标 3 的属性标准差均小于 2 分。说明专家对这三项指标用于绿地评价认同度高，一致性很强。对于被剔除的社会绿化参与度和城镇绿地公众满意度这两项指标，专家的意见分歧很大，对于其他指标，在这 31 位专家中既有表示反对的，也有表示赞同的，一部分则表示中立，或者对某一属性赞同而对其他属性反对。

（五）均值与标准差综合分析

将各指标属性的平均值与标准差对比可以看出（表 4-46），会出现三种结果。一是大部分指标的平均值较小，其标准差较大。二是平均值较大，标准差较小。三是少数指标平均值较小，标准差也比较小；平均值较大，标准差也较大。第一种类型的代表指标有指标 5、指标 13 和指标 15。其中，指标 13 的四项属性平均值都在 6 分左右，受此影响其标准差也出现在 2～3.01 的区间；指标 15 的四项属性中尽管相关性、可操作性两项属性的平均值大于 6 分，灵敏性和适应性均为 5.74 分，但受此影响这一指标的标准差都较大，分别为 2.18 分、2.34 分、2.54 分和 2.22 分，虽然没有大于 3 分，但是总体上来看，专家对这一指标的一致性不高。第二种类型的代表指标有指标 1、指标 2、指标 3 和指标 4。这四项指标平均值都较大，同样标准差较小，大部分属性标准差都小于 2 分。

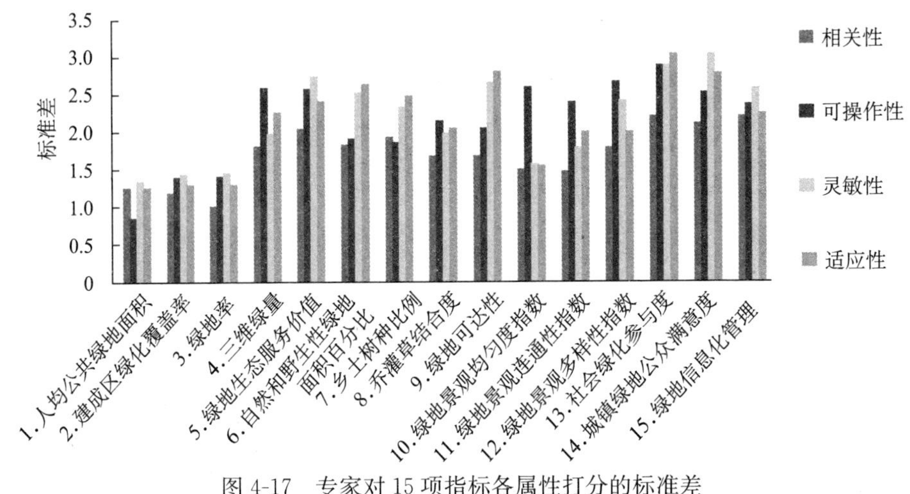

图 4-17　专家对 15 项指标各属性打分的标准差

其余的指标可以归纳到第三种类型当中。

表 4-46　城镇绿地生态综合评价各指标属性的平均值与标准差比较

指标	相关性		可操作性		灵敏性		适应性	
	平均值	标准差	平均值	标准差	平均值	标准差	平均值	标准差
1. 人均公共绿地面积	8.94	1.24	9.48	0.81	8.45	1.31	8.97	1.22
2. 建成区绿化覆盖率	9.05	1.16	9.00	1.37	8.19	1.41	8.71	1.26
3. 绿地率	8.87	0.99	8.97	1.38	8.29	1.42	8.94	1.26
4. 三维绿量	8.47	1.78	6.26	2.56	7.45	1.96	6.97	2.23
5. 绿地生态服务价值	8.09	2.01	6.02	2.55	6.01	2.71	6.00	2.37
6. 自然和野生性绿地面积百分比	7.94	1.81	7.45	1.89	7.16	2.50	7.07	2.59
7. 乡土树种比例	7.74	1.90	7.39	1.84	6.94	2.31	7.26	2.44
8. 乔灌草结合度	8.13	1.65	6.68	2.12	6.97	1.96	6.84	2.03
9. 绿地可达性	8.32	1.66	6.94	2.03	6.87	2.63	6.74	2.77
10. 绿地景观均匀度指数	7.36	1.47	6.45	2.57	6.52	1.55	6.29	1.53
11. 绿地景观连通性指数	7.68	1.45	6.29	2.37	6.94	1.77	6.84	1.98
12. 绿地景观多样性指数	7.52	1.77	6.48	2.64	6.61	2.40	6.71	1.97
13. 社会绿化参与度	6.68	2.18	6.03	2.85	5.48	2.86	6.16	3.01
14. 城镇绿地公众满意度	7.97	2.09	6.55	2.50	6.39	3.00	6.84	2.75
15. 绿地信息化管理	6.68	2.18	6.19	2.34	5.74	2.54	5.74	2.22

然而，专家们在作评价打分时，其自身的研究方向、经验、考虑问题的角度、对评价对象的熟悉程度不同，因此往往导致评价结果与实际存在一定的偏离。所以，将专家打分情况进行分析、比较和细致的研究，才能使得评价结果更加客观有效。

（六）确定筛选指标

考虑到专家打分法筛选得到指标的有效性和代表性，研究设计了 4 个筛选标准（表 4-47）：①各指标属性平均值同时大于等于 6 分；②各指标属性标准差同时小于 3 分；③各指标属性中至少有两项属性平均值在 6 分及以上的专家数占总数的 75%以上；④相关性、灵敏性和适应性平均值均大于 6 分，同时标准差小于 3 分。

表 4-47　指标筛选标准

指标	相关性			可操作性			灵敏性			适应性		
	平均值	标准差	均值 6 分及以上占总数的 75%	平均值	标准差	均值 6 分及以上占总数的 75%	平均值	标准差	均值 6 分及以上占总数的 75%	平均值	标准差	均值 6 分及以上占总数的 75%
1	√	√	√	√	√	√	√	√	√	√	√	√
2	√	√	√	√	√	√	√	√	√	√	√	√
3	√	√	√	√	√	√	√	√	√	√	√	√
4	√	√	√	√	√	×	√	√	√	√	√	×
5	√	√	√	√	√	×	√	√	√	√	√	×
6	√	√	√	√	√	√	√	√	×	√	√	×
7	√	√	√	√	√	√	√	√	×	√	√	×
8	√	√	√	√	√	√	√	√	√	√	√	√
9	√	√	√	√	√	√	√	√	√	√	√	×
10	√	√	√	√	√	√	√	√	×	√	√	×
11	√	√	√	√	√	×	√	√	√	√	√	√
12	√	√	√	√	√	×	√	√	√	√	√	√
13	√	√	×	√	√	×	×	√	×	√	×	×
14	√	√	√	√	√	√	√	×	×	√	√	×
15	√	√	×	√	√	×	×	√	×	√	√	×

根据以上 4 个筛选条件，最后确定了 12 项指标，即 1～12 项指标作为开展城镇绿地生态综合评价的指标，其余的 3 项即指标 13、指标 14 和指标 15 被剔除。在这 12 项指标中，又根据目前数据的可获得性、准确性、评价方便性和可量化性，确定将指标 1、指标 2、指标 3、指标 6、指标 7、指标 10 和指标 11 纳入核心指标体系，剩下的指标 4、指标 5、指标 8、指标 9 和指标 12 作为拓展指标（表 4-48）。

表 4-48　指标筛选结果

主题	核心指标	拓展指标	剔除指标
绿地数量	1. 人均公共绿地面积 2. 建成区绿化覆盖率 3. 绿地率		

续表

主题	核心指标	拓展指标	剔除指标
绿地质量	6. 自然和野生性绿地面积百分比 7. 乡土树种比例	4. 三维绿量 8. 乔灌草结合度	
绿地结构	10. 绿地景观均匀度指数 11. 绿地景观连通性指数	9. 绿地可达性 12. 绿地景观多样性指数（鸟类多样性）	
绿地功能		5. 绿地生态服务价值	
其他			13. 社会化参与度 14. 城镇绿地公众满意度 15. 绿地信息化管理

从最终的筛选结果来看，数量指标基本都被保留，而主观性指标大多被剔除。在保留的指标中，一些数据容易获取，计算难度较小而对绿地评价相关性较强的指标被作为核心指标；而一些相关性强，但是可操作性差、数据获取成本较大的指标则被作为拓展指标。大多数专家受到长期以来传统型的定量研究影响较大，注重数据的可得性、方便性和常规性，认为新的研究方法，如三维绿量、绿地生态服务价值和绿地景观多样性指数等指标的测量方法还不太成熟；但同时并不否认被剔除的指标对城镇绿地评价有较大的相关性，只是这些指标获取难度大，使用工具还不太成熟，运用范围还不广，因此可以暂不考虑。

研究采取专家直接进行打分来筛选指标的方式，仍然存在一定的缺陷。第一，对专家直接进行一次性调查，得到的数据较为粗糙，应该采用分层形式，逐层得分和确定权重，并且应采用多次专家打分，将第一次得分情况汇总后，把结果反馈给专家进行第二次打分，这样循环多次进行。第二，备选指标较少，只有15个，数量型特征、质量型特征、结构型特征、功能型特征之间备选指标分配不均，有的特征只有一个选项指标，一旦这唯一指标被专家剔除，那么这一特征的指标就会缺失，因此无法对这一特征进行评价。第三，矩阵当中指标还不够全面，有的专家建议除了传统上使用频率较高的指标以外，可以采用一些新指标，如中水回灌率、宜居性（幸福指数）、环境绿化投诉率等。被剔除的指标对城镇绿地各项功能的评价并非没有效用，往往由于目前技术条件、管理政策的限制，以及学术研究具有可行性而在实际层面上不便于操作和实施而没有采用。

三、结果的比较研究

（一）与城镇居民对绿地感知认识和需求调查相比较

综合分析城镇居民对城镇绿地的感知认识和需求，我们认为，在我国新的城镇绿地建设绩效评价指标的建设过程中，在原有的绿地数量评价指标的基础上，还需要考虑目前我国不同自然区城镇绿地质量和功能特征方面的差异性，以提高各地区城镇绿地建设的导向性。例如，在西北干旱/高原区，除了上述三个优先、核心指标外，还可以率先试点绿地城镇绿地的可达性和三维绿量作为城镇绿地建设绩效评价的核心指标；而东部季风区南部和东部季风区北部可以率先试点把绿地景观多样性指数和绿地生态服务价值作为核心指标。

通过专家打分法得到的结果基本上涵盖了对城镇居民调查所确定的指标，说明两种调查具有一致性，尤其是对于数量型指标和质量型指标的重要程度，几乎没有分歧。功能型评价指标只能作为拓展指标，因为这一指标计算过程过于复杂，并且计算评估结果还未被官方所采纳。

（二）与其他研究者指标运用情况的比较

为了充分了解我国研究城镇绿地的学者对各类城镇绿地指标的选择意向与重视程度，采用文献研究方法，分别以绿地、生态网络、绿色空间、绿量、公园、城市森林、绿化等为关键词，以摘要和全文为检索项，以 1990 年 1 月到 2010 年 5 月为检索时间范围，对中国期刊全文数据库检索关于城镇绿地评价方面的主要文献。最后从检索的几百篇主要文献中挑选出 150 篇与绿地评价指标研究高度相关的论文进行指标使用频度分析。被挑选出的 150 篇文章主要分布在中国科学技术协会全国性一级学会的生态学、环境科学、林学、地理学、城市规划学等方面的期刊，大部分是我国城镇绿地评价方面研究水平较高的文章。

整理这 150 篇论文中用到的绿地指标，按数量指标、质量指标、结构指标进行分类汇总，分别对每一指标的选择次数和选择频度进行统计（表 4-49）。从统计结果来看，近年来对这三种一级指标的研究都很多，数量指标中，传统的建成区绿地覆盖率、人均公共绿地面积和绿地率三项指标用得较多。其中，建成区绿地覆盖率选择次数为 40 次，选择频度为 26.67%；人均公共绿地面积选择次数为 27 次，选择频度为 18%；绿地率选择次数为 21 次，选择频度为 14%。质量指标中，三维绿量和乡土树种比例的研究正在增多。其中，三维绿量选择次数为 14 次，选择频度为 9.33%；乡土树种比例选择次数为 6 次，选择频度为 4%。结构指标中，因为城市的绿地面积是有限的，要在有限的绿地面积上提高绿地的质量，就要对绿地结构进行规划，所以目前关于绿地结构的研究越来越受到重视，绿地景观多样性指数、绿地可达性和绿地景观均匀度指数三项二级指标的选择次数和频度都较高。绿地景观多样性指数选择次数为 40 次，选择频度为26.67%；绿地可达性选择次数为22次，选择频度为14.67；绿地景观连通性指数选择次数为10次，选择频度为6.67%；绿地景观均匀度指数选择次数为25次，选择频度为16.67%。

表4-49 常用绿地指标频度分析

一级指标	二级指标	选择次数/次	选择频度/%	一级指标	二级指标	选择次数/次	选择频度/%
数量指标	建成区绿地覆盖率	40	26.67	结构指标	绿地景观多样性指数	40	26.67
	人均公共绿地面积	27	18.00		绿地可达性	22	14.67
	绿地率	21	14.00		绿地景观连通性指数	10	6.67
质量指标	三维绿量	14	9.33		绿地景观均匀度指数	25	16.67
	乡土树种比例	6	4.00				

通过对文献的梳理，看出专家打分法确定的12项指标中有9项指标在平时研究中被选用的次数和频度相对较高。专家确定的这些指标具有科学性、可行性、经验性和研究一致性，将这些指标用于城镇绿地评价，其结果可以与相关研究作很好地比较和分析。

第四节　城镇绿地生态综合评价指标体系确定及评估工具

一、指标筛选结果及说明

（一）指标筛选结果

结合城镇居民调查和专家打分法，可以看出，专家与居民对城镇绿地的关注方向具有一致性，城镇居民所迫切需求的也就是专家所重点关注的。结合文献研究结果、城镇居民调查结果及专家打分结果，综合筛选出了7项核心指标和5项拓展指标作为城镇绿地生态综合评价指标（表4-50）。核心指标中的一级指标是绿地数量、绿地质量和绿地结构，二级指标中绿地数量包含的指标有3项，绿地质量包含的指标有2项，绿地结构包含的指标有2项。拓展指标主要是绿地质量中的三维绿量和乔灌草结合度，绿地结构中的绿地可达性和绿地景观多样性指数，绿地功能中的绿地生态服务价值。

表 4-50　城镇绿地生态综合评价指标筛选结果

主题	核心指标	拓展指标
绿地数量	1. 人均公共绿地面积 2. 建成区绿化覆盖率 3. 绿地率	
绿地质量	4. 自然和野生性绿地面积百分比 5. 乡土树种比例 6. 绿地景观连通性指数	1. 三维绿量 2. 乔灌草结合度 3. 绿地可达性
绿地结构	7. 绿地分布均匀度指数	4. 绿地景观多样性指数（鸟类多样性）
绿地功能		5. 绿地生态服务价值

（二）指标筛选结果说明

在筛选出来的指标当中，根据指标相关性、可操作性、灵敏性、适用性等特征，以及指标平均值、标准差等得分情况综合判断，再从这些指标各特征得分兼顾性和整体性考虑，将这些指标分为核心指标和拓展指标。一般来说，核心指标首先满足的条件应当是所有特征都与绿地评价具有较强的相关性，其次是用于评价的数据能够较为容易获得，能够通过简单的计算得出表明绿地属性的得分，所得的评价值误差较小。

拓展指标首先要满足相关性特征，但是拓展指标可能会受到目前数据收集方法和技术条件的限制，数据获取成本较高，所得的数据需要经过复杂的计算才能使用，得出的评价值误差较大。在这些指标在评价方法和技术条件成熟后，数据获取成本降到可以承受的水平时，才考虑将其纳入核心指标体系。同时，在指标体系构建过程中，还需要考虑目前我国不同自然区城镇绿地质量和功能特征的差异性，以提高各地区城镇绿地建设的导向性。

（三）综合评价模型的确定

城镇绿地综合评价模型的建立，立足于城镇绿地综合评价核心指标体系及指标体系的结构。通过一系列的计算形成定量化表达，模型建立步骤如下。

（1）根据城镇绿地综合评价核心指标体系及结构，采用层次分析法结合专家打分法给一级指标和二级指标赋予合理的权重，建立科学的评价指标体系。

（2）通过案例城市的实地调研，对评价指标体系的权重进行修改和完善，由于各指标性质不同、量纲各异，需要实现统一标准下的定量化表达，建立各评价指标的分级标准。

（3）采用线性加权综合评价方法来实现各城镇绿地生态综合评价，具体表示为

$$Y(X_i)=\sum_{i=1}^{n}(w_i * X_i)=\sum_{i=1}^{n}w_i\sum_{j=1}^{m}(w_{ij} * X_{ij})$$

式中，X_{ij}为二级指标的评价值，w_{ij}为二级指标的权重，w_i为一级指标的权重。将每个二级指标分别进行评价，获得相关数据并通过步骤（2）进行标准化处理，再将评价值与表述该指标的权重系数相乘，同时对一级指标求和，得到一级指标的评价值。如此，就得到了城镇绿地的综合评价结果（表 4-51）。

表 4-51　城镇绿地综合评价核心指标体系

	一级指标	二级指标
核心指标体系	数量指标（X_1）	人均公共绿地面积（X_{11}）
		建成区绿化覆盖率（X_{12}）
		绿地率（X_{13}）
	质量指标（X_2）	自然和野生性绿地面积百分比（X_{21}）
		乡土树种比例（X_{22}）
	结构指标（X_3）	绿地景观连通性指数（X_{31}）
		绿地分布均匀度指数（X_{32}）

二、指标权重的确定及标准化的处理

（一）采用层次分析法确定指标权重

1. 层次分析法

层次分析法是根据网络系统理论和多目标综合评价方法，提出的一种层次权重决策分析方法（常玉等，2002）。这种方法的特点是在对复杂的决策问题的本质、影响因素及其内在关系等进行深入分析的基础上，利用较少的定量信息使决策的思维过程数学化，从而为多目标、多准则或无结构特性的复杂决策问题提供简便的决策方法。该方法尤其适合于对决策结果难于直接准确计量的场合。

运用层次分析法来确定各评价指标间的相对重要性次序，是系统工程中对非定量事件作定量分析的一种简便方法，也是对人们的主观判断作客观描述的一种有效办法。根据对一定客观现实的判断，通过把各种因素划分为相互联系的有序层次，使之条理化，利用数学方法确定每一层次元素的权重，并通过排序结果分析和解决问题。层次分析法的关键是确定指标权重，具体步骤如下。

第一步：构造判断矩阵。

A 表示目标，u_i 表示评价因素，$u_i \in U$（$i=1, 2, \cdots, n$），u_{ij} 表示 u_i 对 u_j 的相对重要性数值（也称为标度）（$i=1, 2, \cdots, n$），u_{ij} 的取值如表 4-52 所示。

表 4-52　相对重要性的标度

标度	含义
1	表示因素 u_i 与 u_j 比较，具有同等重要性
3	表示因素 u_i 与 u_j 比较，u_i 比 u_j 稍微重要
5	表示因素 u_i 与 u_j 比较，u_i 比 u_j 明显重要
7	表示因素 u_i 与 u_j 比较，u_i 比 u_j 强烈重要
9	表示因素 u_i 与 u_j 比较，u_i 比 u_j 极端重要
2、4、6、8	分别表示标度 1～3，3～5，5～7，7～9 的中值
倒数	若 u_i 与 u_j 比较得 u_{ij}，则 u_j 与 u_i 比较得 $1/u_{ij}$

由上述各标度值的意义得到判断矩阵，也称之为 A-U 判断矩阵 **P**。

$$\boldsymbol{P}=\begin{pmatrix} u_{11} & \cdots & u_{1n} \\ \vdots & \ddots & \vdots \\ u_{n1} & \cdots & u_{nn} \end{pmatrix}$$

满足

$$\begin{cases} 0 \leqslant u_{ij} \leqslant 1, & i \neq j \\ u_{ij} \times u_{ij=I}, & i \neq j \end{cases}$$

第二步：计算权重并进行一致性检验。

由 A-U 判断矩阵，求出最大特征值所对应的单位特征向量并进行一致性检验。所求单位特征向量各分量即为各评价因素重要性排序，即权重。

A-U 判断矩阵的最大特征值对应的单位特征向量的具体求法如下。

（1）计算判断矩阵每一行元素的积

$$M_i=\prod u_{ij}\text{，}i=1\text{，}2\text{，}\cdots\text{，}n$$

（2）计算 M_i 的 n 次方根

$$\overline{w_{\mathrm{i}}}=\sqrt[n]{M_i}\text{，}i=1\text{，}2\text{，}3\text{，}\cdots\text{，}n$$

（3）对 w_i 的归一化

$$w_j=\frac{\overline{w_i}}{\sum_{i=1}^{n}\overline{w_i}}\text{，}i=1\text{，}2\text{，}3\text{，}\cdots\text{，}n$$

其中，w_i 为所求的特征向量或权重向量的第 i 个分量。

（4）计算最大特征根

$$\lambda_{\max}=\frac{1}{n}\sum_{i=1}^{n}\frac{\sum_{i=1}^{n}u_{xy}\times w_i}{w_i}$$

（5）一致性检验

一致性指标 C. I. = （$\lambda_{\max}-n$）/（$n-1$）；C. R. =C. I. /R. I.

平均随机一致性指标 $R.\ I$ 可查表 4-53 获得。

表 4-53　平均随机一致性指标 R.I 数值表

N	1	2	3	4	5	6	7	8	9
R.I	0	0	0.58	0.94	1.12	1.24	1.32	1.41	1.45

当 C.R.≤0.10 时，认为判断矩阵满足一致性，可进行单排序。

当 C.R.>0.10 时，认为判断矩阵的一致性偏差太大，需修正评分，直到判断矩阵有满意的一致性为止。

第三步：计算权重的综合排序向量。

由于不同专家对指标的相对重要性程度认识有差异，不同专家的评分所得的判断矩阵是不同的，仅仅依赖层次分析法是不够准确的。为了使结果更加接近现实，我们将根据每位专家给定的判断矩阵，依次计算各个目标指标的权重向量，然后对所有专家给出的权重向量进行综合处理，计算指标体系中对各个目标层指标的综合排序向量。我们认为各个专家的评价权重系数是相等的，专家的权重系数是对专家能力水平的一个综合的数量表示。本书采用几何平均综合排序向量的方法来对多个判断矩阵进行计算，最后得到权重的综合排序向量，其方法如下。

（1）计算群组综合权向量的几何平均值

根据 s 位专家给出的判断矩阵 $\boldsymbol{R}_k=(u_{ijk})$，利用特征根法计算权向量

$$\boldsymbol{W}_k=(w_{k1},\ w_{k2},\ \cdots,\ w_{kn})$$

然后进行一致性检验。在这里，$k=1,\ 2,\ \cdots,\ s$（k 代表某位专家，s 为专家总数）；$j=1,\ 2,\ 3,\ \cdots,\ n$（j 代表某个目标层的某项指标，n 为某个目标层指标的总数）。

（2）计算 s 位专家对某个目标层的某项指标赋予的权重值的几何平均值 w_j'

$$w_j'=\sqrt[s]{w_{j1}\times w_{j2}\times w_{j3}\times\cdots\times w_{js}}$$

（3）对某一目标层 j 指标的几何平均值 w_j' 进行归一化处理后得到权重值 w_j

$$wj=w_j'/\sum w_j',\ j=1,\ 2,\ \cdots,\ n$$

（4）得到由 w_j 组成的权重的综合排序向量

（5）计算群组判断的标准差

对得到的目标层每项指标的专家群组判断，要进行一致性检验，即计算 j 指标优先级权重的总体标准差。其表示为

$$\sigma_j=\sqrt{\frac{1}{s-1}(w_{jk}-w_j)^2}$$

当 $\sigma_j<\xi$ 时，认为该群组判断是可以接受的。ξ 表示某个专家与总体判断结果的离散程度，数值越小，对专家判断一致性要求就越高。ξ 取 [0，1] 区间

的数。

2. 核心指标权重的确定

根据系统性原则、主导因素原则、数据的可靠性和易获取性及重要程度等，在专家咨询的基础上利用层次分析法确定指标权重，如图 4-18 所示。

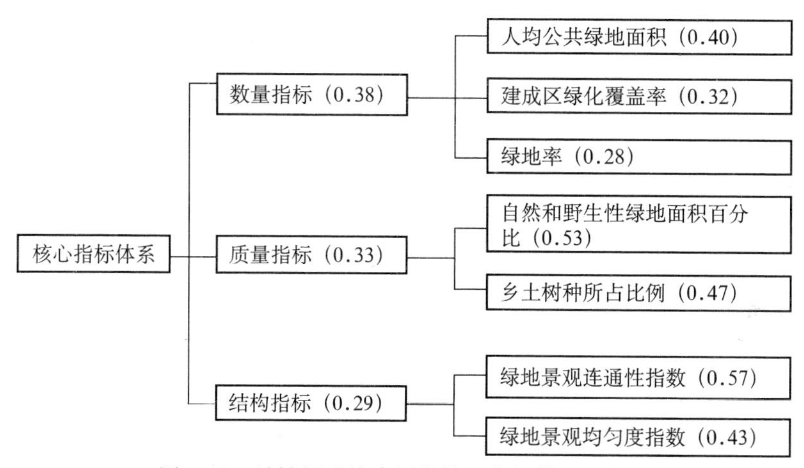

图 4-18　城镇绿地综合评价核心指标体系及权重

（二）数据的标准化

由于各指标性质不同、量纲各异，需要实现统一标准下的定量化表达，使其在参与多指标综合分析时，保持指标要素间的均衡与合理性。指标标准化定量值均在 0～10，标准化量化公式为

$$Z_{ij}=\frac{X_{ij}-X_{\min}}{X_{\max}-X_{\min}}\times 10$$

式中，Z_{ij} 为某指标因子的标准化值，X_{ij} 为某指标因子的实际值，$X_{\min}$ 为所有参与评价的城镇绿地指标因子的最小实际值，$X_{\max}$ 为所有参与评价的城镇绿地指标因子的最大实际值。

三、城镇绿地综合评价系统的开发及应用

（一）评价系统基本情况

通过内置的一套科学的评价指标体系和评价模型计算方法，可以管理跨年

度、多城镇的绿地建设指标。

1. 系统主要功能

系统主要功能包括数据管理、用户管理、城市管理、评价管理、评价计算、评价数据维护等功能。

2. 系统技术特点

软件技术特点：系统采用C/S体系结构。它内置科学的绿地评价指标体系，并通过数据标准化使各种类型的数据可以在一个量纲下进行定量比较；用户还可以灵活定义城市信息，并为每个城市定义指定年份的评价数据，通过后台的数据计算功能自动计算评价数据，并将各级的评价数据直观地展现出来；系统还提供数据维护功能，帮助用户定期备份数据。

3. 系统主页面

城镇绿地生态综合评价系统 V1.1 主界面如图 4-19 所示。

图 4-19 城镇绿地生态综合评价操作系统主界面

(二)菜单及各模块功能操作

1. 系统权限

系统用户登录：系统启动后，用户首先需要输入用户名和密码进行登录（图 4-20）。

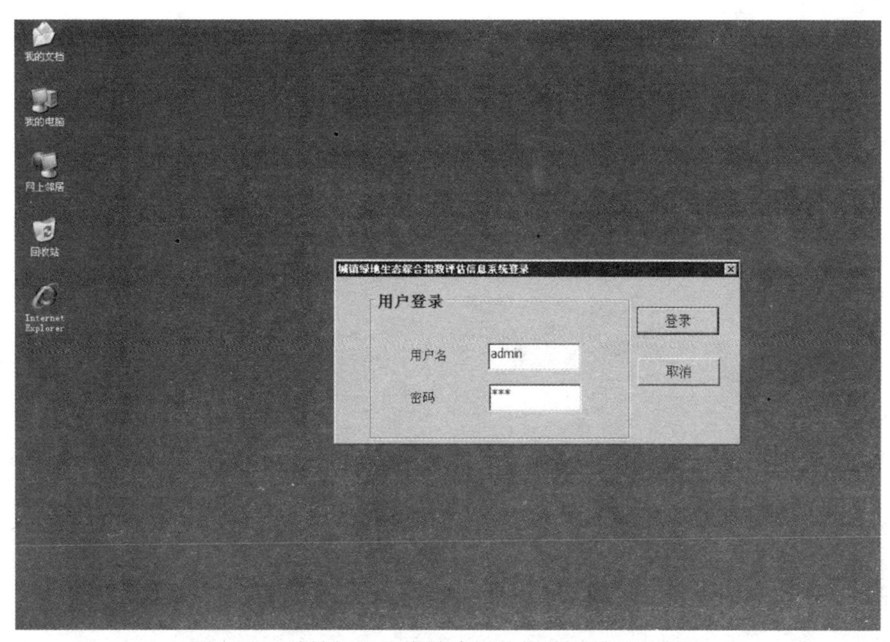

图 4-20　城镇绿地生态综合评价操作系统登录界面

系统有三类用户（表 4-54）。

表 4-54　城镇绿地生态综合评价操作系统用户权限界面

	职责	操作权限
系统管理员	负责系统整体的管理	所有权限
录入员	负责评价数据的录入	评价数据录入 评价数据修改
管理员	管理系统日常业务操作，不包含数据备份、用户管理等系统操作	评价数据录入 评价数据修改 评价数据计算 用户管理 城市信息管理

各用户因其权限不同，能操作的菜单也不一样（图 4-21～图 4-23）。

录入员不能操作“系统”菜单下的所有操作，也不能计算评价数据。

图 4-21 城镇绿地生态综合评价操作系统录入员界面

而系统管理员可以作所有操作。

图 4-22 城镇绿地生态综合评价操作系统系统管理员界面

2. 用户管理

系统管理员用户可以添加、删除、修改用户的信息。点击“系统管理”中的“用户管理”。

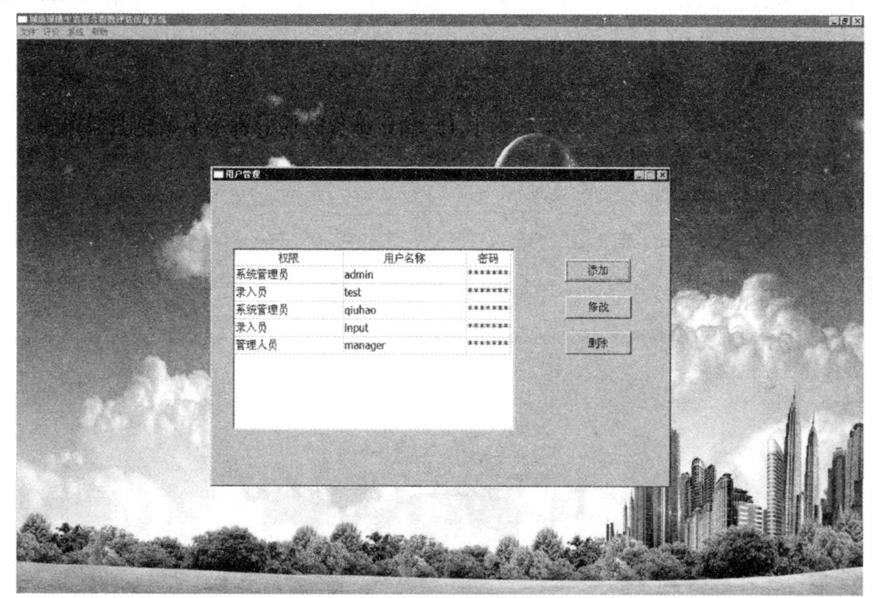

图 4-23　城镇绿地生态综合评价操作系统用户管理界面

添加用户：点“添加”按钮，在数据列表最后一行中，输入对应的用户权限、用户名、密码信息，点“修改”按钮保存。

修改用户：选中一个用户，修改其权限、用户名、密码信息，然后点“修改”按钮保存。

删除用户：选中一个用户，点“删除”按钮。

（三）评价

1. 新建评价

录入员和管理员可以录入某城镇某年度的评价数据。点击“评价”，“新建评价”（图 4-24）。

系统显示当前的所有城镇，用户可以选择一个城镇，并录入想录入评价数据的年度值，点击“确定”按钮。

（1）如果已经存在被选定城镇和年度的评价数据，系统会提示已经存在，请使用评价数据维护功能进行修改。

（2）如果不存在被选定城镇和年度的评价数据，录入评价数据的窗口会打开（图 4-25）。

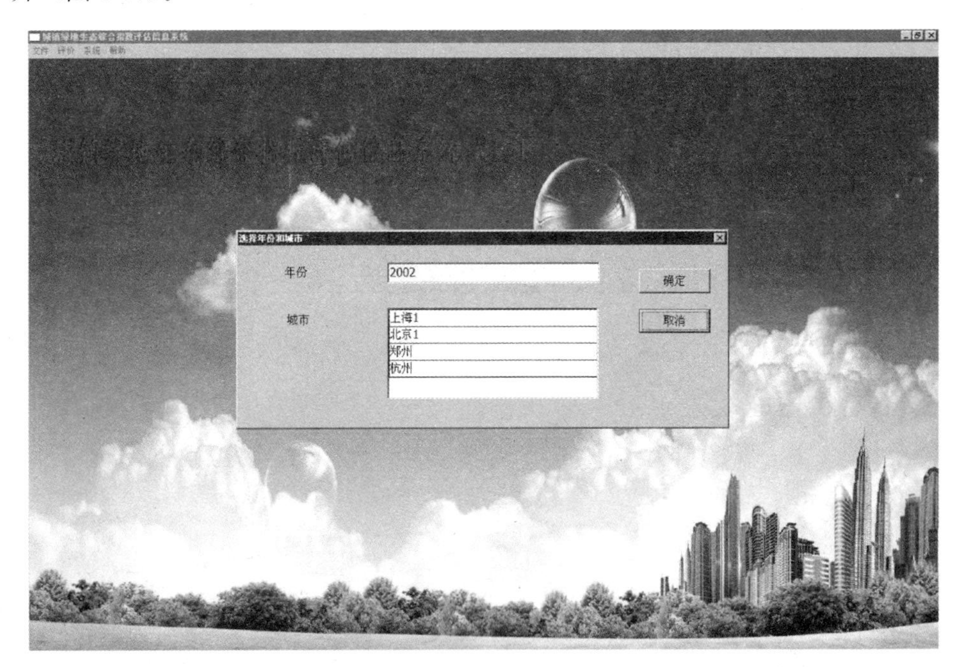

图 4-24　城镇绿地生态综合评价操作系统选择城镇和年度界面

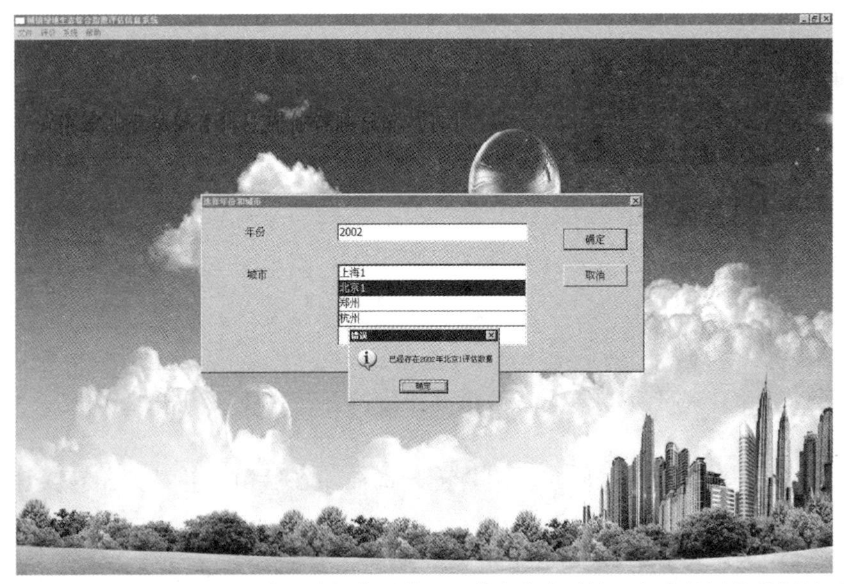

图 4-25　城镇绿地生态综合评价操作系统已经存在指定城镇和年度的评价数据界面

在评价数据录入窗口，用户可以录入以下七项指标值：人均公共绿地面积、绿化覆盖率、绿地率、自然和野生性绿地面积百分比、绿化乡土树种比例、绿地景观连通性指数、绿地分布均匀度指数。输入后，点击“确定”按钮，保存数据（图 4-26）。

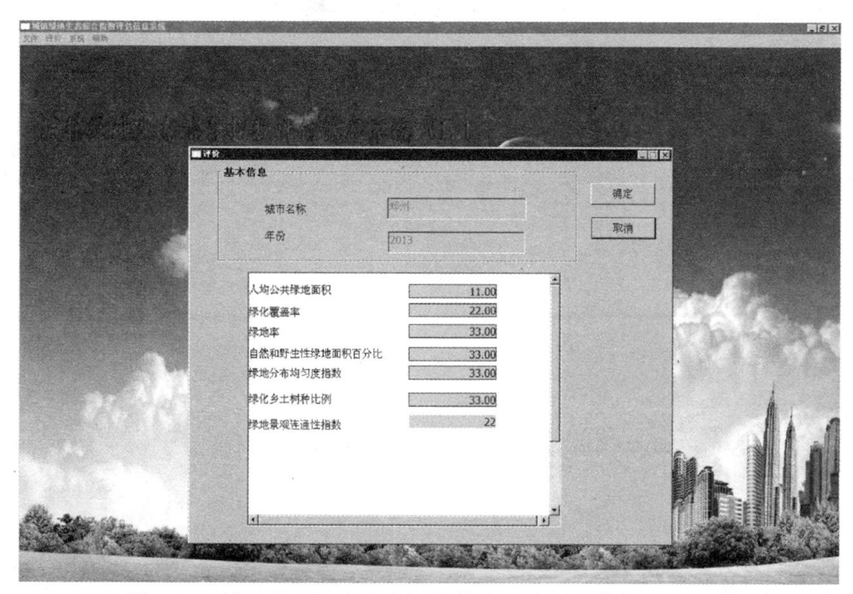

图 4-26　城镇绿地生态综合评价操作系统评价数据录入界面

2. 评价数据维护

对于已经录入的评价数据，用户可以维护。

点击“评价”，“评价维护”。

在“评价维护”窗口中，首先列出系统所有的评价数据，以城市、年度、评价总分的格式来表达。用户可以在“年份”数据框中输入年份，如 2002，点击“确定”，查询对应年度的评价数据。

对于列出来的评价数据，可以选中一行数据，点击“查看”按钮（图 4-27）。

因为是查看信息，用户在此窗口中，无法修改数据。

如果点击“修改”按钮，同样的窗口打开，但是用户可以修改评价数据，并点击确定保存所做的修改（图 4-28）。修改成功后，系统会提示用户需重新计算评级核心指标和评价总得分的值（图 4-29）。

评价数据被修改后，需要重新计算评价。

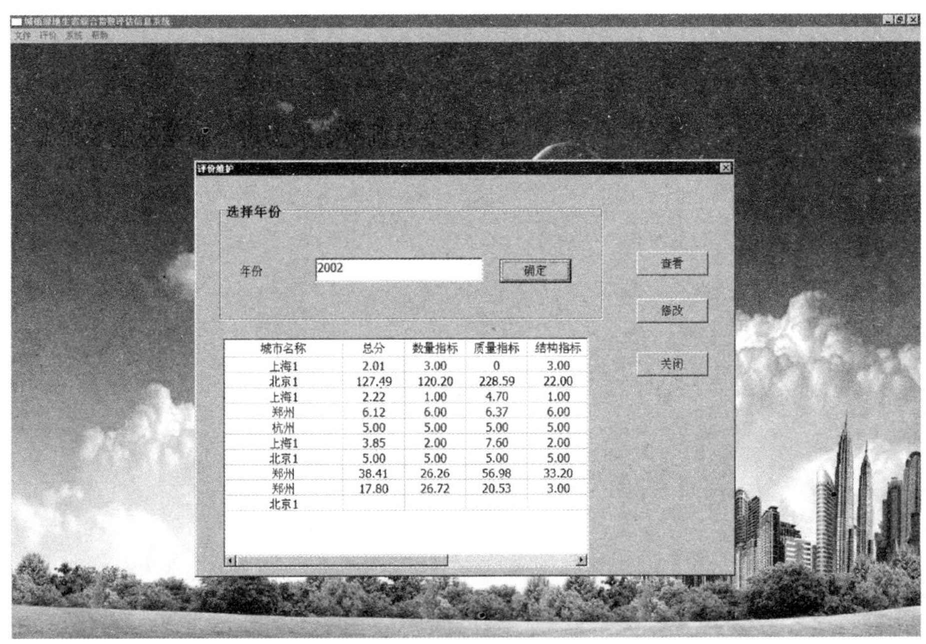

城市名称	总分	数量指标	质量指标	结构指标
上海1	2.01	3.00	0	3.00
北京1	127.49	120.20	228.59	22.00
上海1	2.22	1.00	4.70	1.00
郑州	6.12	6.00	6.37	6.00
杭州	5.00	5.00	5.00	5.00
上海1	3.85	2.00	7.60	2.00
北京1	5.00	5.00	5.00	5.00
郑州	38.41	26.26	56.98	33.20
郑州	17.80	26.72	20.53	3.00
北京1				

图 4-27 城镇绿地生态综合评价操作系统评价维护界面

图 4-28 城镇绿地生态综合评价操作系统修改评价数据界面

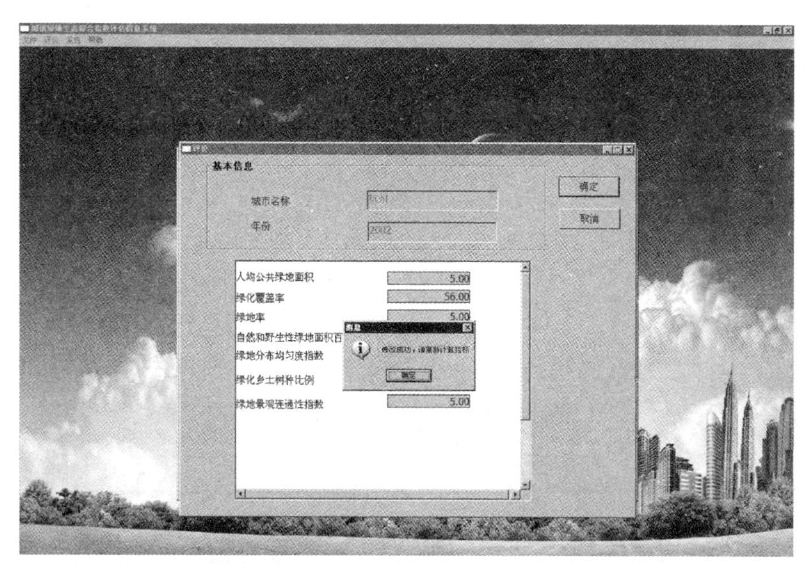

图 4-29　城镇绿地生态综合评价操作系统重新计算指标界面

3. 评价计算

用户可以计算核心评价指标和评价总得分。

以下是四项核心指标：绿地数量、绿地质量、绿地结构、绿地功能。

管理员可以点击“计算”（图 4-30）。

图 4-30　城镇绿地生态综合评价操作系统选择要计算评价数据的年份界面

用户可以打开评价维护窗口查看计算后的评价数据。点击“评价”，“评价维护”，查看对应年度的核心指标和评价总分数。

(四) 系统管理

1. 信息维护

系统不提供删除城市信息的功能，因为可能已经为此城市录入了评价数据(图 4-31)。

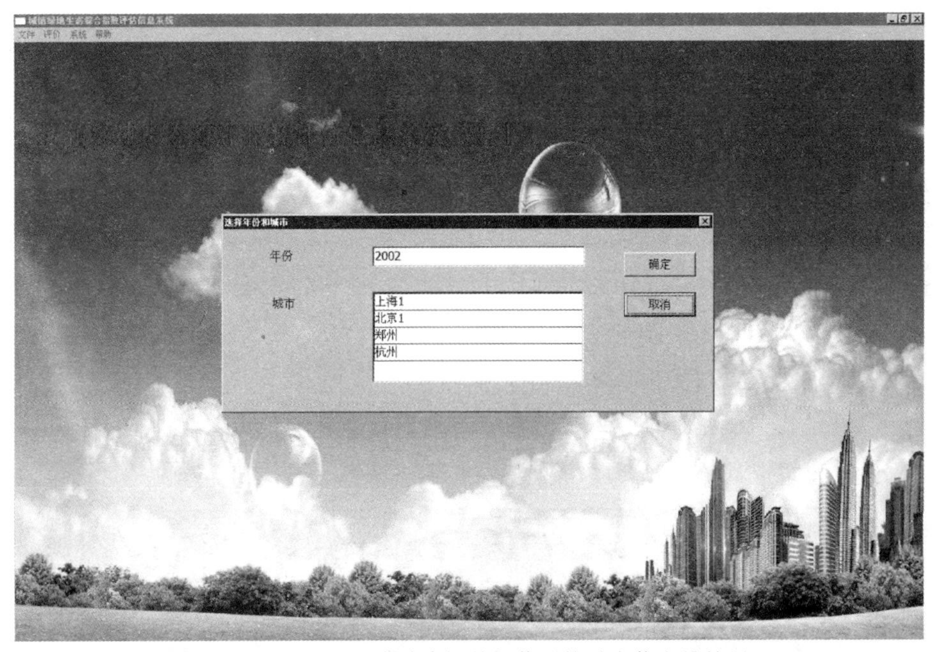

图 4-31　城镇绿地生态综合评价操作系统城市信息维护界面

添加城市：点击“添加”按钮，在最后的空行中，输入城市名字，点“修改”按钮保存。

修改城市：选中一个城市，并修改其名字，点击“修改”按钮保存。

2. 数据备份

数据备份功能可以把当前系统的所有数据都备份出来（图 4-32）。

数据备份到程序安装目录下，系统会自动以当前日期 YYYYMMDD 形式建立一个目录，并把数据备份到此目录中。

图 4-32　城镇绿地生态综合评价操作系统备份数据界面

3. 用户管理

用户管理请参见本书“权限管理”部分的内容。

4. 帮助

打开本文档，查看帮助信息。

5. 关于

本系统的注册信息。

参考文献

常玉，刘显东．2002. 层次分析、模糊评价在企业技术创新能力评估中的应用．科技进步与对策，(9)：125-127.

陈爽，王丹，王进．2010. 城市绿地服务功能的居民认知度研究．人文地理，114 (4)：55-59.

顾洪祥，朱俊，王祥荣，等．2005. 上海城市森林综合评价研究．中国人口·资源与环境，15 (3)：119-123.

黄金玲.2009. 近自然思想与城市绿地系统规划. 城市问题，170（9）：11-14.

江海燕，肖荣波，周春山.2010. 广州中心城区公园绿地消费的社会分异特征及供给对策.规划师，26（2）：66-72.

李锋，王如松.2003. 城市绿地系统的生态服务功能评价、规划与预测研究——以扬州市为例.生态学报，23（9）：1929-1935.

尹海伟，孔繁花，宗跃光.2008. 城市绿地可达性与公平性评价. 生态学报，28（7）：3375-3383.

俞孔坚，段铁武，李迪华，等.1999. 景观可达性作为衡量城市绿地系统功能指标的评价方法与案例. 城市规划，23（8）：8－11.

赵霞，吴泽民，李亚亮，等.2008. 合肥市居住区居民户外活动与绿地环境的关系. 中国城市林业，6（1）：27-30.

周坚华.2001. 城市绿量测算模式及信息系统. 地理学报，56（1）：14-23.

周廷刚，罗红霞，郭达志.2005. 基于遥感影像的城市空间三维绿量（绿化三维量）定量研究.生态学报，25（3）：415-520.

朱进.2008. 上海市城市绿化绿量方程及应用. 中国农学通报，24（8）：360-363.

Ahern J. 1995. Greenways as a planning strategy. Landscape and Urban Planning，33（1-3）：131-155.

Coles R W，Bussey S C. 2000. Urban forest landscapes in the UK—Progressing the social agenda. Landscape and Urban Planning，52：181-188.

Fischer J，Lindenmayer D B. 2002. Small patches can be valuable for biodiversity conservation：Two case studies on birds in southeastern Australia. Biological Conservation，106：129-136.

Grahn P，Stigsdotter U. 2003. Landscape planning and stress. Urban Forestry & Urban Greening，2：1-18.

Nielsen T S，Hansen K B. 2007. Do green areas affect health? Results from a Danish survey on the use of green areas and health in dicators. Health and Place，13：839-850.

Rowntree R A，Nowak D J. 1991. Quantifying the role urban forests in removing atmospheric carbon dioxide. Journal of Arboriculture，17，269-275.

Schipperijn J，Ekholm O，Stigsdotter U K，et al. 2010. Factors influencing the use of green space：Results from a Danish national representative survey. Landscape and Urban Planning，95：130-137.

Schipperijn J，Stigsdotter U K，Randrup T B，et al. 2010. Influences on the use of urban green space—A case study in Odense，Denmark. Urban Forestry& Urban Greening，9：25-32.

Sinclair K，Hess G，Moorman C，et al. 2005. Mammalian nest predators respond to greenway width，landscape context and habitat structure. Landscape and Urban Planning，77：277-293.

Van Herzele A，Wiedemann T. 2003. A monitoring tool for the provision of accessible and attractive urban green spaces. Landscape and Urban Planning，63：109-126.

Özgüner H，Kendle A D. 2006. Public attitudes towards naturalistic versus designed landscapes in the city of Sheffield（UK）. Landscape and Urban Planning，74：139-157.

第五章 我国城镇绿地综合评价实证研究——以杭州市为例

第一节 实证案例的基本情况

一、杭州市基本概况

杭州市地处长三角南翼，钱塘江下游，京杭大运河南端，是长三角地区重要的中心城市、国家重点风景旅游城市和历史文化名城。2005年，建成首个国家级湿地公园——杭州西溪国家湿地公园（2009年被列入国际重要湿地名录），拥有西湖和富春江—新安江—千岛湖两个国家级风景名胜区，天目山、清凉峰两个国家级自然保护区，五个国家级森林公园和九个省级森林公园。杭州市良好的生态环境为构建精致和谐、大气开放的现代化大都市，实现建经济强市、创文化名城的发展战略提供了强有力的环境支撑和生态保障。杭州市是长三角南翼中心城市和浙江省省会，2010年，杭州市市辖区建成区面积为413平方公里，其中城市建设用地为374平方公里，年末总人口为689.12万人，其中市辖区人口为434.82万人。2010年，全市城镇化率达70%，根据浙江省城乡一体化进程监测评价体系监测，杭州市城乡一体化水平已达到87.1%，已接近城乡全面融合阶段。

杭州市作为长三角主要中心城市，快速发展的经济在促进地区整体实力提升中具有举足轻重的作用。多年来，杭州市GDP一直稳定、健康发展，除1998年、1999年亚洲金融风暴时期，杭州市GDP平均增长幅度均保持在12%～20%，经济增长的自主性和抗波动性强。进入21世纪，杭州市经济发展水平进一步提高（图 5-1）。2002 年以后，杭州市 GDP 年增幅始终保持在 15%以上，这与杭州市近年来强有力的招商引资不无关系，杭州市利用外资的比例始终占据浙江省第一位。到 2010 年，杭州市实现 GDP 5945.82 亿元，超额完成“十一五”规划目标，按可比价计算，比 2009 年增长 12%，带着连续 20 年两位数的增速进入“十二五”时期，增速快于全国和浙江省 1.7 和 0.2 个百分点。经济总量稳居全国大中城市第八位、副省级城市第三位和省会城市第二位。2010 年，杭州市的人均 GDP 水平实现大跨越，按常住人口计算，全市人均 GDP 达到 68 398 元，根据当年平均汇率折算，达到 10 103 美元。杭州市户籍人口和常住人口人均 GDP 双双突破 10 000 美元，标志着步入“上中等”发达国家水平，经济总体实力再上新台阶。

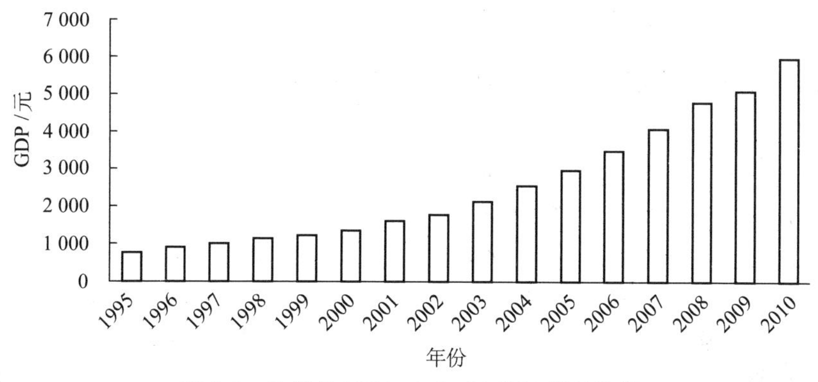

图 5-1　杭州市 1995～2010 年 GDP 增长趋势

杭州市在经济总量增长的同时，注重产业结构调整、经济发展方式转变和结构优化升级，经济结构进一步优化（图 5-2）。第一产业从 2000 年的 7.52%下降到 2010 年的 3.5%；第二产业也略微作了调整，从 2000 年的 51.30%下降到 47.8%；第三产业一直保持稳定增长态势，产值占地区生产总值从 2000 年 41.18%上升到 2010 年的 48.70%。尤其是在“十一五”时期，杭州市 GDP 年均增长 12.4%，三次产业结构由 2005 年的 5.0∶50.8∶44.2 调整为 2010 年的 3.5∶47.8∶ 48.7，形成以现代服务业为主导的“三二一”产业结构，文化创意产业、高新科技产业成为了杭州市经济发展新动力。

随着经济社会的不断发展、人民生活水平的日益提高，人们对保护自然资源、改善生态状况的要求越来越迫切，对城镇生态建设提出了新的、更高的要求。杭州市城镇绿地为经济社会持续发展提供生态支撑，在区域生态保护和建设中发挥了重要的基础作用。

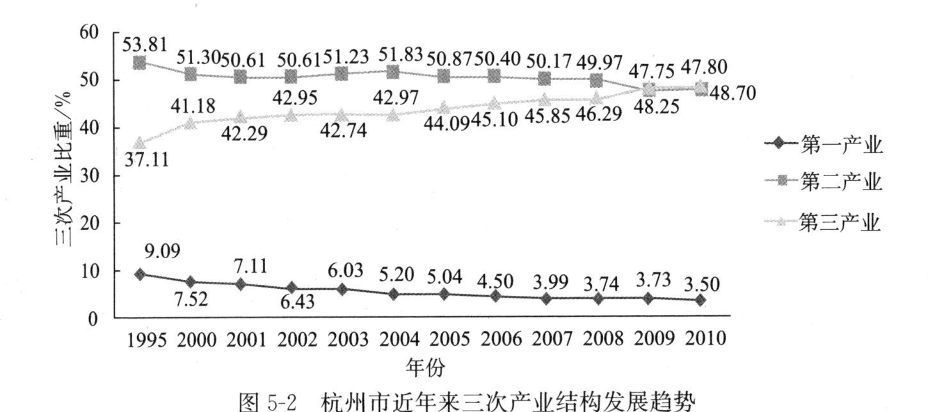

图 5-2 杭州市近年来三次产业结构发展趋势

二、杭州市城镇绿化建设与发展

(一) 城镇绿地数量与规模的空前发展

“九五”、“十五”期间，杭州市城市园林绿化建设经历了三个发展阶段：第一阶段是 1998 年以前的每年计划扩绿 20 万平方米；第二阶段是 1998～2000 年的每年计划扩绿 100 万平方米；第三阶段是“十五”期间年均扩绿 700 万平方米以上，扩绿总量 3746.64 万平方米，是“九五”期间的 4.5 倍。1999～2001 年的三年间，全市扩绿面积分别为 151 万平方米、291 万平方米和 500 万平方米，到 2002 年市区新增绿地面积 767 万平方米，年末市区园林绿地面积达到 7076 万平方米，其中公共绿地面积达 1323 万平方米，建成区绿化覆盖率达 36.72%，绿地率达 33.40%，人均绿地面积达 7.82 平方米。到 2006 年年底，杭州市城区绿地面积达 11 309.1 万平方米，城区绿地率达 34.54%，建成区绿化覆盖率达 37.86%，人均公园绿地达 10.84 平方米。截至“十一五”末，杭州市绿地面积达15 118公顷，其中公园绿地面积达 5017 公顷，人均绿地面积达 35 平方米，人均公园绿地面积达 15.5 平方米，建成区绿化覆盖率达 39.91%。截至 2011 年年底，杭州市城区绿地面积达 159.17 万平方米，城区新增绿地面积 633 万平方米，城区绿地率达 36.72%，建成区绿化覆盖率达 40.04%，人均公园绿地达 15.5 平方米。完成湘湖公园二期、石塘公园二期、抖门公园、半山游客服务于中心等 4000 平方米以上的公园绿地建设 58 处，通过市区河道综保工程，新建改建绿化 55.7 万平方米。

近年来，杭州市提出了建设生活品质之城的战略目标，开展了“国家森林城市”创建工作，林业和生态建设的力度不断加大，森林资源保护、培育和发展的成效显著，森林资源总量持续增加，质量逐步提高，结构趋于合理，功能不断增强，森林生态系统良性发展的态势已基本形成。与此同时，关注森林、保护生态的理念已渐入人心，呈现出共建“绿色杭州”、共享“绿色生活”的良好局面，进一步推动了杭州市森林资源保护和生态建设工作。

（二）实施科学规划与管理，制定规范和标准

随着城镇化进程加快，建成区面积不断扩大，杭州市开展了节约型园林绿化建设，促进各种不同性质、不同类型、不同规模的绿地整合，实现了各类绿地在功能上互相补充，在数量上最大限度地满足综合功能的需要，在布局上更加符合自然山水地形和方便的服务半径的要求，充分覆盖城市规划区。按照城市总体规划的部署，杭州市相关部门先后编制完成了《杭州市城市绿地系统规划（2002—2020）》、《杭州市城市绿地五年近期实施计划》、《杭州市生态市建设规划》、《杭州市生物多样性保护规划》、《杭州市公共绿地及行道树的树种规划》、《杭州西湖风景名胜区总体规划（2002—2020）》等相关绿化规划。

杭州市先后出台了十余个地方法规、规章和若干规范性文件，初步构筑了比较系统的园林绿化法律体系。杭州市人大常委会三次修订了《杭州市城市绿化管理条例》，杭州市政府于1995年配套颁布了《杭州市城市绿化管理条例实施细则》。2001年2月《杭州市公园管理条例》颁布实施。2004年8月，修订后的《杭州西湖风景名胜区保护管理条例》颁布实施。为进一步规范城镇建设工作，杭州市先后制定了《杭州市城区绿化养护项目招标投标管理办法》、《杭州市园林绿化建设管理暂行办法》等规范性文件。规划和法规的制定与完善为杭州市的园林绿化建设和管理提供了更加全面、科学的依据，有效地指导了城镇绿地建设和管理。

（三）构建了城镇绿地生态系统，实现生态、社会和美化功能的统一

杭州市以创建国际风景旅游城市和生态城市为目标，高度重视城区绿化建设，积极建造沿江、沿河、沿路绿化带，合理均衡配置各级公园绿地，建设好居住区、工厂、学校内附属绿地，大力发展垂直绿化和屋顶绿化，重视树木种植，体现植物多样性原则，注重植物生态效益和景观效益，发挥城市绿地在避灾、减灾中的作用。努力提高建成区城市绿化覆盖率，形成融山、水、林、园、城为一体，点、线、面相结合的城市绿地系统。同时，结合杭州市的自然生态环境，建立“山、湖、城、江、田、海、河”的城市生态基础网架，重点建设“四园（四个近郊森林公园）、多区（水源保护区、湿地保护区、风景名胜区）、

多廊（滨水绿廊、交通绿廊）”，形成具有“两圈（内外圈）、两轴（钱塘江、运河）、六条生态带”的生态景观绿地体系。

2008年12月，杭州市编制完成了《杭州市生态带概念规划》，将全市规划为“六条生态带”，即西北部生态带、西南部生态带、南部生态带、东南部生态带、东部生态带和北部生态带（图5-3）。在确定生态带的相关面积的同时，拟定了包括区域人口总量、区域人口密度及建设用地比例在内的三项核心指标，以及涉及农田面积比例、森林面积比例、林网水网结合度及林网路网集合度等的四项扩展指标。在“六条生态带”的基础上，2010年3月完成重新修编的《杭州市绿地系统规划》在强调城市绿地的生态安全和生态区功能修复的同时，确立杭州市城市绿地结构体系为“一圈、两轴、六条生态带”，由此形成了点、线、面相结合的绿地系统结构。杭州市绿地系统网络的构建，对城镇绿地各项功能结合，更好发挥功能，提升生态承载力、区域空间布局、资源保护和城市生态可持续发展水平具有十分重要的意义。

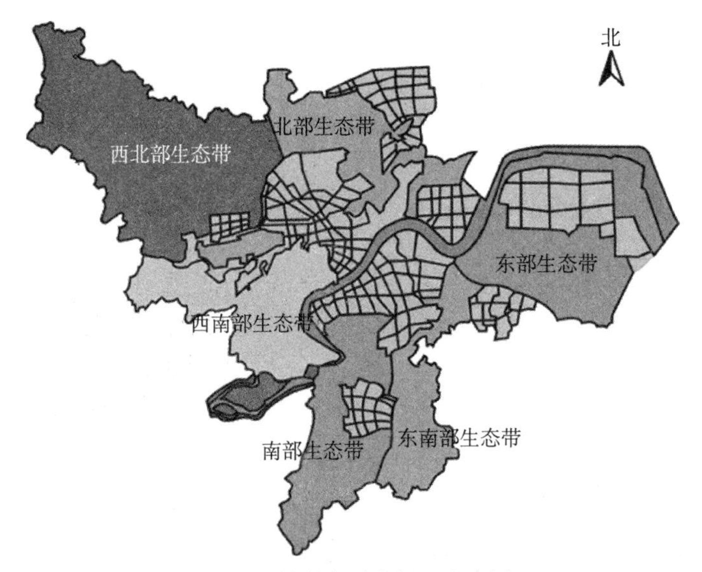

图5-3 杭州市城市绿地生态图

资料来源：顾肖艳，2008.

（四）实现绿地投资、运营和管理的市场化、社会化

杭州市一直强调绿化生态效益和经济社会效益并重，提倡绿地建设集约化和节约化，以降低城市绿化养护管理成本为重要审核内容，着力提高城市绿化资金的使用效率。

开展绿地建设、管理和运营的市场化和社会化，是集约化、节约型绿化建设的重要环节。2000 年起杭州市就明确了将市区财政投入绿地建设或养护，推行市场竞争机制，按市场规律运作，使绿化投入发挥出最佳的社会和经济效益。2006 年，杭州市交易中心园林绿化招投标窗口全年共受理绿化招投标项目 172 个，总投资 47 684.82 万元，中标金额 32 942.69 万元，实际节省资金14 742.13 万元，节省比率为 30.91%。杭州市积极鼓励和吸引社会资金多元化参与园林绿化建设管理。2005 年，杭州市郊区苗圃的规模已达13 000公顷，超过市区绿地规模，年产值逾 10 亿元，郊区苗圃除发挥很好的生态效益之外，也为杭州市城镇绿化提供了大量优质价廉的绿化材料。同时，杭州市积极探索绿地的认建、认养、认管，或通过出让绿地冠名权等方式，引导社会资金投入绿化建设和养护管理工作，节约了绿化建设的成本和资金，减少了政府投资，促进了社会和谐。

第二节　杭州市城镇绿地生态综合评价

随着杭州市经济社会快速发展，城市综合实力不断提升。在保持经济健康快速发展的同时，杭州市注重优化城市生态环境，提高城市生活品质，深入实施“环境立市”、“生态立市”战略。经过多年的积极推进和不懈努力，杭州市绿地建设成效显著。本次评价以杭州市 2009～2011 年的绿地生态系统特征作为研究对象，以调查、监测和统计数据为基础，构建反映绿地数量、质量、结构和功能特征的指标体系，对杭州市城镇绿地生态进行综合评价与分析，考察绿地空间合理性、质量优良性、结构适宜度，考察能否为城镇发展提供生态服务功能，从提升绿地生态系统综合质量的角度，为杭州市景观建设和整治，以及绿地规划、建设与管理，进一步扎实推进“品质之城”的建设提供有效的数据和信息支撑。

一、数据的采集和模型的优化

按照《城市绿地分类标准》(CJJ/T85—2002)、《城市绿地设计规范》(GB50420—2007)、《城市园林绿化评价标准》(GB/T50563—2010) 的要求，将杭州市城镇绿地综合评价指标体系的构建分为两级，一级为准则层，有数量指标、质量指标、结构指标和功能指标四项；二级为指标层，包括核心指标和拓展指标。其中，核心指标包括人均公共绿地面积、建成区绿化覆盖率、绿地率、自然和野生性绿地面积百分比、乡土树种比例、绿地景观均匀度指数和绿地景观连通性指数七项指标，拓展指标涵盖了三维绿量、乔灌草结合度、绿地可达性、绿地生态服务价值和鸟类多样性五项指标（表 5-1）。根据设计的指标体系框架，收集各指标的原始数据，并对从有关部门收集的基础数据的真实性和有效性进行确认，筛选出有效数据之后，完成以上指标的计算，得出各项评价指标值。

表 5-1　城镇绿地综合评价指标

主　题	核心指标	拓展指标
绿地数量	1. 人均公共绿地面积 2. 建成区绿化覆盖率 3. 绿地率	
绿地质量	4. 自然和野生性绿地面积百分比 5. 乡土树种比例	1. 三维绿量 2. 乔灌草结合度
绿地结构	6. 绿地景观均匀度指数 7. 绿地景观连通性指数（此次评价不予考虑）	3. 绿地可达性
绿地功能 （此次评价不予考虑）		4. 绿地生态服务价值 5. 鸟类多样性

根据数据的可得性和准确性，此次评价重点把握核心指标。综合评价目标主要讨论一级指标中绿地数量、绿地质量和绿地结构三个方面。筛选出人均公共绿地面积、建成区绿化覆盖率、绿地率、自然和野生性绿地面积百分比、乡土树种比例和绿地景观均匀度指数六项二级指标（此次评价暂不考虑绿地景观连通性指数），构建了杭州市城镇绿地综合评价指标体系。同时，结合已经掌握的两个拓展指标，即三维绿量和乔灌草结合度，根据相关的信息与资料，对已有的评价结果给予进一步佐证，解析杭州市绿地质量的优化情况。

评价将利用上述指标，根据系统性原则、主导因素原则、数据的可靠性和易获取性及重要程度等，以及本书确定的指标权重，构建了杭州市城镇绿地综合评价核心指标体系（图 5-4）。同时，根据实际掌握数据和资料的情况，对此次评价的核心指标和权重做出相对合理的调整。

参考研究 2010 年和 2011 年的《浙江城市建设统计年鉴》及《杭州建设年鉴》，并结合杭州市绿化委员会城区绿化办公室印发的《2011 年度杭州市城区绿化工作总结》（杭绿委城办〔2012〕1 号），从中获取与绿地数量相关的基础数据，包括人均公共绿地面积（包含暂住人口）、建成区绿化覆盖率、绿地率、建成区绿地总面积及建成区总面积。同时，基于原始数据，计算得出表现杭州市城镇绿地质量的指标，包括自然和野生性绿地面积百分比、乡土树种比例及绿地景观均匀度指数（由土地利用分类图计算求得，或由土地利用分类 GIS 图获

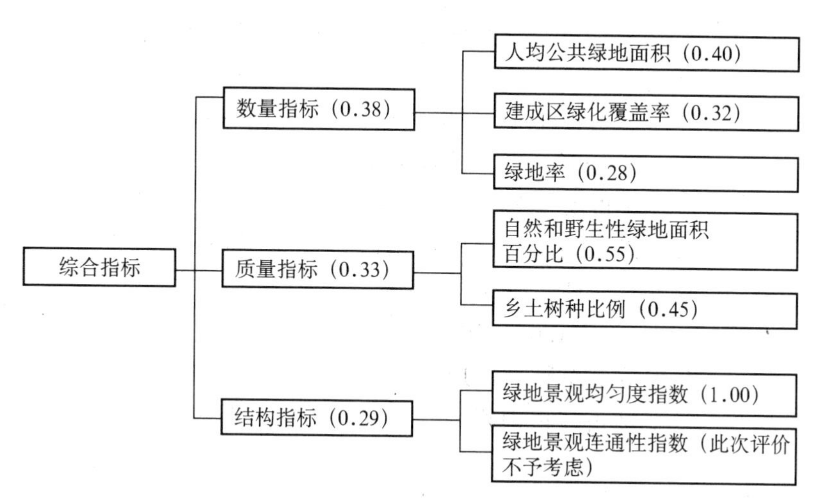

图 5-4　杭州市城镇绿地综合评价指标因子及权重

得原始数据）。在考察杭州市城镇绿地结构指标时，获取绿地景观连通性指数的相关数据具有一定的客观局限性，故将核心指标中与结构指标相关的绿地景观均匀度指数的权重改为 1.0，并从现有的政策和措施出发，辅以文字说明。另外，拓展指标中的三维绿量又称绿化三维量，表示绿地植物的茎叶所占据的空间体积，根据航空相片上量得的冠径求取冠高，求得树冠的体积（即树冠绿量）。通过用地总面积和绿地率得出绿地总面积，再通过乔灌草结合度分别得出乔灌面积和草地面积。根据评价指标体系设计，收集得到 2009～2011 年杭州城镇绿地生态综合评价体系的原始数据（表 5-2）。

表 5-2　杭州市城镇绿地生态综合评价原始数据

一级指标	二级指标	原始数据		
		2009 年	2010 年	2011 年
绿地数量	人均公共绿地面积/平方米	15.48	15.12	15.50
	建成区绿化覆盖率/%	39.94	39.95	40.04
	绿地率/%	36.58	36.64	36.72
	建成区绿地总面积/平方千米	143.66	151.17	158.99
	建成区总面积/平方千米	392.73	412.59	432.98
绿地质量	八市区 自然和野生性	560.39	565.98	565.52
	市区 绿地面积/平方千米	93.09	96.35	96.20
	自然和野生性绿地面积百分比/%	81	81	80
	乡土树种比例/%	80	80	80
绿地结构	绿地景观均匀度指数	0.45	0.40	0.38
拓展指标	三维绿量/立方米	9.95×10^{7}	1.07×10^{8}	1.2×10^{8}
	乔灌草结合度	0.72	0.73	0.72

其中，从杭州市一般公园各年乔冠草各自所占比例的估算来看，乔木面积约占60%，灌木面积约占70%（林下约30%有灌木）；乔木按4米的冠幅（三维绿量取4/5球体体积，通过几何计算可以得出冠幅4米的乔木体积占了4米方块的30%），灌木取35厘米高度，草坪取10厘米高度。以2010年为例，通过建成区总面积和绿地率得出绿地总面积为151.17平方千米，结合乔灌草结合度及各自比例得到乔木占63平方千米，灌木占74平方千米，草坪占45平方千米。按各自典型的体积分别计算，乔木77×10^6立方米，灌木25.9×10^6立方米，草坪4.5×10^6立方米，合计1.07×10^8立方米。而乔灌草结合度则是通过实地调查，估算得出绿化中乔灌草结合绿地面积占城市绿地总面积的百分比，也可以采用与此相反的纯草地占绿地面积的百分比来表示，即区域绿地中纯草地（无灌木和乔木）面积占区域绿地总面积的百分比。通过对杭州比较有代表性的公园（花港观鱼、六公园、太子湾公园等）乔灌草结合度的统计，得出为0.65～0.8，综合结合度为0.7～0.75。

二、数据的处理与整合

一个完整的综合评估必然会涉及不同基准、量纲的评估指标，在进行综合评估时必须对这些指标的采样数据进行无量纲处理，即标准化处理（吴松涛等，2007）。数据的标准化主要是解决指标的类型不一致、量纲不一致和归一化问题（李光等，2011），常见的数据标准化包括对变量的离差标准化（极值法）和对变量的标准差标准化（Z值法）。一般来说，极值法对指标数据的个数和分布状况没什么要求，转化后的数据都为0～1，转化后的数据相对数性质较为明显，在标准化过程中所依据的原始数据信息较少；而Z值法一般在原始数据呈正态分布的情况下应用，其转化结果超出了0～1，标准化结果存在负数，会影响进一步的数据处理，同时转化时与指标实际值中的所有数值有较大关系，所依据的原始数据的信息多于极值法（马立平，2000）。

为了使结果更具可比性和参考价值，评价将采用极值法对原始数据进行标准化，这也是线性数据标准化的一种常用方法。在统一标准下实现定量化表达的同时，使得各项性质不同和量纲各异的指标在参与多指标综合分析的过程中，确保指标要素间的均衡与合理性。指标标准化定量值均控制在0～10，标准化量化公式为

$$Z_{jk}=\frac{X_{jk}-X_{min}}{X_{max}-X_{min}}\times10 \tag{1}$$

式中，Z_{jk}为某项指标的标准化值，X_{jk}为某项指标的实际值，X_{min}为所有参与评价的城镇绿地指标的最小实际值，X_{max}为所有参与评价的城镇绿地指标的最大实际值。按照评价所确定的指标因子及权重，筛选整理出了各项指标及原始数据（表5-3）。

表5-3 杭州市城镇绿地综合评价指标值的原始数据和权重

一级指标	权重	二级指标	分权重/w_i	指标值的原始数据		
				2009年	2010年	2011年
绿地数量	0.38	人均公共绿地面积	0.40	15.48	15.12	15.50
		建成区绿化覆盖率	0.32	39.94	39.95	40.04
		绿地率	0.28	36.58	36.64	36.72
绿地质量	0.33	自然和野生性绿地面积百分比	0.55	0.81	0.81	0.80
		乡土树种比例	0.45	0.80	0.80	0.80
绿地结构	0.29	绿地景观均匀度指数	1.00	0.45	0.40	0.38

经考察，原始数据群中，X_{min}为0.38，X_{max}为40.04，变量的离差（极差），即$X_{max}-X_{min}$，为39.66，根据公式（1），将原始数据标准化量化为统一标准下的定量数据，标准化后的定量值均控制在0～10，最后得到了标准化后的数值（表5-4）。

表5-4 杭州市城镇绿地综合评价指标标准化的计算结果

一级指标	权重	二级指标	分权重/w_i	经标准化处理的指标值		
				2009年	2010年	2011年
绿地数量	0.38	人均公共绿地面积	0.40	3.81	3.72	3.81
		建成区绿化覆盖率	0.32	9.97	9.98	10.00
		绿地率	0.28	9.13	9.14	9.16
绿地质量	0.33	自然和野生性绿地面积百分比	0.55	0.11	0.11	0.11
		乡土树种比例	0.45	0.11	0.11	0.11
绿地结构	0.29	绿地景观均匀度指数	1.00	0.02	0.01	0.00

在汇总分析各项数据和资料的基础上，立足数据的可靠性、易获取性和典型性等原则，通过专家咨询的方式，初步确定一级指标和二级指标的各项权重值和分权重值，利用层次分析法分别确定2009年、2010年和2011年杭州市城镇绿地综合评价的综合指标值（urban green space comprehensive evaluation，UGSCE），其计算公式为

$$\text{UGSCE}=0.38\times\sum_{i=2}^{2}\sum_{j=2}^{2}\sum_{k=2}^{2}w_i\cdot Z_{jk}+0.33\times\sum_{i=2}^{2}\sum_{j=2}^{2}\sum_{k=2}^{2}w_t\cdot Z_{jk}$$
$$+0.29\times\sum_{i=2}^{2}\sum_{j=2}^{2}\sum_{k=2}^{2}w_t\cdot Z_{jk}$$

其中，一级指标的各项权重值分别为0.38、0.33和0.29，二级指标的各项分权重值表示为w_i，Z_{jk}分别表示为2009年、2010年和2011年各项属性的指标值

(标准化后的数据)。结合表 5-4 中标准化后的数据，得出杭州市 2009～2011 年城镇绿地生态综合指标值（表 5-5)。

表 5-5　杭州市城镇绿地综合评价 2009～2011 年综合指标值计算结果

一级指标	权重	二级指标	分权重/w_i	经标准化处理的指标值		
				2009 年	2010 年	2011 年
绿地数量	0.38	人均公共绿地面积	0.40	3.81	3.72	3.81
		建成区绿化覆盖率	0.32	9.97	9.98	10.00
		绿地率	0.28	9.13	9.14	9.16
绿地质量	0.33	自然和野生性绿地面积百分比	0.55	0.11	0.11	0.11
		乡土树种比例	0.45	0.11	0.11	0.11
绿地结构	0.29	绿地景观均匀度指数	1.00	0.02	0.01	0.00
综合指标				2.80	2.79	2.81

三、评价结果

(一) 核心指标评价结果

计算结果表明，2009～2011 年，杭州市城镇绿地综合评价的综合指标呈现出较为稳定的趋势，这三年综合指标得分分别为 2.80、2.79 和 2.81。其中，绿地数量的三项指标都维持在轻微上升水平，尤其是建成区绿化覆盖率从 9.97 上升到 10.00，绿地率也从 9.13 上升到 9.16，绿地质量的指标值基本维持在 0.11。而绿地结构参考的唯一指标，即绿地景观均匀度指数，在这三年内，数值呈逐年递减的趋势，从 0.02 下降到 0.00。该指标利用 GIS 技术，对杭州市城区绿地进行取样，把城区分为 60×90 个方格，依次统计绿地方格、累计方格数、累计绿地方格百分比后，将结果进行排序，并将数据放置在坐标图中，以 x 轴为单元累计百分比，y 轴为绿地方格面积累计百分比，得出杭州市城区绿地分布洛伦茨曲线，进一步计算基尼系数 g

$$g=\left[\frac{1}{2}-\int_0^1 f(x)\mathrm{d}x\right]/\left(\frac{1}{2}\right)=1-2\int_0^1 f(x)\mathrm{d}x$$

得出绿地分布均匀度指数。该指标的计算是用不同街区人均公共绿地面积的变异系数来获得的，变异系数越小，绿地分布的均匀度就越高，因此，该指标的变化说明，杭州市城镇绿地分布的均匀度情况呈逐年改善的趋势。根据比较理想的城市绿地分布系数和已知城市的基尼系数，杭州市的基尼系数约为 0.4 是比较合理的。总体来看，近几年杭州市城镇绿地数量在持续增加，增加速度超过了人口增长和建成区面积扩大的速度；绿地数量增加的同时保证了绿地质量；绿地斑块在全市分布进一步均匀化，能满足不同区域人口对绿地的需求。

(二) 拓展指标评价结果

根据实际数据获取的情况，本次对杭州市城镇绿地生态综合评价采用了用来衡量绿地质量的两项拓展指标，即三维绿量和乔灌草结合度。

相关研究表明，决定平均相对三维绿量的因素不仅包括建成区绿化覆盖率，而且还应包括绿化结构和植物的生长状态（周廷刚等，2005）。因此，建成区绿化覆盖率较高且植物生长状态良好、绿化结构层次较多样的区域，平均相对三维绿量就较大；杭州市城镇绿地三维绿量逐年上升不仅体现出杭州市市域范围建成区绿化覆盖率的提高，还表现为植被结构的不断改善和植被物种的多样性增加。三维绿量从 2009 年的 9.95×10^7 立方米，增长到 2011 年的 1.2×10^8 立方米。杭州市三维绿量的不断改善，在为城市创造良好的人居环境和发展空间的同时，也为培育城市“碳中和”的功能提供了生态资源的保障，实现了“城在林中，林在城中，人在绿中”的良性循环。

童明坤等（2011）认为，乔灌草型绿地作为一种常见的城市休闲绿地，因其极具美感的景观度和较高的可及度在城镇绿化中备受青睐。它的典型配置方式为乔木呈疏林状种植，其下配置丛状、块状或绿篱状灌木，在空闲地铺设草坪，它具有复层冠层结构和高密度的根系分布，群落结构复杂。对杭州市城镇绿地乔灌草结合度的考察结果表明，城镇植被种类的配比和协调对城镇绿地生态功能更为重要，绿地系统的承载力和生态功能不仅有赖于绿地面积的数量，包括均量和总量，在一定程度上也取决于植被群落及由其构成的生态系统和景观等在不同结构和尺度上的合理性。2009～2011 年，杭州市乔灌草结合度基本稳定在 0.73 和 0.72 的水平，说明这几年杭州市市域范围内的绿化质量一直处于较为稳定的状态，植被个体和群落及由其构成的生态系统和景观等在不同尺度和结构上具备一定的合理性。

(三) 绿地数量情况

一般来说，对城镇绿地数量的考察主要运用的指标有人均公共绿地面积、绿地率和建成区绿化覆盖率等三大城市绿地定额指标。根据 2005 年修订的《国家园林城市标准》，绿地定额指标的提高将通过这三项指标最直接地反映城镇绿化水平和环境质量。

人均公共绿地面积，表现为人口数量和公共绿地总面积的数量关系，在一定的地域范围内，量化每个城镇居民所能享受到的公共绿地福利，并结合其他总量指标，考察城镇绿地作为一种公共福利可能对在籍人口的变动产生的影响。从杭州市城镇绿地数量指标的原始数据来看，2009～2011年的三年间，人均公共绿地面积、建成区绿化覆盖率和绿地率都较为稳定，个别指标伴有数量上的细微增长。同时，随着建成区总面积的不断扩大，城镇绿地配给作为一种有形的且兼具生态服务功能的公共服务也实现了相应地增长，建成区绿地总面积递增态势明显。城镇公共绿地作为一种准公共物品，对城市景观建设及环境质量的提高，具有不可替代的作用，而对城市公共福利的投机已经成为影响人口迁移的一个重要因素，城市公共福利的不断改善，可能导致人口增长速率快于公共设施或公共福利改善的速率。这样的数据变化需要我们重新认识城镇人口增长和城镇公共福利供给（特别是城镇绿地供给能力）之间存在的制约或促进的关系。

杨英书等（2007）认为，城市绿地率的计算涵盖了公园绿地、附属绿地、防护绿地和生产绿地等主要绿地类型，表示为各类绿地类型的面积总和占城市总面积的比率，由此更为直观地反映出城市用地类型，特别是绿化用地占有情况。绿地率是从城市绿地空间二维平面角度分析的指标项目。相比建成区绿化覆盖率，绿地率更贴近城镇居民的生活，能够更为准确地反映出相应地区可供居民活动、休憩的场所的大小；而建成区绿化覆盖率则能从宏观层面反映环境质量和绿化情况。

历年来，为满足经济发展和城镇建设的实际需要，杭州市城区绿化的理念也随即相应调整。从2009年的“显山、露水、增绿、见景”，在扩面提质上下工夫，到2010年的“生态优先、注重特色、提高品质、增强功能、完善体系、提升服务”、“绿化向美化、彩化转型”，并有计划、有针对性地推进一系列绿化工程，在各个数量指标逐步提升的同时，更注重推进城镇绿地结构的合理化和多样化。

（四）绿地结构情况

伴随城市规模的急剧扩张，城镇绿地空间已经被众多现代建筑所替代，城镇化使城镇人口密度不断提高，导致人均绿地面积不足。传统的城镇绿化评价方式，只是单一地保证绿地覆盖率等一些数量指标，没有从结构上把握城镇绿化所产生的生态功能，已经无法满足城镇生态发展的需求。例如，人均公共绿地面积仅代表某个区域中城镇居民占用的公共绿地面积的大小，无法从绿地的分布结构和质量上反映绿地作为公共资源应当具有的公平性。要充分发挥城镇绿地的使用功能，仅仅注重绿化数量指标来指导绿地规划，无法充分满足城镇绿化的真正受益者，即居民亲绿的实际需求。因此，在原有追求数量优化的前提下，应当增加衡量绿地空间结构和分布情况的相关指标，即绿地分布均匀度指数，从而充分考察居民对绿地及其所提供的生态服务的实际享用情况。该指标的提出也为比较城镇绿地规划和建设提供了一个较为合理的参数。

此次评价主要利用绿地景观均匀度指数来评价绿地空间结构。一般来说，在一个大的区域范围内考察绿地景观均匀度指数，其所得指标值越大，绿地斑块分布越为集中；反之，绿地景观均匀度指数的逐年递减表明绿地景观的均匀度逐年提高。换言之，市域范围内，绿地景观的均匀度情况显现出逐年改善的趋势。从原始数据看出，杭州市绿地景观均匀度指数从 2009 年的 0.45 下降到 2010 年的 0.40，2011 年又下降到 0.38，数值经标准化处理后得到的指标值分别为 0.02、0.01 和 0.00，表明市域范围内，绿地分布相对分散，城镇居民有条件就近享受到绿化建设带来的生态服务。

近年来，众多学者从城市绿化空间格局、公共资源共享的公平性和城镇绿地的生态系统功能服务等方面对绿地规划指标进行了深入的研究和进一步的修正。刘滨谊等（2002）认为，在评价生态绿地的过程中，绿地可达性是衡量城镇居民接触绿地便利程度的重要指标，而绿地的分布应具备合理的服务半径。相关学者实证分析了在评价城市绿地系统对城市居民的服务功能时绿地可达性和绿地景观连通性指数的作用，以及其作为绿地系统生态功能的重要指标的可行性（李博等，2008）。

考察城镇绿地能否真正惠及民众，除了考察绿地景观均匀度指数以外，还应当从杭州市市区的地域特点出发，研究广大民众亲近城镇公共绿地斑块的可达性，并从空间上揭示城镇绿地生态服务系统的分异规律。

杭州市所处的地理空间具有三面临山、一面临海的地域特点。城市区域中，特别是老城区，河流众多，水网密集，沿河带状公园绿地最多。因此，对城镇绿地系统的构建和规划侧重于利用江、河、湖、溪、海，即“五水共导”的地域特色资源。在微观层面，综合考虑杭州市空间资源分布和绿地的分布特点，着重提高城镇绿地的使用效率，以沿河带状公园，形成具有杭州地域特色的水系保护和绿化覆盖相结合的城镇绿地分布格局。

同时，结合道路绿化、公园绿化、广场绿化，以及极负盛名的西湖风景区绿地，以散点连线成面，构建颇具杭州特色的绿地景观。从现有的绿地空间分异规律来看，位于市中心的绿地可达性较高，周围居民对绿地的利用程度较高，而在城市边缘或交通可达性不强的区域，绿地可达性较低。由此形成了由市中心到城市边缘，呈同心圆向外扩散的绿地分布格局。

(五) 绿地质量情况

唐增海（2012）研究发现，乡土树种源于本土，具有资源丰富、适应性强等优势；在园林绿化建设中应用生态学原理，进行植物种类选择和配置，建成结构合理、功能齐全、稳定性强、景观丰富的人工群落，可以有效地提高园林植物地域外部不利因素的能力，使城镇人工生态系统取得较高的生态效益和观赏性。赵丽娜等（2012）也研究发现，乡土树种不仅具有较强的抗逆性、较高的性价比和便利的养护优势，而且具有一定的文化内涵，能够反映当地的植被特色，对创建生态园林和人文园林具有重要意义。许多学者通过相关研究，考察了乡土树种在各地城镇绿地及园林建设中的意义。

杭州市地处亚热带季风气候区，地形自东向西逐步抬高，植被垂直分布明显。据调查，杭州市森林植被中有维管植物157科550属1230种，其中木本植物179属，乔木类植物126种，乔木类中常绿阔叶树36种，竹类植物6属18种（王小德，2006）。此次对杭州市城镇绿地生态综合评价的结果显示，杭州市在2009～2011年内用于城镇绿化的乡土树种比率平稳保持在80%的水平。杭州市根据地域自身的自然条件和生态环境，确定适宜的城市绿地结构和树种，充分遵循了杭州地区所在气候带的植物群落的构成特点和演替规律，以地带性乡土树种作为人工植被群落培植和构建的优势物种，在凸显地带植被群落特征的同时，实现了生物多样性，优化了群落结构。与此同时，将乡土树种纳入市区绿地建设的规划中，是充分考虑和尊重本土文化习俗和城市历史沿革的一种体现。在把城市绿地建设成赏心悦目的城市花园的同时，从城市绿色文化及景观文化的角度，彰显了杭州地区特有的森林文化、生态文化、园艺文化及与城市本真相融的个性文化。

另外，就评价绿地质量的拓展指标，即三维绿量和乔灌草结合度而言，无论是考量指标个体还是两者的交互影响，都将对城镇绿地质量的改善和实现绿地结构的合理化产生重要的作用。从杭州2009～2011年的情况来看，三维绿量逐年攀升的同时，乔灌草结合度指标呈现较为平稳的趋势，换言之，随着三维绿量的不断增加，在合理的规划和建设过程中，乔灌草复层结构依然保持较为合理的格局。穆丹等（2009）研究表明，不同的绿地类型，空气负离子水平差异显著，特别是乔灌草复层结构绿地空气负离子浓度最高，空气质量最佳，能最大限度地发挥生态效益。从这个层面来看，杭州市城镇绿地中的乔灌草结合度的不断增进，对改善环境质量将起到积极的促进作用。而乔灌草复层结构的实现，不仅要考虑城镇绿地的美观程度，而且要通过增加三维绿量来给予支持。

第三节 杭州市城镇绿地生态系统的管理特色和发展优势

一、实现城镇绿地生态功能与经济社会效益的“双赢”

城镇绿地作为一种准公共物品，具有消费的非竞争性和受益的非排他性，区域民众在不承担绿地供给成本的同时，也能享受到绿地带来的正外部性。城镇绿地的外部效应是一种能够实现可持续发展的潜在生产力和环境资本。绿地的生态功能效益重在改善环境质量、美化景观，以地区环境优势集聚区域以外的生产要素繁荣地方经济，带动商业、地产、旅游、会展等行业的协调发展，实现产业结构的优化升级，为相关绿地产业的兴起和延伸创造良好的环境基础。

以杭州市西湖风景区的绿地生态系统为例，该区域的绿地生态系统服务价值已经产生了极其可观的社会经济效益。王恩等（2011）运用碳税法、工业制氧法、恢复费用法、替代工程法、机会成本法、影子价格法等评估方法，对西湖绿地生态系统服务价值进行了货币化评价。其中，西湖风景区绿地的年固碳释氧价值为1754.98万元，年净化环境污染价值为8965.36万元，年涵养水源价值为651.54万元，年土壤保持价值为783.90万元，年调节气候价值为30 266.62万元，年总价值达42 422.40万元。

杭州市城镇绿地的正外部性也可视作人为造就的一种地缘优势，“以绿引资，因绿兴市”的连锁反应将增进城区范围及周边地区相关经济要素的市场竞争力，以环境优势激发经济优势，通过提升区域软环境实力，在优化辖区内民众的居住环境和空间的同时，也为城市品质和社区价值等无形资产的积累和增值奠定了基础。随着西湖绿地生态效益的不断显现，随即而来的是杭州市旅游经济的全线飘红，并带动其他产业稳步发展。据统计，2012年国庆节，杭州市西湖迎来免费开放10周年，虽然10年间西湖景区损失2亿元门票收入，但游客量与旅游总收入均比10年前增长了4倍，2011年杭州旅游总收入比2002年实际增加900多亿元①。

① 新华网.2012.免费西湖与精明杭州：门票免费后收入十年增900亿.http：//news.xinhuanet.com/yzyd/culture/20121009/c_113304423.htm [2012-12-08].

杭州市西湖旅游经济及其带动效益的实现绝非偶然，是地区适应从单一大众观光的“门票经济”时代向观光旅游、商务旅游和休闲度假三驾马车并驾齐驱的“泛旅游时代”转变的结果。吴必虎等（2012）认为，随着人们生活水平的不断提高，交通工具日趋便利，相关产业协调发展，从旅游者的泛化，活动的多样化，空间的全景化，再到产业的综合化，“泛旅游时代”的到来，需要旅游目的地具有更加完善的旅游公共服务体系的支持，需要旅游城市目的地建设整体软实力的提升。据不完全统计，“免费西湖”每年所吸引的人流量是过去“收费西湖”的两倍以上，累计创造价值超过250亿元。在努力挣脱“门票经济”这一发展桎梏的同时，西湖游客逐年剧增还促进了城镇就业，以损失短期利益为代价，实现城市经济效益与社会效益的“双赢”。

二、实现绿地投资、管理和运营的市场化

养护管理市场化运作是现今绿化养护管理的发展趋势，将现代信息技术应用于绿化养护管理，是科学提升绿化养护水平和质量的新趋势，其重点在于将惯用的行政化管理转变为契约化管理。2005年，杭州市绿化管理站率先独立开发了杭州市城市绿地养护网络化管理及质量评价系统，该系统是以城镇绿化养护质量为管理内容的网上即时处理系统，对绿地的日常养护进行了全面、系统、动态的管理，实现了绿化养护管理的数字化和网络化，开创了绿化养护管理的“杭州模式”（孙晓萍等，2011）。杭州市一直坚持园林绿化建设养护市场化原则，以提高城镇绿化资金的使用效率，除了园林绿化建设项目实施市场化运作外，为培育绿化养护市场，2000年起就确定了将由市区财政投入建设或养护的绿地，一律引入市场机制，完全按市场规律运作，全面推行市场竞争机制，使绿化投入发挥出最佳的社会和经济效益，绿化建设和养护管理呈现出良性发展态势。2006年，杭州市交易中心园林绿化招投标窗口全年共受理绿化招投标项目172个，总投资47 684.82万元，中标金额32 942.69万元，实际节省资金14 742.13万元，节省比率为30.91%。目前，杭州市每平方米的公共绿地养护成本是实施市场化运作前定额管理的50%～60%，而且在绿地养护质量上比过去明显提高。

三、创新绿化思路和模式，形成具有杭城地域特色的绿化格局

杭州市城镇生态绿地建设和规划注重将自然景观与人文景观相融合，在建

设森林城市过程中，充分挖掘历史文化遗迹，延续历史文脉，注重自然景观与人文景观的有机融合，把历史文化融入绿化和城市森林建设中来，重点凸显杭城个性与特色。为了进一步提升城镇美化彩化水平，近年来，杭州市相关部门着力推进“美化家园工程”项目，在全市范围内，从道路、河道、公园、窗口单位、社区等49处绿地入手，增加多年生花卉、球宿根花卉、花灌木和色叶乔木等植物，提高城镇的绿化、美化、彩化水平。在古树名木保护中，注重和延续与历史文脉相结合；在森林公园建设中，注重与历史有机结合起来，以生态提升旅游，以绿色促进旅游，促进城市森林生态旅游业的发展。

杭州市结合区域环境综合整治，加大绿化美化工程投入，以主题公园建设、园园连通工程，逐年逐步逐区实现园区周围居民区的绿地可达性，通过重点项目推进，提升绿地绿化的整体水平和使用效率。同时，杭州市以推进城市森林建设模式为契机，坚持以大工程带动包括森林在内的绿地建设，结合西湖、西溪湿地、运河和市区河道四大综合保护工程，以及旧城改造、庭院改善、钱江新城等重点工程的实施，做到同步规划、同步建设。2009年5月，有限开放的城北体育公园一期工程是以体育为主题，集自然、生态、运动、休闲于一体的综合性公园。该公园主入口广场和主园路采用透水混凝土材料，健身设施建设采用环保型的生态塑木材料，在对园区内的工业遗存进行保护性修缮的同时，移栽地铁建设搬迁的行道树，注重生态修复和文化传承，并以健身、养生为公园亮点，极大地便利了周边地区的居民亲近自然。2010年4月完成该公园二期工程，园区内绿化面积占70%，其中的生态休闲园，成为周边居民散步、打太极、跳舞的好去处。从一期工程到二期工程，在绿化面积逐步增加的同时，居民亲绿的半径也相应扩大。另外，半山地区景观面貌改造在实现绿地可达性和绿地景观连通性方面最具代表性和典型性。半山公园于2008年9月开放，2009年杭州市启动了半山、龙山、虎山三大公园连接工程，并于2010年完成“三园合一”全线贯通。2011年，市区河道综保工程新增绿化55.7万平方米，形成了一批特色滨水景点，并伴随着湘湖公园二期、石塘公园二期、抖门公园、半山游客服务中心等重点项目的推进，新增4000平方米以上的公园绿地58处。

与此同时，杭州市通过创新管理方法，强化管理制度，对绿地存量进行常规化管理。从2000年开始，杭州市就组织开展了市区“最佳公园（景区）”、“最差公园（景区）”的评选活动，该活动每季组织检查，在报纸上公布评选结果，年底市民投票评选“最佳公园（景区）”、“最差公园（景区）”，兑现一定的奖惩措施。2004年，在“双最”公园的评选基础上，又开展了“最佳道路（河道）绿化、最差道路（河道）绿化”和“最佳、最差绿化社区”的评选活动，进一步扩大了“双最”评比的范围，从而有力地推动了杭州市整体绿化养护管理水平再上台阶。2011 年，在继续抓好惯常的评比工作的同时，将评比的范围在原来的基础上扩大到 96 条道路绿化、32 条河道绿化、40 个 B 类公园、13 条高架绿化，并首次将五城区的高架绿化纳入“双最”的检查范围，直到 2012 年年初，“双最”检查对提高高架绿化景观水平具有明显的促进作用。

在未来杭州市城市空间和布局安排规划过程中，注重采用点轴结合的拓展方式，组团之间保留必要的绿色生态开敞空间，形成“一主三副、双心双轴、六大组团、六条生态带”的开放式空间结构模式。以生态保护、景观提升为原则，合理配置和稳定植物种群，调整种植密度，进而实现绿地结构调整和功能提升的协调发展。同时，通过加强对公园绿地的改造和调整，增加活动空间，提升基础设施水平，增进绿地和城镇基础设施的融合度，提高绿地的综合效益。

四、探索建立科学考核标准和奖惩制度，提升管理养护水平

杭州市通过不断调整现有的规章制度和行业规范，更新相关的配套规章和文件，加强绿化管理和技术专业队伍培育，建立应急反应机制，跟进科学技术研究，形成了市场化竞争、制度化考核、规范化评比、多元化服务的工作机制，进一步提升绿地管理的质量和水平。2005 年，杭州市政府出台《杭州市城区绿化养护综合考核办法》，该办法对各区公园、道路（河道）、社区绿地养护管理质量、执法管理质量、基本台账资料及相关情况的考核做出了明确规定，以考核为抓手，以制度创新为保障，以区为单位全面提高杭州城区绿化管理养护水平。针对无物业管理社区绿化养护比较薄弱的情况，杭州市绿化、财政部门专门制定了以奖代拨的政策鼓励旧居住区进行绿化改造，每年对无物业管理小区的绿化养护情况进行检查考核，有效地改善了市民身边的居住环境。与此同时，针对地区风景园林植物养护管理和技术层面存在的问题，杭州市相关部门制定修编了《杭州市园林水生植物种植和养护管理技术规程》，并于 2012 年组织通过专家评审，填补了国内各大城市绿地管理养护的空白。

对城镇绿地存量的日常管理，杭州市还探索了包括日常巡查监管等在内的绿化养护手段，提高绿化抗灾应急能力，注重病虫害防治工作。2011 年，杭州市组织相关部门完成了《杭州市绿化树木储备中心基地建设项目可行性研究报告》的专家评审工作，专门筹建杭州市树木储备中心，加强对迁移树木的监管，从国外引进先进的二维超声成像木材检测仪，对杭州市城区 300 年以上的 49 棵古树名木开展无损检测。为了应对杭州地区局地气候的特征，在高温、严寒和台风季节来临之前，注重绿化的抗灾防台工作，2011 年西湖区首先尝试将应急

保障经费在绿地养护招投标中单列，在市场化大格局下，探索提高城镇绿化抗灾应急能力。

五、探索城镇绿地社会化、集约化和立体化发展

城镇绿地的建设与规划不仅仅是政府应当努力确保的公共福利，也需要广大民众共同改善和提高生存环境质量，积极参与绿地乃至整体生态环境的保护。公民是绿地的建设者，更是绿地的受益者，鉴于此，更应当从体现民意、回归民意的角度来考虑绿地的建设和规划问题。而对绿地建设成果的保护和巩固更需要举万民之力。

杭州市绿地的建设和保护始终注重公众参与，在健全现有机构和制度的同时，积极组织和引导团体、公民的主动参与。2011 年，杭州市余杭区成立了首家义务植树服务中心，该中心的设立标志着杭州市义务植树常态化的工作机制已经形成①。同时，利用媒体的力量，进一步拓展义务植树的途径和对象，有组织地号召更多的环保爱好者用最简单直接的方式为创建低碳生活和低碳城市贡献自己的一份力量。2011 年，拱墅区绿化委员办公室、浙江电台私家车 107 城市之声与浙江九好集团在杭州市独城生态公园举办了一场大型的公益植树活动——“一棵树、一片天”，活动以家庭为单位，集结了近 300 名环保爱好者，齐心协力种下自己的绿色梦想，并从生活细节出发，以切实的行动实现“碳中和”，践行低碳环保理念②。

绿地认建、认养是创新绿地管理养护工作的重要措施，也是提高义务植树质量和数量的有效途径。杭州市通过积极宣传和引导，鼓励各界认建、认养、认管绿地和捐资助绿，或通过出让绿地冠名权等方式，来实现对绿地的建设和养护，并通过间接提供经费托管等形式，吸引社会资金多渠道参与园林绿化建设管理。早在 2007 年，浙江省就出台了《浙江省林木绿地认建认养管理办法（试行）》，杭州市立足本地实际，积极开展绿化认建、认养活动，利用媒体宣传，积极组织社会团体及企事业单位参与，依靠“新的公共领域”力促城镇绿地社区化发展，基本形成了一套绿地建设和保护社会化、社区化的运作机制。

---

① 中国林业网 .2011. 杭州市余杭区成立浙江省首家义务植树服务中心 .http：//www.forestry.gov.cn/portal/main/s/102/content-511169.html［2012－12－10］.

② 中国网络电视台 .2011. 低碳生活　从植树开始 .http：//news.cntv.cn/20110427/104245.shtml［2012－12－08］.

2011 年，杭州市区河道监管中心首次在河道边推出“纪念林”，并征集 100 户家庭在上塘河和余杭塘河两条黄金旅游线上栽下“护绿使者林”，随即推出勤丰桥以西和北大桥以东 1200 平方米绿化面积的“劳模林”，60 名劳模与河道边的树林“结缘”。下城区以河道绿化为重点，城区河道监管中心的青年文明号纪念林全部被市民认养，总认养绿地面积近万平方米①。据统计，2011 年，杭州市社会单位、企业及个人，认建、认养城市绿地达 10.5 万平方米，收取义务植树绿化费 84.6 万元，义务植树尽责率进一步提高。

随着城镇建成区面积不断扩大，人地矛盾日益凸显，土地资源的开发方式已从原有的外延式粗放发展向内涵式集约化利用转变。然而，为了更大限度地利用空间，城镇绿化也开始由平面式发展向纵向空间立体式发展转变。我国的城镇绿地规划滞后于城镇建设，在很大程度上制约了城镇绿地在大空间尺度下的优化发展。因此，在不断扩充绿地数量、调整绿地结构、提升绿地质量的同时，还需要实施立体绿化，在小的空间尺度上合理配置更多的绿地资源。吴文良等（2010）研究认为，城市立体绿化在丰富城市景观、增加城市的呼吸功能方面具有十分重要的作用。李凌云等（2011）认为，立体绿化可以消除灰色的“第五立面”。杨雪丹（2012）认为，立体绿化是增加建筑节能效应等重要而有效的集约化绿化途径之一。联合国环境规划署研究表明，如果一个城市的屋顶绿化率达到 70%，城市上空的二氧化碳含量将下降 80%，“热岛效应”也会消失（时真男等 ，2005）。

2005 年 4 月，由杭州市建设委员会、杭州市绿化委员会办公室、杭州市园林文物局等单位出台了关于屋顶绿化发展的相关政策，要求所有的新建建筑必须进行屋顶的绿化美化，而且屋顶绿化应与主体建筑的设计、施工、验收同时进行，屋顶绿化将被计入小区的绿化率（单仁红等，2010）。另外，杭州市政府重视城区内高架、立交桥挂箱悬垂绿化和花坛、花镜养护管理，以区为单位，制定《杭州市城区高架、立交桥挂箱悬垂绿化养护管理规定》和《杭州市花坛、花镜养护管理规定》等垂直绿化养护管理制度。2012 年 10 月 22 日，世界立体绿化大会在杭州市召开，来自世界各国的立体绿化、绿色建筑、建筑节能、生态低碳城市建设等方面的领导、专家、学者针对国内外立体绿化治理 PM2.5、立体绿化激励政策，以及屋顶绿化、墙体绿化、屋顶农业、露台菜园新技术进行研讨。就此，杭州市的立体绿化将实现目标、内容和形式的多样化，以此丰富城市景观，有效促进绿地增量的优化发展。

---

① 杭州网．2011．下城区明年全区铺开河道绿地认养．http：//hznews.hangzhou.com.cn/chengshi/content/2011-12/14/content_3996155.htm［2012-12-08］．

六、完善行政管理制度与组织机构，从战略高度谋划绿地的可持续发展

以跨部门的复合治理方式取代碎片化的单一治理方式已成为公共事务治理变革的主要趋向，社会复合主体作为杭州市首创的公共事务新型治理载体，因其良好的治理绩效而受到国内学界的较大关注（杨逢银等，2012）。杭州市委、市政府根据地方实际，践行地方公共事务复合治理的新机制，先后创立了一大批社会复合主体，通过"复合治理"模式的推广和实践，以引导、吸纳部分社会主体积极参与地方经济社会与生态环境事务的治理。城市生态与环境领域是复合治理模式推行的主体之一，目前，杭州市已经成立了多个项目型复合主体，如京杭运河综合保护主体、西湖综合保护项目型复合主体、西溪湿地综合保护复合主体、钱江新城建设复合主体等（陈娟，2011）。

杭州市不断探索园林绿化管理机构创新，为园林绿化事业发展提供组织保障。1956 年，成立正局级机构——杭州市园林管理局，1984 年，将杭州市园林管理局与杭州市政管理委员会合并，成立杭州市园林文物局，主要负责全市园林绿化的建设管理工作。为了加强对各城区绿化工作的指导和管理，相继成立了杭州绿化管理站、城市管理行政执法局，并将城区绿化执法权纳入综合执法范围。同时，将各区的道路、河道绿化划归各区的管理办公室管理，在细化职能的同时，进一步加强了城镇绿化的管理力度。随着城镇园林绿化的日益发展，绿化管理养护及施工质量问题日益凸显，2006 年，杭州市绿化工程安全质量监督站挂牌成立，该部门主要负责杭州市政府投资园林绿化工程的安全质量监督工作。

以低碳经济和低碳发展为主旋律，将减少温室气体排放作为城镇发展和转型的重点，已经成为了实现杭州市可持续发展的必然趋势。2010 年 7 月，国家发改委发布了《关于开展低碳省区和低碳城市试点工作的通知》。杭州市作为东部沿海地区的试点城市率先于 2009 年 12 月发布了《低碳新政 50 条》，致力于打造一个以低碳经济、低碳建筑、低碳交通、低碳生活、低碳环境、低碳社会"六位一体"的低碳城市（王国平，2010）。

杭州市在积极探索低碳发展的道路上，将打造低碳环境放在重要地位，在强化现有的"城市森林建设模式"的同时，努力实现"生态经济共赢、人文景观相融、城市乡村互动"，倡导"让城市融入森林，让森林拥抱城市"的理念，以"建设国家森林城市"为目标，举全市之力，开展全民植树、人人护绿的活动，培育城市"碳中和"的功能，营造"城在林中，林在城中，人在绿中"的

生态宜居环境（杭州市林业水利局，2009）。杭州市深入实施西湖、西溪湿地、运河、市区河道综合保护工程，以及钱塘江、富春江、新安江等重要水资源的保护，打造“五水共导”的山水城市，保护和建设好“六条生态带”的碳汇生命线（杭州市委政策研究室，2010）。

2010 年，随着国家低碳试点工作的不断推进，杭州市被列为低碳试点城市，杭州市委、市政府专门成立“杭州市低碳城市建设领导小组”，在《杭州市“十二五”低碳城市发展规划》中明确提出加大森林城市建设和构建固碳减碳载体，园林绿地增加碳汇被正式提上杭州市低碳城市建设和发展的议程。

参 考 文 献

陈娟 . 2011. 复合治理：城市公共事务治理的路径创新——以杭州“社会复合主体”实践为视角 . 中共浙江省委党校校报，27（4）：70-76.

顾肖艳 . 2008. 将 2/3 个“本杭州”留下来 . http：//www. qnsb. com/fzepaper/site1/qnsb/html/2008-01/18/content _ 124451. htm [2012-12-08] .

杭州市规划局 . 2007 杭州市城市总体规划（2001～2010）. http：//map. hangzhou. gov. cn [2012-12-09] .

杭州市林业水利局 . 2009. 打造杭州模式建设森林城市——“杭州城市森林建设模式”深度解读 . 生态文化，(Sl)：16-18.

杭州市委政策研究室 . 2010. 杭州积极推进“六位一体”低碳城市建设 . 政策瞭望，2：37-39.

杭州网 . 2011. 下城明年全区铺开河道绿地认养 . http：//hznews. hangzhou. com. cn/chengshi/content/2011-12/14/content _ 3996455. htm [2012-12-08] .

李博，宋云，俞孔坚 . 2008. 城市公园绿地规划中的可达性指标评价方法 . 北京大学学报（自然科学版），44（4）：618-624.

李光，吴祈宗 . 2011. 基于结论一致的综合评价数据标准化研究 . 数学的实践与认识，41（3）：72-77.

李凌云，包志毅，赖齐贤，等 . 2011. 杭州市屋顶绿化现状调查研究 . 北方园艺，(9)：116-120.

刘滨谊，姜允芳 . 2002. 中国城市绿地系统规划评价指标体系的研究 . 城市规划汇刊，(2)：27-29.

马立平 . 2000. 统计数据标准化——无量纲化方法 . 北京统计，(3)：34-35.

穆丹，梁英辉 . 2009. 城市不同绿地结构对空气负离子水平的影响 . 生态学杂志，28（5）：988-991.

单仁红，梁立军，鱼泳，等 . 2010. 杭州市屋顶花园植物的选择与配置研究 . 安徽农业科技，38（36）：20810-20812，20837.

时真男，高旭东，张伟捷 . 2005. 屋顶绿化对建筑能耗的影响分析 . 工业建筑，35（7）：

14-16.
孙晓萍，蔡晓彤，陈亮，等．2011. 杭州市城市绿地养护网络化管理探讨．浙江农林大学学报，2（5）：753-760.
唐增海．2012. 浅谈乡土树种在园林中的应用．内蒙古林业调查设计，35（3）：55-56.
童明坤，王迪海，洪森先，等．2011. 杨凌乔灌草型绿地植物群落空间结构特征．陕西林业科技，（3）：39-43.
王恩，章银柯，林佳莎，等．2011. 杭州西湖风景区绿地货币化生态效益评价研究．西北林学院学报，26（1）：209-213.
王国平．2010. 实施低碳新政建设低碳城市的思考．杭州科技，（2）：16-18.
王小德，马进，范义荣，等．2006. 杭州城市森林构建探讨．北京林业大学学报，5（2）：56-58.
吴必虎，安金明，窦群，等．2012. 中国旅游发展笔谈——旅游公共服务与目的地建设(三)．旅游学刊，27（3）：3-4.
吴松涛，侯凤华，戴峰．2007. 非线性数据标准化处理过程中的线性近似法．信息工程大学学报，8（2）：250-253.
吴文良，任敏．2010. 让立体绿化增加城市的呼吸功能．杭州，（11）：45.
新华网．2012. 免费西湖与精明杭州：门票免费后收入十年增 900 亿．http：//news.xinhuanet.com/yzyd/culture/20121009/c_113304423.htm [2012-12-08]．
杨逢银，胡平，邢乐勤．2012. 公共事务复合治理的载体、实践及其走势分析——以杭州运河综保工程为例．中国行政管理，3：17-21.
杨雪丹．2012. 论城市屋顶绿化的意义和功能——以杭州市拱墅区为例．城市建设理论研究(电子版)，15.
杨英书，彭尽晖，粟德琼，等．2007. 城市道路绿地规划评价指标体系研究进展．西北林学院学报，22（5）：193-197.
尹海伟，孔繁花，宗跃光．2008. 城市绿地可达性与公平性评价．生态学报，28（7）：3376-3383.
赵丽娜，段大娟，张涛．2012. 石家庄市公园绿地中乡土树种的应用研究．安徽农业科技，40（5）：2824-2825，2831.
中国林业网．2011. 杭州市余杭区成立浙江省首家义务植树服务中心．http：//www.forestry.gov.cn/portal/main/s/102/content-511169.html [2012-12-08]．
中国网络电视台．2011. 低碳生活 从植树开始．http：//news.cntv.cn/20110427/104245.shtml [2012-12-08]．
周廷刚，罗红霞，郭达志．2005. 基于遥感影像的城市空间三维绿量（绿化三维量）定量研究．生态学报，25（3）：415-419.

第六章 以综合评价促进城镇绿地发展

绿地具有的生态学、美学、社会学、经济学等多元性价值，其价值物质基础在于其本质上对城市空间的养育和净化功能。对绿地的研究内容涉及绿地植被生态、绿地规划、绿地管理、绿地经济社会和生态功能评价，评价手段有指标构建、模型设计及指标和模型的综合。由于城镇绿地价值多元化和操作实践知识来源具有广泛性，城镇绿地的研究所涉及的学科有地理学、生物学、经济学、社会学、资源经济学与环境经济学等具有广泛基础性和综合交叉性的系统科学。因此，对绿地的评价除了要考虑绿地数量方面的指标以外，还要考虑绿地空间分布、绿地结构、绿地质量及城镇居民对绿地感知认识等，并结合城镇所在地区区位条件、自然生态特征、经济发展水平、历史人文风格等多方面因素进行考察。鉴于城镇绿地的多元化功能、城镇功能需求来源的唯一性、价值不可替代性，以及学术研究超前性、实际操作滞后性、数据获取手段先进性和评价方法的日趋完善，开展对城镇绿地综合评价的时机和条件已经成熟。因此，本书认为，以综合评价促进城镇绿地发展的思路符合城镇化快速发展背景下对改善城镇环境功能、提升城镇绿地建设和管理水平的时代需求，具有非常重要的意义。

第一节　城镇绿地发展及综合评价面临的问题

一、学术研究与实际操作的脱节，研究成果实用性不强

一直以来，学术界对城镇绿地的研究都超前于政府管理部门和一线业务部

门，尤其是在现代技术突飞猛进的环境下，学术界在城镇绿地理论和小范围的实验方面已经取得了较大的进步。但是，由于受到城镇园林绿化基础薄弱性、城镇经济社会发展差异性及传统园林绿化管理制度等因素影响，在城镇绿地建设、管理过程中仍然延续着固定的方式和手段。相关部门也停留在将城镇绿地划归于城镇基础设施建设的基础领域，相关职能部门只是埋头植树造林，关心绿地建设数量指标，而对它的质量、功能和作用少有关注。

因而，园林绿化行业在实施城镇绿化建设和管理过程中的改革和创新不够，同时，与城镇绿地相关的学术研究成果不能很好地利用到实际操作过程中，城镇绿地研究部门也常常停留在理论和小范围实验当中。而理论研究经常遇到一些难题，其成果缺乏实践的检验，因而无法将研究成果推广开来。

二、城镇绿地边缘化趋势，实际关注度不够

城镇绿地虽在占地面积、投入人财物力等方面在城镇投入建设中所占分量不断加重，但是，从目前各方面的研究成果来看，相关的对城镇生态环境调查、评价的报告和文件中没有将占城镇建成区面积近一半的绿地作为一个独立部分来看待，城镇绿地仅仅作为城镇基础设施的一部分或在分析城镇土地利用时才简单提及。例如，《中国低碳生态城市发展报告（2010）》、《中国生态城市建设发展报告（2012）》、《城市环境调查报告》、《城市环境质量报告》等与城市生态有关的权威研究报告或部门发布的监测报告中，都没有一部分或专题针对城镇绿地发展，只是在其中的用地、评价指标中涉及园林绿地。我国缺少一部专门针对城镇绿地建设和管理进行约束的法律，低估了城镇绿地的作用和功能。

城镇绿地的各项功能和价值尤其是生态功能的重要性已经在各级部门和城镇居民当中达成共识，但是绿地价值，尤其是经济效益和生态效益的产生具有缓慢性，同时绿地的价值与城镇生态改善和经济社会发展程度没有直接的关联。因此，城镇绿地功能无法简单、方便地纳入考核，各级部门对其状况关注度不高，城镇绿地相关建设只要数量满足，对其质量和效益不予重视。因此，看似城镇绿地涉及的范围和领域较多，但在每一个方面都处于边缘化境地，尽管绿地是城镇生态环境重要的组成部分，但是在谈到生态和环境问题的时候往往较多地讨论消费、能源消耗等经济社会问题，探讨如何实现污染减少，而对如何通过绿化建设和绿地管理来提升城镇环境承载能力、增强绿地对污染物的消纳等关注较少。

三、研究领域分隔和管理部门过于条块化，不利于综合评价开展

我国对城镇绿地的研究起步较晚，同时城镇绿地研究所涉及的学科比较广泛，并且学科之间的差异性较大，因而造成大多数专家都局限在自己的学科领域内研究，而跨学科和交叉学科研究成果较少。因此，不同领域的专家学者围绕城镇绿地所开展的研究只能在本领域交流和学习，造成学术成果和基础信息资源的浪费。涉及城镇绿地建设和管理的部门比较多，主要有城乡建设、园林绿化、城乡规划、国土资源、统计等部门，还有高校园林绿化专业、地方园林科学研究所等研究机构，以及园林绿化企业。每个部门针对城镇绿地都有本部门掌握的数据信息。建设部门注重城镇绿地规划建设，部分地区将园林绿化纳入建设部门管辖，负责园林绿地具体建设和管理，侧重于对绿地微观领域资料数据掌握；城乡规划部门注重从城市发展角度安排园林绿化长远发展，侧重于城镇整体宏观资料数据掌握；国土资源部门侧重于城镇建设用地的规划和管理，安排园林绿化用地及其监督执法；统计部门主要负责微观领域的绿地数据收集和整理，数据主要来源于园林绿化管理部门。在具体操作过程中，绿化管理部门管辖公共绿地和行道树，房地产部门管辖住宅绿地，企事业单位管辖单位附属绿地等。因此，各部门都掌握一套城镇绿地基础信息资料，但是很难将本部门信息向其他相关部门开放，开展合作研究。尤其是地方高校和园林科学研究所等部门，在开展科研过程中很难完全实现官产学研一体化合作。研究领域的分隔和管理部门过于条块化，无法实现信息和资源共享，给城镇绿地实现科学化规划、管理带来不便，也给开展城镇绿地综合评价带来一定障碍。

第二节　中国城镇绿地发展道路的选择

一、制定法律，严格执行政策、法规和标准

政策、法规和标准，以及各项建设规划是指引城镇实施科学发展的绿地建设和管理的重要保障。目前，我国已经制定了《城市绿化条例》、《国务院关于加强城市绿化建设的通知》、《城市园林绿化评价标准》、《城市绿地分类标准》、

《城市绿地系统规划编制纲要》等几十部政策、法规和标准，各地方政府都相应制定了地方性法规、政策和标准。但是，不管国家层面的政策法规还是地方自己制定的政策法规，在现实中看来都不具有刚性，实施时往往处于被动和弱势地位。目前，唯一能对城镇绿地进行约束的法律只有《中华人民共和国城乡规划法》，而城镇绿地在这部法律中基本处于边缘位置，并且这部法律又是一部规划性的法律，对未来实施不具有强有力的约束性。

随着城镇园林绿地地位和功能的提升，急需制定一部强有力的城镇园林绿化法律，从法律上赋予城镇园林绿化管理机构权威性地位，提升园林绿化的地位，也是依法实施园林绿化保护的前提。通过进一步整合相关法规、政策和标准，提高城市建设专项规划和园林绿化发展规划之间的协调度，建立绿地保护单位协作制度，在绿地建设规划的编制、建设和监察等多方面建立完善的管理体系，将绿地的多部门、多主体管理转向专门化管理和执法部门负责。

二、稳定增长的投入和现代技术广泛应用于绿地管理

建立公园绿地账户，稳定有序地控制公园绿地的各项投入，抑制投入的不科学性，尤其是绿地资本、土地和劳动的投入。从2001～2008年广州市城市公园绿地投入与环境效益产出的分析看出，城市公园绿地的环境效益与公园绿地面积、公园职工人数显著相关，即土地与劳动的投入对广州城市公园绿地环境效益产出的贡献是最大的（陈忠暖等，2011）。

RS和GIS技术目前已经广泛应用于城市管理的各领域，在城镇绿地调查、绿地监测、绿地评价等方面也逐渐开始应用。绿地建设和管理相关部门和科研机构应进一步研究和推广RS和GIS技术，拓宽和革新应用技术手段，更好地为绿地管理提供准确、全面的基础数据。将基础数据与自动化处理、分析和决策支持系统相联系，为绿化管理提供快速、系统、科学的决策支撑，对促进城镇绿地建设、管理，以及提升区域可持续发展能力具有深远的意义。

三、绿地生态系统功能的科学评价和考核

评价和考核制度是园林绿化建设和管理的风向标。目前，我国已经制定了《国家园林城市》、《国家生态园林城市》等多个对城镇园林绿化实施评价的指标

体系和考核办法。但是，这些考核指标和标准并不一定都具有科学性。从目前来看，各级政府和部门普遍对绿地数量指标和经济指标要求和重视程度较高，而对园林绿化自身健康程度、绿地生存环境及园林绿化社会效益重视程度不够，导致各级政府对数量指标重视程度远远超过其他方面。同时，不是所有的城市都能够按照园林城市或生态园林城市标准实施建设和考核，那些非进入国家园林城市标准考核的城市，其园林绿化评价和考核标准就更加单一和不科学，园林绿化建设水平也可想而知。因此，建立一套科学、持久、全面的针对不同规模、等级和地区差异的城镇绿地生态功能评价和考核系统是实施城镇绿地科学建设和管理的前提。

第三节 城镇绿地综合评价可行性和原则

一、城镇绿地综合评价可行性和必要性

(一) 技术条件和分析手段日趋成熟

城镇绿地系统是受人类活动强烈干扰的半自然生态系统，结合生态学、生物学、园林学、城市规划、地理信息等学科知识，同时运用先进的调查技术、评价方法与模型，才能实现对绿地系统的科学评价。

目前，以 GIS 和 RS 为代表地理信息技术已经完全运用于城市交通、城市公共安全、城市规划、城市生态环境监测及园林绿化等多领域。特尔斐测定法、层次分析法、回归分析法、主成分分析法和因子分析法等分析方法，以及模糊数学模型、聚类分析模型、灰色系统模型等研究日趋成熟，并已经在城镇绿地各项评价中取得丰硕成果。例如，对绿地生态价值的评估可以通过替代市场、影子工程、意愿调查等方法来实现。运用这些方法和技术所取得的结果具有较高的可靠性和真实性，并且可以实现时间序列的比较和不同区域之间的对比分析。可以将得出的评价数据运用到部门统计和相关考核体系，为绿地规划、建设与管理等诸多方面提供重要的指导。尤其是随着现代计算机及统计技术的成熟，以计算机技术分析和存储数据成为评价研究的主流，对城镇绿地开展全方位的综合评价已经比较容易。

（二）评价数据可获得性增强

丰富而全面的各种数据信息是开展各项评价的重要基础和根据，目前，我国各类数据信息收集渠道和数据库建设水平已经较高，城市交通、人口、信息、教育、医疗卫生等领域的数据系统已经初步建立，基本实现了信息共享。然而，占城镇建成区面积近一半的园林绿化基础信息还处于基础阶段，数据信息缺乏整合和完善。城镇园林绿地数据信息系统建设需要的地理空间、生态环境监测、植被、生物和土壤监测、社会公众信息、区域人口、经济发展、管理能力、建筑、信息技术等方面数据资料的可获得性已经不再是难题。因此，可以非常简便地整合相关数据资料，借助计算机网络技术，将各种图片、数字、文字通过编码的形式进行处理，建立一个城镇绿地基础数据库，提供信息管理、资料查询、信息发布服务，便于部门互通、官产学研结合开展各类研究，更好地实现城镇绿地规划和管理，从绿地数量、质量、结构、功能等多方面开展综合评价。

“以综合评价促进城镇绿地发展”，在城镇绿地规划、建设、管理、评价过程中，充分考虑城镇绿地本身的数量、质量、结构和功能发挥，以及绿地景观效益、经济社会效益、生态环境效益发挥，符合宜居城市、生态园林城市建设的要求，对可持续发展战略实施，促进城乡一体化的绿化网络格局的构建，协调城镇绿地与经济发展、城镇人口增长、生态环境保护的关系具有重要的现实意义。

（三）相关领域研究成果丰富，为开展综合评价提供大量基础资料

目前，对城镇绿地研究成果颇为丰富，绿地生态价值评估、绿地景观美学功能、经济社会功能等绿地自身功能价值评价研究多是学术上的成果，城市规划建设部门、园林绿化部门在绿地植被保育、绿地规划建设、立体绿化开发、城市公园建设、园林生态城市建设等具体操作方面开展了实际性研究。在国家层面上，863计划、973计划和“十一五”国家科技支撑计划等重点项目中都涉及园林绿化相关项目，这些项目在实施过程中开展了一系列的基础研究和前沿探索，都取得丰硕的成果，一些成果已经逐渐应用于城镇绿地建设和管理中。近年国内在城镇绿地系统评价模型和评价指标方面展开了不少探索性的研究，绿地评价指标不断丰富发展，从传统三大指标发展到包括乡土树种比例、绿地景观多样性指数、绿地可达性、自然和野生性绿地面积百分比、郁闭度指数、绿视率、三维绿量、绿地热岛效应等。

(四) 综合评价是解决城镇绿地发展诸多问题的关键

由于城镇绿地价值的多元性、计算复杂性和交叉性，同时随着城镇化快速发展，不同地域绿地在空间上、同一绿地在时间上的差异很大，其评价标准难以统一。城镇绿地规划、建设和管理具有复杂性。城镇绿地综合评价仍然存在诸多问题有待解决，如评价方法不规范和评价标准不统一；国家正式颁布实施的指标体系缺乏结构指标、空间指标，城镇绿地的评价指标多集中在二维层面；对绿地生态效益和生态健康等多要素的复合影响缺乏综合评价，效益评价指标的计算缺乏科学的机理模型，评价数值的合理性有待检验；景观美学指标多层次、多内涵的特点，限制了其整体代表性；现有指标体系缺少对特定绿地系统相关社会经济环境的考察，在动态变化表征及可持续性评价方面存在明显缺陷。此外，目前我国城镇绿地评价信息化水平较低，绿地评价的基础信息数据库和数据共享平台尚需完善。

开展城镇绿地综合评价，需要将众多的指标进行整合和筛选，建立一套反映城镇绿地数量、质量、结构和功能的指标，开展空间勘测与动态监控，进行现场数据采集和社会调查信息收集，依托计算机和信息网络技术建立信息数据库，借助数理统计与管理，研究形成综合评价模型。对城镇绿地综合评价的过程基本上能弥补目前存在的指标不统一、不规范，评价模型不科学、不合理等问题，增强城镇绿地评价的信息化水平。

二、城镇绿地综合评价基本原则

(一) 定量与定性评价相结合

城市绿地受到的影响因素较多，具有复杂性、评价指标多样性等特点，对于一些社会价值和生态服务功能，很难实现严格的定量分析，不可避免地需要采取一些定性分析手段。但是，为了尽量避免评价指标的不科学性，降低数据获取难度，应当采取定性与定量结合，做到同一层次或领域的考察指标既有定性的也有定量的，尽量把定性的、经验的分析定量化，便于对各方面进行综合、归纳，有效地克服主观随意性，提高评估的精度。在定量分析中，应尽量构建一些数学模型，注意运用 GIS 等技术手段，以加快工作速度，提高成果质量，这也有利于成果的应用与更新。

（二）综合因素与主导评价兼顾

城镇绿地综合评价应当考虑到社会发展水平、居民收入水平、绿地面积大小、绿地的形状、绿地系统的空间布局、区位条件及绿地建设和管理费用等多种因素的影响。而在实际的评价操作中不可能将所有的因素都引入评价体系中，这样会因为因素过多过细而增加资料获取的难度，影响评价结果的准确性。同时，也不能随意地抽取几个因素，这样会因所选因素缺乏代表性而导致评估结果失真。因此，在绿地综合评价过程中应尽可能将主要的指标纳入，同时考虑指标的覆盖面；在评价体系构建过程中应该开展对各因素的系统分析、相关性检验，找出影响绿地价值的主导因素，通过对主导因素的分析最终确定绿地的价值，使评估的过程既简捷又科学，最终从宏观、微观的角度把握城镇绿地状况，为绿地规划、调整、管理和建设提供科学依据。

（三）注重前瞻性、时效性和当前问题的解决

随着对城镇绿地价值认识的深入，影响绿地价值的因素会随着时间的变化而改变；随着社会经济的发展，人们对生态环境的需求水平更是不断提高。在不同的发展阶段，人们对绿地价值的认识具有一定的差异性。因此，从动态的角度来说，绿地综合评价从数据收集、指标体系构建到管理服务都要具有一定的前瞻性。随着科学技术的发展和研究的突破，要及时将相关研究成果运用于绿地评价和管理中。从静态的角度来说，绿地各方面效益考量和问题都是在当期集中发生，只有对当前绿地状况有一个较为准确的了解，才能预防将来问题的发生。因此，从动态角度来说，需要具有前瞻性，预见未来绿地发展方向和趋势，及时做出对应；从静态的角度来说，需要客观评价城镇绿地当期状态，发现存在的问题，这是实施绿地建设和管理的基础。只有将两者结合起来才能保证评价结果既能反映现时情况也能预见未来趋势特征。

（四）评价内容的多元性，评价过程的复杂性

从评价指标来看，城镇绿地评价涉及绿地数量、质量、结构和功能四方面，从评价目的来看，主要包括绿地生态价值、经济社会价值、景观美学价值三方面，每一方面又可以分为诸多的子集。同时，我国幅员辽阔，具有多种季风气候类型，经济发展水平和城镇规模不同，绿地发展受到较多因素影响。城镇绿地综合评价是一个较为系统的工程，涉及的内容具有广泛性和多元性。评价目的的不同、数据来源渠道的多元化、各体系受到影响因素的差异性，导致评价

过程具有复杂性。数据的来源有部门统计、遥感测量、实际调研、现场采样，资料既有定性的也有定量的，需要借助一些技术手段对资料和数据开展更具复杂性的加工评价。

第四节　如何开展城镇绿地综合评价

一、综合评价体系构建是首要基础

目前，国内外针对城镇绿地开展的评价研究，仅以选取少数相关指标来构建简单的评价体系为主，或者侧重于城镇绿地生态、经济等某一方面的评价，评价内容单一、具体，而未建立一个全面、综合的评价体系。这些单一性的评价不足以对城镇绿地进行全面的了解，指标体系差异性较大，得到的结果口径不一，也无法进行比较，对策建议不具有权威性和代表性。建设城镇绿地是改善城镇生态环境最有效和可靠的方法，是城镇可持续发展的重要组成部分，而可持续发展的内涵非常丰富，这就决定了城镇绿地综合评价也是一个包含多种评价方法的评价体系。因此，构建一个综合性的评价体系是目前开展城镇绿地评价的首要任务，是增强评价结果权威性和政策引导力、说服力的关键，将政策反映到实践当中，也能较快地为政策完善提供实践依据。

在构建城镇绿地综合评价体系之前，应参考和整合可持续发展评价体系、生态城市评价体系、绿色发展评价体系中涉及城镇绿地的相关内容，增强综合评价的政策反映功能，建立备选指标集，开展核心指标和拓展指标分类，开展权重分析，根据不同的季风区、不同的经济发展水平和不同的城镇规模选取适合于当地的实际指标及权重。城镇绿地综合评价体系建设，为实践城镇可持续发展开启了一条新的评价思路，可以更有效处理城镇化过程中人口经济增长与资源环境之间的矛盾。城镇绿地是经过人工改造的自然生态系统，带有一定的改造痕迹，通过评价体系构建可以更加详细地了解在城市生态系统中人与自然之间的关系，更有利于人与生态的协调发展。

二、信息系统建设是有效的技术支撑

为实现我国城镇绿地建设、管理、评价和监测的科学化、规范化、信息化和现代化，提升城镇绿地生态管理、监督的效率和水平，强化城市管理的数字化，应当在《城市规划和管理信息分类和编码》、《城市园林绿地信息分类和编码》、《城市植被信息分类和编码》等标准的指导下，整合各个部门的城镇绿地数据信息，以计算机技术特别是RS和GIS技术为支持，探索构建城镇绿地综合信息管理系统。

建立和完善城镇绿地信息管理系统，应当以现代的计算机语言及GIS组件为手段，包括建立城镇绿地数字化信息库，如各类绿地分布、植物物种统计与分布等信息库；建立城镇绿地信息发布与社会服务信息共享平台，包括绿地信息网站和其他网络服务平台等；建立城镇绿地信息化管理监管体系，作为提高城镇绿地管理水平的工具，用于解决城镇绿地分布广、数据量大、变动快的问题。同时，完备的城镇绿地信息管理系统能够方便快捷地对城镇绿地资源进行多种方式的查询、统计、对比、输出、动态管理，利用遥感或其他动态信息传递对城镇各类绿地进行监管，准确监测城镇绿地资源的动态变化，为城镇绿地规划提供科学依据，同时也为城镇绿地管理走向自动化、可视化奠定基础，减轻人工手段提取绿地信息的工作难度。

城镇绿地信息管理系统能够满足我国不同级别、不同自然条件和地理区位的城镇开展绿地信息管理的需求，提供基础数据管理、查询统计、结果输出、图形显示功能。完备的城镇绿地信息管理系统可以清楚地模拟和表达城镇绿地系统的空间分布与结构，并对绿地规划管理的基础资料及相关文档实现自动化、规范化和标准化管理，为城镇绿地规划设计、建设施工、养护、宏观管理、综合管理和目标管理提供指导，提供空间与非空间信息；进而为园林绿化主管部门的管理与决策提供准确、及时、权威的信息服务，为城镇绿化管理部门进一步改善城市环境提供科学依据及决策支持；也可以为相关机构开展城镇绿地管理、评估提供研究基础数据和信息，为城镇绿地设计和城镇绿地管理者制定相关政策和规划提供参考，引导城镇绿地建设与管理更加科学化、规范化。该系统的建设，有助于改造传统的城镇绿地规划与管理模式，推动技术进步，推动数字园林的发展。

三、发挥制度建设和管理创新的促进作用

法律、法规和标准的建设及完善为城镇园林绿化管理相关部门开展绿地建设和管理提供了保障，赋予了园林绿化及其他相关部门较高的权威性，这些部门可以利用强制管理和约束性手段对绿地系统建设进行调控。我国已经实施

《城乡规划法》《城市绿化条例》等多部法规，为规范管理绿地提供了较为可靠的依据。但是，随着城镇化快速发展和城镇建设过程中一些新矛盾的出现，原有的政策法规不足以解决城镇绿地建设和管理中出现的诸多问题。因此，需要建立绿地法律体系，将法规上升为法律，增加几部专门针对城镇园林绿化的法规，进一步充实有关法规的内容，增加约束性和惩罚性内容规定，并使之具有较强的可操作性，才能确保城镇绿地系统的高效与持续利用。

在开展城镇绿地制度建设与创新过程中，需进一步厘清政府部门、企业、组织和个人等在城镇绿地建设和管理中的责任和义务，处理好公共、集团和私人在园林绿化过程中的利益分配；建立职能、机构健全的绿化管理体制，建立联席会议制度和听证制度，协调政府职能部门之间及政府与公众之间的关系，推动城镇绿地建设和管理的公开化、制度化、信息化建设；解决目前政府统一实施的绿地建设和管理体制的问题，推进城镇绿地事业的市场化体系建设；更多地运用市场经济手段解决城镇绿地建设和管理问题，推动城镇绿地产业化发展，有效发挥政府部门的调控职能和监管作用。

四、城镇绿地可持续发展展望

可持续发展是建立在生态文明基础上的全新发展观，是一个系统问题。可以将城镇绿地系统高度概括为以人为中心的生态系统、人与自然相互交流共存的开放系统、人口经济发展与生存环境之间进行物质循环和信息交流的系统。因此，城镇绿地是城市可持续发展系统中的重要载体，是实现城市可持续发展的关键和核心。为了实现城镇绿地的可持续发展，我们对城镇绿地的认识和理解不能仅仅停留在自然系统内部，而应当在自然-社会-经济这一城市复杂系统和认识层次上，开展深入的探讨。开展城镇绿地综合评价，恰好理顺了城市可持续发展系统中各要素之间的关系，说明我们对绿地生态系统作了进一步认识和理解。

开展城镇绿地综合评价，需要从自然地理、区域经济、社会发展、文化多样性、生态环境等多方面关注影响城镇绿地发展的各项因素，同时兼顾各城镇所处季风区、经济发展阶段和各自城镇规模等个性特征；并且通过多部门数据、信息的整合和共享平台建设，辅之以现代分析技术和手段，构建多层次、全面性的评价指标体系。着手推进城镇绿地综合评价体系构建，并开展综合评价，为进一步推动城市生态环境建设，实施可持续发展战略，创造优美、舒适、健康、方便的生活环境，创建“生态园林城市”，推进国家园林县城、国家园林城镇创建，以及国家重点公园、国家城市湿地公园的恢复和建设奠定坚实基础。

城镇绿地综合评价，进一步丰富了城市可持续发展理论和实践，有效推动了城市规划和管理科学化、规范化、标准化进程。

参考文献

陈忠暖，刘燕婷，王滔滔，等．2011. 广州城市公园绿地投入与环境效益产出的分析——基于数据包络（DEA）方法的评价．地理研究，30（5）：893-901.

后　记

21世纪，城市扮演着重要的角色。在中国，越来越多的人口将集中在城市生存和发展，走城镇化发展道路是中国21世纪实现现代化和保持经济持续增长的核心。随着城镇化进程的加快，人与人之间联系会更加紧密、便捷，然而生活空间却变得越来越狭小。规模巨大的人口在有限的城市空间里生活，自然生态和环境价值显得十分重要，在目前的技术条件和经济社会发展水平下，自然生态和环境无法像食品一样通过交通运输来满足跨地域空间的人群需求。因此，城市局部空间的自然生态物品的供给主要依赖于园林绿地。城镇生态环境的好坏直接影响着人口生活质量和地区竞争力水平的高低，培育和保护有限的绿地生态系统对实现区域可持续发展、维护城市生态安全和促进人民生活水平的提高有着十分重要的作用。本书开展城镇绿地发展及生态系统评价，有助于全面了解城镇绿地生态系统自身质量水平高低，分析绿地空间分布特征和结构优化程度，考察绿地生态功能发挥状况及居民对绿地感知认识态度，弥补长期以来城镇园林绿化领域技术研究与应用超前而管理、评价和公众参与等软科学研究落后的缺陷。

本书是“十一五”国家科技支撑计划项目“城镇绿地生态构建和管控关键技术研究与示范”课题一，即“城镇绿地标准化生态信息获取与综合评价关键技术研究”子课题（2008BAJ10B01-04）的研究成果之一。其中，课题的成果主要集中在本书的第四章和第五章，其他章节为课题的延伸研究内容。本书共六章，初稿撰写的主要分工如下：第一章由张利华、邹波完成，第二章由邹波、张利华完成，第三章由张利华、邹波完成，第四章由黄宝荣、张京昆完成，第五章由邵丹娜、邹波完成，第六章由邹波、张利华完成。最后，由张利华、邹波、邵丹娜修改定稿。

本书在思路厘定、初稿写作和修改定稿的过程中得到了相关专家学者的指导和帮助。我们要感谢中国科学院牛文元研究员、北京师范大学刘学敏教授、复旦大学王祥荣教授和樊正球博士，他们对本书研究框架、主体思路设计给予了特别的支持和帮助，提供了许多宝贵的建议；感谢曾经为本书评价指标打分的各位专家，他们为本书主要指标的选定发挥了重要作用；感谢徐晓新博士，他在本书修改过程中对书稿进行了仔细阅读，为书稿完善给予了很大的帮助；本书的研究部分得到了邵尧明教授及杭州市规划局、杭州市园林文物局和杭州市林业水利局的大力支持和必要协助，各单位严谨的治学态度和高效的工作安排为本书第五章的写作提供了大量翔实可靠的数据和技术支持，谨致谢忱；还要感谢科学出版社的编审人员，他们细致地完成了书稿文字、图表的校对和审定工作，使得本书得以顺利出版。在此，还要向所有关心和帮助课题研究及本书写作的其他专家学者一并表示衷心感谢。

由于作者知识结构水平和目前研究的局限，书中还有不足之处，敬请广大读者不吝指正，我们将在以后的工作中不断修正和完善。

作 者

2012年11月20日